高等职业技术院校园林工程技术专业任务驱动型教材

园林规划设计

（第2版）

人力资源社会保障部教材办公室　组织编写

刘新燕／主编

中国劳动社会保障出版社

简介

本教材以任务驱动为编写体例，在讲述园林规划设计原理等相关知识的同时，通过任务实施帮助学生掌握道路绿地、城市广场、居住区绿地、单位附属绿地、屋顶花园、公园等园林规划设计的流程和基本方法，提升专业技能。教材可作为高等职业技术院校园林相关专业教材，也可作为从事园林工作人员的参考书、自学用书。

本教材由刘新燕（杨凌职业技术学院）任主编，黄顺（苏州农业职业技术学院）、刘军（河南林业职业学院）任副主编，吴昊（河北旅游职业学院）、张艺尧（杨凌职业技术学院）、季晓莲（杨凌职业技术学院）参加编写。

图书在版编目（CIP）数据

园林规划设计 / 刘新燕主编. —2版. —北京：中国劳动社会保障出版社，2017

高等职业技术院校园林工程技术专业任务驱动型教材

ISBN 978-7-5167-3158-1

Ⅰ.①园⋯　Ⅱ.①刘⋯　Ⅲ.①园林–规划–高等职业教育–教材②园林设计–高等职业教育–教材　Ⅳ.①TU986

中国版本图书馆CIP数据核字（2017）第207123号

中国劳动社会保障出版社出版发行

（北京市惠新东街 1 号　邮政编码：100029）

*

国铁印务有限公司印刷装订　新华书店经销

787 毫米 ×1092 毫米　16 开本　20.75 印张　381 千字

2017 年 8 月第 2 版　　2021 年 12 月第 3 次印刷

定价：**49.00 元**

读者服务部电话：（010）64929211/84209101/64921644

营销中心电话：（010）64962347

出版社网址：http://www.class.com.cn

http://jg.class.com.cn

前　言

　　高等职业技术院校园林工程技术专业任务驱动型教材自出版以来，在学校的教学中发挥了重要作用。近年来，园林行业发展迅速，企业对从业人员的知识水平和职业能力也提出了更高的要求。为了适应这一变化，满足学校培养人才的需求，我们组织了一批教学经验丰富、实践能力强的教师与行业、企业专家，在充分调研的基础上，对现有教材进行了修订。

　　在内容上，新版教材仍然坚持以培养学生的四大能力，即园林工程施工技术能力、园林工程施工组织管理能力、园林测绘与设计能力、园林植物栽培养护及应用能力为目标，根据园林行业的现状和发展趋势以及企业的岗位需求，调整、更新了相关教材的结构和内容，体现行业新理念、新标准、新技术和新方法；根据教学需要增加了大量来源于园林工程实际的案例、实训和例题，以引导学生运用所学知识分析和解决实际问题。另外，为了更方便教学，此次修订将《园林花卉栽培与养护》分为《园林花卉》和《园林花卉识别》，《园林花卉》侧重于园林花卉的分类、习性、栽培养护及繁殖方法等，《园林花卉识别》侧重于园林花卉的形态特征与园林用途。

　　在表现形式上，新版教材充分考虑到学生的认知规律，通过设置"小知识""技能提示""知识链接"等不同栏目，增加教材的亲和力，激发学生的学习兴趣。同时，尽可能多地以图表代替冗长的文字叙述，使教材更加生动直观，易于学习。

　　本套教材的编写得到了有关省市人力资源和社会保障部门及一批高等职业技术院校的大力支持，教材的编审人员做了大量的工作，在此，我们表示诚挚的谢意！同时，恳切希望广大读者对教材提出宝贵的意见和建议。

人力资源社会保障部教材办公室

目　录

模块一

园林规划设计基础

课题一
认识园林规划设计

 任务目标

◇ 了解园林规划设计的概念、性质和任务
◇ 熟悉并理解园林规划设计的依据和原则
◇ 掌握园林规划设计的方法

 **相关知识**

一、园林规划设计的概念、性质和任务

1.园林规划设计的概念

园林规划即园林绿地的总体规划，是综合确定、安排园林建设项目性质、规模、发展方向、主要内容、基础设施、空间综合布局、建设分期和投资估算的活动，是园林设计的依据。园林设计则是在选址的范围内，将地形、水体、植物、建筑等园林要素和谐地组合，并运用工程技术指导园林施工，创造出理想的园林作品，是园林施工的依据。通过园林规划，在时空关系上对园林绿地建设进行安排，在规划的原则下，围绕地形，利用山水、植物、建筑等园林要素，通过园林设计，创造出一个新的园林环境。园林规划和设计是一个系统工程，二者不可分割，因此常统称为园林规划设计。

2.园林规划设计的性质

园林规划设计是园林绿地建设施工的前提和指导，又是施工的依据。凡是新建和扩建的园林绿地规划建设项目，必须进行正规设计，没有设计不得施工。每一块绿地的建设都要根据项目的总体规划或上位规划，制订一个比较周密完整的设计方案，它不仅应该符合总体规划所规定的功能要求，贯彻"以人为本"的基本方针，而且应该体现"实用、经济、美观"的原则。

3. 园林规划设计的任务

园林规划设计的任务是利用地形（包括水体）、植物、建筑、道路、园林小品等设计要素，通过某种方式有机地组合起来，构成一定的园林形式，表达某一主题思想，最终能为城市居民创造一个舒适宜人、使用方便、优美卫生的生活环境。

二、园林规划设计的依据和原则

1. 园林规划设计的依据

（1）**科学依据**　园林规划设计关系到科学技术方面的问题很多，有水利、土方工程技术方面的，有建筑科学技术方面的，有园林植物甚至还有动物方面的生物科学知识。例如，在园林中，要依据设计要求结合原地形进行园林的地形和水体规划，设计者必须对该地段的水文、地质、地貌、地下水位，北方的冰冻线深度，土壤状况等进行详细了解。可靠的科学依据为地形改造、水体设计等提供物质基础，避免发生漏水、塌方等工程事故。再比如，各种花草、树木，要根据植物的生长习性、生物学特性和生长要求等进行配置。

（2）**社会需求**　园林属于上层建筑范畴，它要反映社会的意识形态，为广大群众的精神与物质文明建设服务。所以，园林设计者要体察广大人民群众的心态，了解他们的要求，创造出能满足不同年龄阶段、不同兴趣爱好、不同文化层次人需求的园林。

（3）**功能要求**　园林设计者要根据广大群众的审美要求、活动规律等方面的内容，创造出景色优美、环境卫生、情趣健康、舒适方便的园林空间，满足游人的游览、休息和开展健身娱乐活动的功能要求。不同的功能分区选用不同的设计手法，如儿童活动区的园林建筑造型要新颖，色泽要鲜艳，尺度要小，要符合儿童身高，植物要无毒无刺，空间要开阔，形成一派生动活泼的景观气氛。

（4）**经济条件**　经济条件是园林规划设计的重要依据。同样一处园林绿地，甚至同样一个设计方案，如果采用不同的建筑材料、不同规格的苗木、不同的施工标准，那么将需要不同的建园投资。设计者应当在有限的投资条件下，制定最合理的设计方案，节省开支，创造出最理想的作品。

2. 园林规划设计的原则

在进行园林规划设计时，需要考虑工程项目的科学原理和技术要求、环境地域特点、景观艺术效果、可持续生态环境、人的活动需要等方面因素。园林规划设计具体遵循以下几个原则：

（1）**科学性原则**　科学性原则就是符合园林设计自身本质和规律的原则。设计时应该

大量查阅当地相关资料，掌握充分的理论依据。

（2）**地域性原则**　一个园林绿地不是独立存在的空间，它必然与一定的环境相互联系和发生作用。城市园林绿地布局需与环境相适宜。在确定园林布局形式时，除考虑园林绿地与其外部环境的协调性外，在园林内部，因功能区域的划分，各功能分区之间也需考虑相互的适应性。依此类推，各园林设计要素采用何种形式也需考虑与其他要素以及与周围环境的适应性。同时，因地制宜确定园林布局形式和园林设计要素的布置形式也是园林设计的重要原则之一。例如，园林中地形的改造需因势就形，或挖湖堆山，或推为平地，或整成台阶式，或形成局部下沉等；建筑的布局也需因地制宜，合理安排建筑密度，合理采用建筑造型，合理设置建筑体量；道路与广场需根据地形合理设置地形起伏；植物的配置需要根据当地气候、地质、土壤及其他因素选用合适的树种。

（3）**艺术性原则**　园林设计必须遵循一定的艺术法则。无论是形式的采用还是各园林要素设计形式的应用，必须使各园林空间在形式与内容、审美与功能、科学与艺术、自然美与艺术美以及生活美达到高度统一，构成一个有机的园林体系。

（4）**生态性原则**　生态性原则就是要遵循生态规律，包括生态进化规律、生态平衡规律、生态优化规律和生态经济规律，体现"因地制宜，合理布局"的设计思想。

（5）**人性化原则**　充分重视园林绿地与人的时空关系以及人的心理、视觉对景观变换的要求，创造相对应的景观尺度单元，满足人的心理、生理和视觉需求。

（6）**整体性原则**　为了突出城市特色、塑造城市形象、展现城市景观，在进行景观设计时要注重整体性。整体性包括功能的完整和环境的完整两个方面。

功能的完整是指一个景观绿地应有其相对明确的功能，在这个基础上，辅之以相配合的次要功能，做到主次分明、重点突出。

环境的完整主要考虑景观环境的历史背景、文化内涵、时空连续性、与周边建筑的协调和变化等问题。城市建设中，不同时期留下的物质印迹是不可避免的，特别是在改造更新历史上留下来的景观时，更要妥善处理好新老建筑的主从关系和时空连续等问题，以取得统一、完整的环境效果。

（7）**实用性原则**　园林绿地要根据其性质进行设计，以满足功能要求和人的需求为原则。以公园为例，园林绿地要为游人创造出良好的休闲环境，要有进行科学普及和体育活动的文体设施，要有配套、完善的生活设施和卫生设施。

园林的功能要求虽然是首要的，但并不是孤立的，在解决功能问题时要结合以上原则来考虑。如果一个园林规划设计解决了功能问题，但违背了上面所提的原则，那么该设计仍是失败的，不能付诸实施。

三、园林规划设计的方法

1. 设计思维

（1）立意   立意是指园林设计的总意图，即主题思想的确定。主题思想是园林创作的主体和核心。立意和布局，其关系的实质就是园林的内容与形式。只有内容与形式高度统一，形式充分表达内容，才能达到园林创作的最高境界。

（2）方案构思   方案构思是方案设计过程中至关重要的一个环节，它是在立意的思想指导下，把第一阶段分析研究的成果具体落实到图纸上。方案构思的切入点是多样的，应该充分利用基地条件，从功能、形式、空间结构、环境入手，运用多种手法形成一个方案的雏形。

2. 设计创作

园林设计是一个由浅入深、不断完善的过程。对于设计者来讲，在进行设计创作时应从以下四个方面入手：

（1）从环境特点入手   园林绿地规划设计成功与否，和设计者在设计前是否从地形地貌、景观朝向、道路交通等环境特点入手，进行全面、系统地调查和分析有着重要的关系。环境特点包括地段环境、人文环境和城市规划设计条件三个方面，它可为设计者提供详细可靠的依据。

（2）从设计风格入手   景观设计风格随着人们不断提升的审美要求，呈现出多元化的发展趋势。景观设计时应该考虑景观环境的可持续性、经济性、实用性及合理性，因地制宜地充分利用大自然原本的环境和原有的特色，达到设计风格与当地风土人情、文化氛围相融合的境界。设计时还可以适当考虑融入异国风情，利用不同设计风格的景观给人们带来不同的生活感受。

（3）从功能要求入手   园林用地的性质不同，其组成内容也不同。园林规划设计要从功能要求出发，对各要素进行合理的安排，以满足各种不同性质活动的功能需求，同时也能保证景观内容的完整性和整体秩序性。

（4）从情感分析入手   园林绿地所处位置不同，使用对象也不同。要准确把握园林绿地服务对象的个性特点，从情感分析出发，创作出为大众所接受的作品。例如，商业区道路的主要服务对象是购物者、游人，设计的主要目的是为他们提供一个良好的购物外环境和短暂休憩之处；而居住区道路主要是为居住区居民服务的，因此可结合景观设置一些供老人、儿童活动的场所，满足部分居民需求。

3. 多方案比较

（1）多方案比较的必要性   对于园林设计而言，由于影响设计的因素很多，认识和解

决问题的方式结果是多样的、相对的和不确定的，因此最终导致了方案的多样性。只要园林设计没有偏离正确的方向，所产生的不同方案就没有对错之分，只有优劣之别。多方案构思对于园林设计而言，其最终目的是获得一个相对优秀的实施方案。通过多方案构思，可以拓展设计思路，从不同角度考虑问题，从中进行分析、比较、选择，最终得出最佳方案。

（2）**多方案构思的原则**　为了实现方案的优化选择，多方案构思应满足以下原则：

第一，多出方案，而且方案间的差别尽可能大。方案的差异性保障了方案间的可比性，而相当的数量则保障了科学选择所需的足够空间范围。通过多方案构思来实现在整体布局、形式组织以及造型设计上的多样性与丰富性。

第二，任何方案的提出都必须满足设计的环境需求与基本的功能需求。设计者应随时否定不现实、不可取的构思，以免浪费时间和精力。

（3）**多方案比较，优化选择**　当完成多方案后，设计者将展开对方案的分析比较，从中选择出理想的方案。

4. 方案的调整和深入

在选择出最佳方案后，为了达到方案设计的最终要求，还需要一个对方案进行修改调整和深入的过程。

（1）**方案的调整**　方案调整阶段的主要任务是解决多方案分析、比较过程中所发现的矛盾与问题，弥补设计缺陷。对方案的调整应控制在适度的范围内，力求不影响或改变原有方案的整体布局和基本构思，并能进一步提高方案已有的优势。

（2）**方案的深入**　在方案调整的基础上进行方案的细致深入。深入阶段要落实具体的设计要素的位置、尺寸及相互关系，准确无误地反映到平面图、立面图、剖面图及总图中，并且要注意核对方案设计的技术经济指标，如建筑面积、铺装面积、绿化率等。

5. 设计方案表现

（1）**手绘草图**　草案表现图主要以草图（见图1—1—1）为主，包括平面图、主要景观立面图、局部透视图、功能分析图、设计概念分析图等。草案表现图主要供设计者自己深入推敲或与他人讨论之用，制作上可以轻松、随便一些，但一定要能够准确表达设计意图。

（2）**计算机效果图**　目前园林计算机效果图分为平面效果图和三维效果图。平

图1—1—1　手绘景观效果图

面效果图主要通过 AutoCAD 进行绘图，通过 Photoshop（见图 1—1—2）和 CorelDRAW 进行处理；三维效果图主要通过 3ds MAX（见图 1—1—3）、Photoshop 和 Sketchup（见图 1—1—4）等进行制作。计算机效果图提供了极具逼真效果的设计表现的途径。

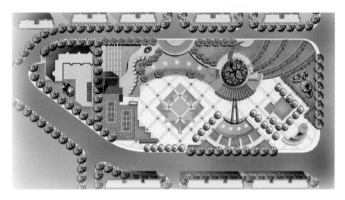

图 1—1—2　Photoshop 制作的某小区游园平面效果图

图 1—1—3　3ds MAX 制作的某滨水绿地效果图

图 1—1—4　SketchUp 制作的某广场效果图

（3）模型制作　设计有两种表达方式，一种是图纸，另一种是模型。这两种方式各有优点，各有用途，但都是全面展示表达设计项目的最基本手段。一般通过画草图、效果图或基本工程图来完成初步的设计方案，如果需要进一步增强设计视觉的感染力或完善设计方案的可靠性，则可制作模型。模型作为对设计理念的具体表达，成为设计师与业主之间的交流"语言"，而这种"语言"即设计"物"的形态，是在三维空间中所构成的造型实体，如图1—1—5所示。模型是一种介于设计图纸和实际之间的立体空间表达，它能有机地把两者联系起来，让设计师、业主和评审者立体地分析和处理空间及形态的变化，表达方案所包含的设计意图。

图1—1—5 某城市广场景观设计模型

 思考与练习

1. 什么是园林规划设计？简述你对园林规划设计工作的认识。
2. 园林规划设计的依据和原则分别是什么？

课题二

园林造景与空间布局

🎯 任务目标

◇了解园林赏景、造景的相关知识，掌握园林造景的手法
◇掌握园林艺术构图法则的相关知识，能够在设计中运用
◇掌握园林布局的三种基本形式及其特点

任务一　园林造景

 相关知识

园林造景，即人为地在园林绿地中创造一种既有一定使用功能，又有一定意境的景点。人工造景要根据园林绿地的性质、功能、规模，因地制宜地运用园林空间艺术原理进行规划设计。

一、景

所谓"景"，即风景、景致，指在园林绿地中自然的或经人为创造加工的，能引起美感的，供游息、欣赏的空间环境。景既具有艺术构思，又具有符合园林艺术构图规律的空间形象、色彩、时间等环境因素。景有大有小，大如碧波万顷的太湖，小如庭园角隅的竹石小景。景亦有不同的特色，有高山峻岭之景，有江河湖海之景，有树木花草之景，有亭台楼阁园桥之景，有侧重于鸟、兽、虫、鱼欣赏之景，也有偏于文物古迹游览之景。

二、园林赏景

1. 赏景

园林赏景的层次可以简单概括为观、品、悟三个阶段。园林赏景是一个由被动到主动、从实境到虚境的复杂的心理活动过程。

（1）观　园林景观大多数是在视觉方面的欣赏，所以称为观景。但在园林中也有许多景必须通过耳听、鼻闻、试味以及身体活动才能感受到，如雁塔的晨钟、广州的兰圃、杭州的虎跑泉水龙井茶、青岛的海滨浴场等。

（2）品　不同的景可引起不同的感受，如黄山有嶙峋之感，庐山有朦胧之感，桂林山水有秀丽之感，张家界则有神奇之感。随着人的职业、年龄、性别、文化程度、社会经历和当时情绪的不同，同一景色也可引起不同的感受，影响观赏者内在的情绪，即所谓"触景生情"。特别是具有诗情画意的中国园林，对情的影响则更为深远。

（3）悟　悟是园林赏景的最高境界，是游人在观赏、品味、体验的基础上进行的一种思考。优秀的园林景观应该能带动游人对人生、历史等产生有哲理的感受和领悟。

在园林景观的欣赏过程中，观、品、悟是由浅入深、由外到内的欣赏过程。而在实际的欣赏过程中三者往往是合一的。园林设计者在园林规划设计时应该考虑满足游人观、品、悟三个层次的赏景需要。

2. 园林赏景方式

不同的游览观赏方法会产生不同的景观效果，给人以不同的赏景感受。

（1）根据观赏形态不同划分

1）动态观赏。动态观赏是指视点与景物位置发生变化。

2）静态观赏。静态观赏是指视点与景物位置不发生变化，主景、配景、背景、前景、空间组织、构图的平衡轻重固定不变。

实际上，观赏任何一个园林，动和静的欣赏都不能完全分开，常是动中有静，静中有动，动静结合。

（2）根据视线角度不同划分

1）平视观赏。视线与地面平行向前，游人头部不必上仰或下俯，可以舒展地平望出去，不易疲劳，对景物的深度有较强的感受力。平视观赏可以营造出平静、深远、安宁的氛围。

2）俯视观赏。游人视点高，景物在视点下方，必须低头俯视才能看清景物。俯视常营造出开阔和惊险的风景效果，可以增强人们的信心和雄心。

3）仰视观赏。当景物很高，视点距离景物很近，仰角超过 13° 时，人就要把头微微扬起，此时景物的高度感染力强，易形成雄伟、庄严、紧张的气氛。

平视、俯视、仰视的观赏不能截然分开。各种视觉的风景观赏应统一考虑，使四面八方、高低上下都有景可赏。

三、园林造景手法

1. 主景

主景是空间构图的中心，是全园视线的控制焦点，往往体现园林的功能与主题。园林中突出主景的方法有：

（1）主体升高 为了使构图的主题鲜明，常常把集中反映主题的主景在空间高度上加以突出，使主景主体升高。如北京颐和园的佛香阁、南京中山陵的中山灵堂、北京北海的白塔、广州越秀公园的五羊雕塑（见图 1—2—1）等，都是运用了主体升高的手法来强调主景。

（2）运用轴线和风景视线的焦点 轴线是园林风景或建筑群发展、延伸的主要方向，常把主景布置在中轴线的终点，或园林纵横轴线的相交点，或放射轴线、风景视线的焦点上，如图 1—2—2 所示。如广州烈士陵园将纪念碑安排在中轴线的终点来突出主景。

图 1—2—1 北京北海白塔与广州越秀公园的五羊雕塑

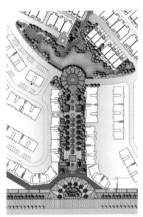

图 1—2—2 主景布置在轴线和风景视线的焦点上

（3）对比与调和　对比是突出主景的重要技法之一，可以利用线条、体形、体量、色彩、明暗、空间的开放与封闭、布局的规则与自然等手法来强调主景，如图1—2—3所示。在局部设计上，经常运用色彩的对比突出主景，如白色的大理石雕像应以暗绿色的常绿树为背景，暗绿色的青铜像则应以明朗的蓝天为背景。

图 1—2—3 运用对比突出主景

（4）动势向心　一般四面环抱的空间，如水面、广场、庭园等，其周围次要的景色往往具有动势，趋向于视线集中的焦点，主景宜布置在这个焦点上。为了不使构图呆板，主景不一定正对空间的几何中心，而要偏于一侧。如杭州西湖四周景物，由于视线易达湖中，形成沿湖风景的向心动势，因此西湖中的孤山便成了万众瞩目的焦点，格外突出，如图1—2—4所示。

图 1—2—4　杭州西湖中的孤山

（5）渐层　色彩由不饱和的浅级到饱和的深级，或由饱和的深级到不饱和的浅级，由暗色调到明色调，或由明色调到暗色调，所引起的艺术上的感染称为渐层感。把主景全置在渐层的顶点，把主景步步引向高潮，也是强调主景和提高主景艺术感染力的重要处理手法。如北京颐和园佛香阁建筑群，游人进入排云门时，看到佛香阁的仰角为 28°；进一层到了排云殿后，看佛香阁仰角为 49°，石级上升 90 步；再进一层，到德辉殿后，看佛香阁时，仰角为 62°，石级上升 114 步。游人与景物之间关系步步紧张，佛香阁主体建筑的雄伟感随着视角的上升而步步上升。此外，空间的进一重又一重，所谓"园中有园、湖中有湖"的层层引人入胜，也是渐层的处理手法，如杭州的三潭印月为湖中有湖、岛中有岛，颐和园的谐趣园为园中有园。

（6）空间构图的重心　为了强调和突出主景，常常把主景布置在整个构图的重心处。在规则式园林构图中，主景常居于构图的几何中心，如天安门广场中央的人民英雄纪念碑居于广场的几何中心。在自然式园林构图中，主景常布置在构图的自然重心上。如中国传统假山，主峰切忌居中，即主峰不设在构图的几何中心而有所偏，但必须布置在自然空间的重心上，四周景物要与其配合。

（7）抑扬　中国园林艺术向来反对一览无余的景色，主张"山重水复疑无路，柳暗花明又一村"的先藏后露的构图。中国园林的主要构图和高潮，并不是一进园就展现在眼前，而是采用欲"扬"先"抑"的手法来提高主景的艺术效果。如苏州拙政园中部，正对腰门布置假山，把园景屏障起来，使游人有"疑无路"的感觉，可是假山有曲折的山洞，游人穿过山洞便豁然开朗，使主景的艺术感染力大大提高。

2. 借景

有意识地把园外的景物"借"到园内来，称为借景。借景是中国园林艺术的传统手法。一座园林的面积和空间是有限的，为了扩大景物的深度和广度，丰富游赏的内容，造园者常常运用借景的手法，收无限于有限之中。

（1）借景内容

1）借形组景。把有一定景观价值的远、近建筑或山、石、花、木等自然景物纳入画面。

2）借声组景。声特指能激发感情、怡情养性的声音。借声组景包括借雨声组景、借风声组景、借水声组景、借鸟鸣组景等。借声组景可为园林空间增添几分诗情画意。

3）借色组景。借色组景主要指借月色组景。如杭州西湖的"三潭印月""平湖秋月"（见图1—2—5），避暑山庄的"月色江声""梨花伴月"等，都以借月色组景而得名。植物的色彩也是组景的重要因素。

图1—2—5　杭州西湖平湖秋月景观

4）借香组景。在造园中运用植物散发出来的幽香来增添游人游园的兴致，也是园林设计常常运用的手法。如广州兰圃、苏州拙政园的荷风四面亭、杭州的曲院风荷等都是借花香组景的佳例。

（2）借景方法

1）远借。把园林远处的景物组织进来，所借物可以是山、水、树木、建筑等。如北京颐和园远借西山及玉泉山之塔，济南大明湖借千佛山，苏州拙政园借景北寺塔等（见图1—2—6）。远借可充分利用园内有利地形，开辟透视线，也可堆假山叠高台，山顶设亭或高敞建筑。

图1—2—6　苏州拙政园借景北寺塔

2）邻借（近借）。把园子邻近的景色组织进来。周围环境是邻借的依据，周围景物如亭、阁、山、水、花木、塔、庙等，只要是能够利用成景的都可以利用。如苏州沧浪亭园内缺水，而临园有河，则沿河做假山、驳岸和廊，不设封闭围墙，如图1—2—7所示。

图1—2—7　苏州沧浪亭借园外河水

3）仰借。利用仰视借取园外景观，以借高处景物为主，如古塔、高层建筑、山峰、大树、碧空白云、明月繁星、翔空飞鸟等。北京北海借景山，南京玄武湖借鸡鸣寺等都是很好的仰借范例。仰借视觉易疲劳，观赏点应设亭台、座椅。

4）俯借。居高临下俯视观赏园外景物，登高四望，四周景物尽收眼底。

5）应时而借。利用园林中有季相变化或时间变化的景物造景。应时而借所成景由大自然的变化和景物的配合而成。如日出朝霞、晓星夜月；春天的百花争艳，夏天的浓荫，秋天的层林尽染，冬天的树木姿态，这些都是应时而借的意境素材。

3. 对景

位于园林绿地轴线及风景透视线端点的景称为对景。对景要选择最精彩的位置作为观赏点，设置供游人休息逗留的场所。

（1）正对景　位于轴线一端的景称为正对景，正对景给人雄伟、庄严、气魄宏大、一目了然的感觉，如图1—2—8所示。如西安的大雁塔位于雁塔路的最南端。

（2）互对景　在轴线或风景视线两端点都有景则称为互对景。互对景给人自由、

图1—2—8　西安大雁塔

灵活的感觉，适于静态观赏。互对景不一定有严格的轴线，如北京颐和园佛香阁建筑与昆明湖上的涵虚堂成为互对景。

4. 障景

在园林绿地中凡是抑制视线，引导空间的屏障景物统称为障景。园林中常将山、石、植物、建筑等用于入口处，或自然式园路的交叉处，或河湖港转弯处，使游人在不经意间视线被阻挡，被组织到引导的方向，如图1—2—9所示。障景一般采用突然逼近的手法，游人视线较快受到抑制，有"疑无路"的感觉，然后改变空间引导方向，而后逐渐展开园

景，达到"又一村"的境界。如苏州拙政园中部入口处为一小门，进门后迎面一组奇峰怪石，绕过假山石，或从假山的山洞中出来，方见一泓池水，远香堂、雪香云蔚亭等历历在目。障景还能隐藏不美观和不求暴露的局部，而本身又成一景。障景是我国造园的特色之一，障景务求高于视线，否则无障可言。

图1—2—9　障景手法在园林中的运用

5. 隔景

将园林绿地分隔为不同空间、不同景区的景称为隔景。它不是单纯抑制某一局部的视线，而是组成各种封闭或可以流通的空间。隔景可以是实隔、虚隔、虚实隔等，如墙、山丘、建筑群、山石为实隔，水面、漏窗、通廊、花架、疏林为虚隔，水堤曲桥（见图1—2—10）、漏窗墙为虚实隔。中国园林善于采用隔景手法，创造多种流通空间，使园景构图多变，游赏其中深远莫测，从而创造出"小中见大"的空间效果。

图1—2—10　古典园林中常用园桥进行隔景

6. 框景

框景是指利用门框、窗框、树框等有选择地摄取的另一空间的优美景色，如图1—2—11所示。框景的作用在于把园林绿地的自然美、绘画美与建筑美高度统一，最大限度地发挥自然美的多重效应。由于有简洁的景框为前景，可使游人视线集中于画面的主景上。框景必须设计好入框之对景，如先有景而后开窗，则窗的位置应朝向最美的景物；如先有窗而

后造景，则应在窗的对面设景；窗外无景时，则以"景窗"代之。观赏点与景框的距离应保持在景框直径2倍以上，视点最好在景框中心。

图1—2—11　框景在园林中的应用

7. 夹景

为突出优美景色，常用左右两侧的树丛、树列、土山或建筑等对人的视线加以屏障，形成左右较封闭的狭长空间，这种左右两侧的前景称为夹景。夹景是运用透视线、轴线突出对景的方法之一，可以起到障丑显美的作用。同时，夹景可以突出轴线或端点的主景或对景，美化园林风景构图，增加园景的深远感，收到引人入胜的效果。如图1—2—12所示。

图1—2—12　夹景在园林中的应用

8. 漏景

漏景由框景发展而来，框景景色全现，漏景景色则若隐若现，有"犹抱琵琶半遮面"的感觉，含蓄雅致，是空间渗透的一种主要方法。漏景的材料有漏窗、漏花墙、漏屏风等，所对景物以色彩鲜艳、亮度较大为宜。如图1—2—13所示。

图1—2—13　漏景是空间渗透的一种方法

9. 添景

当风景点与对景之间没有其他中景、近景过渡时，为求对景有丰富的层次感，加强远景的感染力，常做添景处理。可用建筑小品、树木、花卉、山石等添景，如图1—2—14所示。

图1—2—14　添景可以丰富景观的层次感

10. 题景

我国园林根据性质、用途，结合空间环境的景象和历史，常做形象化、诗意浓、意境深的高度概括的园林题名。园林题名点景常采用匾额、对联、石碑、石刻等。题景不但丰富了景的欣赏内容，增加了诗情画意，点出了景的主题，给人以艺术联想，还有宣传装饰和导游的作用，如北京颐和园的万寿山、知春亭（见图1—2—15）等。

图1—2—15　北京颐和园的知春亭

任务二　园林艺术构图

 相关知识

一、园林艺术构图的含义

园林艺术构图又称为园林规划布局，是在工程、技术、经济条件允许的情况下，组织园林物质要素（包括材料、空间、时间），联系周围环境，并使园林与环境协调，取得形式与内容高度统一的园林创作技法。园林的性质、功能和用途是园林艺术构图的依据，园林建设的材料、空间和时间是园林艺术构图的物质基础。

二、园林艺术构图的特点

1. 园林艺术构图是一种立体空间艺术

园林艺术构图是以自然美为特征的空间环境规划设计，绝不是单纯的平面构图和立面构图。因此，园林艺术构图要善于利用山水、地貌、植物、园林建筑、构筑物，以室外空间为主，又要与室内空间互相渗透。

2. 园林艺术构图是综合的造型艺术

园林美是自然美、生活美和艺术美的综合。园林绿地常借助各种造型艺术加强其艺术表现力。

3. 园林艺术构图受自然条件的制约

不同地区的自然条件如日照、气温、湿度、土壤等各不相同，其自然景观也有差别。园林必须因地制宜，随势造景，景因境出。

三、园林艺术构图法则

1. 多样与统一

"多样"是指园林构成整体的各个部分形式因素的差异性。"统一"是指这种差异性的协调一致。园林艺术统一的原则是指园林组成部分的体形、体量、色彩、线条、形式、风格等有一定程度的相似性或一致性，给人以统一的感觉。但过分一致又会呆板、单调、乏味，所以园林中常要求统一中有变化，变化中有统一。

（1）内容与形式统一　园林规划设计时要明确园林的主题与格调，决定切合主题的局部形式，选择对表现主题最直接、最有效的素材。如在西方规则式园林中，常运用中轴对称将树木修剪整齐，这样元素与园林、局部与总体之间便表现出形状上的统一；在自然式园林中，园林建筑必须围绕"自然"的性质，作自然式布局，即自然的池岸、曲折的小径、树木的自然式栽植和自然式整形，以求得风格的协调统一。如图1—2—16所示。

图1—2—16　内容与形式、造园风格的协调统一

（2）材料与质地统一　园林中非生物性的造景材料以及由这些材料形成的景物也要求统一。例如指路牌、灯柱、宣传画廊、座椅、栏杆、花架等景观小品，常常具有功能和艺术双重效果，它们在选材方面既要有变化，又要保持整体的一致性。如图1—2—17所示。

（3）线条统一　在假山上尤其要注意线条的统一。人工假山选用同种材料互相堆叠，色调比较统一，最重要的是要注意整体的线条，求得与自然界石山接近的表面纹理的统一。苏州耦园的东花园假山全部用黄石堆叠，在横线条的统一上是比较成功的案例。

图1—2—17　园林中景观小品材质的统一

（4）植物多样与统一　园林中除了建筑、假山叠石等要求多样统一外，植物也要求多样统一。例如，杭州花港观鱼公园全园应用了200多个树种，但该园选用了常绿大乔木广

玉兰作为基调树种，在全园分布数量最多，园林的树种布局形成了多样统一的构图。

（5）**局部与整体统一**　在同一园林中，景区景点各具特色，但就全园来说，其风格造型、色彩变化都应该保持与全园整体基本协调，在变化中求统一。如在纪念性园林中一般建筑采用中轴对称布局，植物采用成排成行行列式种植。

2. 对比与调和

（1）**对比**　对比是指运用两种或多种性状有差异的景物之间的对照，使彼此不同的特色更加明显，从而增强作品的艺术感染力。园林设计中，对比手法常包括形象对比、体量对比、方向对比、空间对比、虚实对比、疏密对比、色彩对比、质感对比等。

1）形象对比。园林布局中构成园林景物的点、线、面和空间都具有各种不同的形状。园林中的形象对比较常见，如草坪上种植高大的乔灌木、广场上的纪念碑等。

2）体量对比。体量相同的景物，在不同的环境中给人不同的感觉，在大环境中显得小，在小环境中显得大。园林中常常利用景物的这种对比关系来创造"小中见大"的园林景观，如让北京颐和园的佛香阁体量很大，同时让周围的建筑体量较小，从而形成了很好的对比效果。

3）方向对比。在园林的空间、形体和立面处理中，常常运用垂直竖向与水平横向的对比来丰富园林景观效果，打破了只有垂直竖向的生硬感或只有水平横向的呆板感。山势高耸是垂直方向，水面平坦是水平方向，山水结合可以形成方向的对比，如湖面上设计岛等。

4）空间对比。空间对比一般是指开敞空间与封闭空间的对比，如空旷草地与密林空间对比，从草地进入密林有引人入胜的感觉，从密林来到草地有豁然开朗之感。苏州留园出入口的处理，是空间对比的一个佳例。留园的入口既曲折又狭长，且十分封闭，但由于处理得巧妙，充分利用其狭长、曲折、忽明忽暗等特点，应用对比的手法，使其与园内主要空间构成强烈的反差，使游人经过封闭、曲折、狭长的空间到达园内中心水池后，有豁然开朗的感觉。

5）虚实对比。虚多少有些飘忽不定、空泛，不易为人们所感知；实则比较有形、具象，容易被感知。对于山与水而言，山表现为实，水表现为虚，通过水与山的关系处理来实现虚实的对比。水中建岛是常见的虚实对比手法。古典园林中，构成建筑立面的要素也可以分为虚、实两大类，实的部分主要是墙垣，虚的部分主要是门窗、孔洞以及透空的廊，它们与墙之间所构成强烈的虚实对比。

6）疏密对比。在园林艺术中，疏与密的对比突出表现在景点的聚散上，聚处则密，散处便疏。例如，苏州留园的建筑分布很不均匀，疏密对比极其强烈。它的东部以石林小院为中心，建筑高度集中，景观内容繁多，步移景异，游人的情绪随之兴奋而紧张；但有些部分的建筑则稀疏、平淡，空间也显得空旷，游人的心情自然恬静而松弛。疏密对比反映在树木的配置方面则表现在群植、丛植与孤植的关系处理上。

7）色彩对比。采用色彩对比一般是为了引起游人的注意，使景物具有强烈的动感，或为了强调主景。色彩对比包括同色对比、类似色对比和互补色对比。例如，我国皇家园林的红色宫墙和绿色树木的对比往往给人留下深刻的印象。

8）质感对比。不同材料质地给人不同的感受，光滑细腻的材料有轻盈柔和之美，粗糙厚重的材料有稳定坚固之感。在园林中，可利用不同材料的质感造成对比，强调景观效果。

（2）调和　调和是指事物和现象的各方面相互之间的联系与配合达到完美的境界和多样化的统一。相互调和的景物必须相互有关联，并且含有共同的要素，甚至相同的属性。调和可分为：

1）相似调和。形状基本相似的几何形体、建筑、花坛、树木等其大小或排列上有变化称为相似调和。例如，一个大圆的花坛中排列一些小圆的花卉图案和圆形的水池等，即产生一种调和感。

2）近似调和。两种近似的体形重复出现，可以使变化更为丰富并有调和感（见图1—2—18）。如正方形与长方形的变化、圆形与椭圆形的变化都是近似调和。

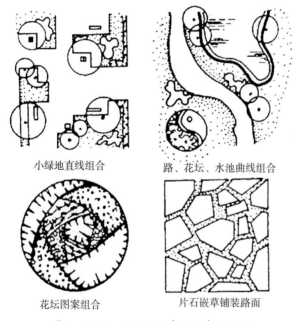

小绿地直线组合　　　路、花坛、水池曲线组合

花坛图案组合　　　　片石嵌草铺装路面

图1—2—18　近似调和在园林中的应用

3）局部与整体调和。局部与整体调和是指局部与局部之间、局部与整体之间、整体与整体之间的种种调和关系，如假山的局部用石的纹理要服从总体用石材料纹理走向。

3.均衡与稳定

（1）均衡　在园林布局中，均衡可以分为对称均衡和不对称均衡。

1）对称均衡（见图1—2—19）。对称均衡可分为绝对对称均衡和相似对称均衡。绝对对称均衡是指轴线两边的物体在质感和量感上完全一样，并且到轴线的距离完全相等；相似对称均衡是指轴线两边的物体到轴线的距离相等，但在体量或作用上有所差别。

图1—2—19　对称均衡在入口景观设计中的应用

2）不对称均衡。不对称均衡是指主轴不在中线上，两边的景物形体、大小、与主轴的距离都不相等，但景物又处于动态的均衡中。如图1—2—20所示。

图1—2—20　不对称均衡在入口景观设计中的应用

（2）稳定　在园林布局上，园林建筑、山石和园林植物等往往在体量上采用下大上小的方法，或利用材料、质地的不同重量感来呈现稳定的轻重关系构图。

4. 比例与尺度

（1）比例　比例既包括景物本身各部分之间长、宽、高的比例关系，又包括景物与景物、景物与整体之间的比例关系。这两种关系并不一定用数字来表示，而是属于人们感觉上、经验上的审美概念。园林各区的大小既要符合功能要求，又要服从整体面积的比例关系，如图1—2—21所示，这是总体规划中十分重要的环节。例如，日本的古典园林由于面积较小，传统上的配置（树木、山石或其他装饰小品等）都是小型的，给人以亲切之感。中国的古典园林要于方寸之地显现自然山水，比例的运用也十分讲究。例如花木与山石的比例，花木的高度就不应超过假山顶部，树小显得山势高峻。

（2）尺度　园林是供人休憩、游乐、赏景的现实空间，所以要求尺度能满足人的需要，令游人感到舒适、方便，这种尺度可称为适用尺度。适用尺度都是按照一般人体的常规尺寸确定的尺度。园林中还经常用到夸张尺度，夸张尺度往往是将景物放大或缩小，以达到造园意图或满足造景效果的需要。

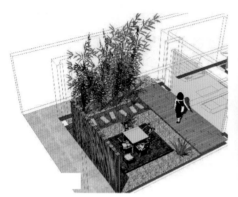

图1—2—21　比例关系在园林中的应用

园林规划设计时，一般首先在园中选择一个主体建筑，设计者以主体建筑的体形、高矮、大小等因素作为全园考虑其他景物的出发点，从比例关系上突出主体建筑，服从主体建筑的"统治"关系。

5. 节奏与韵律

在园林规划设计中，曲线、面、形、色彩和质感等许多要素形成园林的节奏和韵律。园林的韵律可分为简单韵律、渐变韵律、交错韵律、交替韵律、旋转韵律、自由韵律、拟态韵律和起伏曲折韵律等。

（1）简单韵律　由某种组成部分有组织地连续使用和重复出现所产生的韵律感。例如，路旁的行道树用一种树木等距离排列便可形成简单韵律。

（2）渐变韵律　某些造园要素在体量大小、高矮宽窄、色彩浓淡等方面作有规律的增减所产生的韵律感。例如北京颐和园十七孔桥的桥孔，从中间往两边逐渐由大变小，形成渐变韵律，如图1—2—22所示。

图1—2—22　北京颐和园的十七孔桥

（3）交错韵律　利用特定要素的穿插而产生的韵律感。例如中国传统的铺装道路，常用几种材料铺成四方连续的图案，形成交错韵律。

任务三　园林布局

相关知识

一、园林布局形式

园林布局的形式是园林设计的前提。有了具体的布局形式，园林内部的其他设计工作才能逐步进行。园林布局的形式可分为规则式、自然式和混合式。

1. 规则式园林

规则式园林又称整形式、几何式、建筑式园林。整个平面布局、立体造型以及建筑、广场、道路、水面、花草树木等都要求严整对称。规则式园林给人以庄严、雄伟、整齐之感，一般用于气氛较严肃的纪念性园林或有对称轴的建筑庭园中，如图1—2—23所示。在18世纪英国风景园林产生之前，西方园林主要以规则式为主，其中以文艺复兴时期意大利台地园和19世纪法国勒诺特尔平面几何图案式园林为代表。我国北京天坛、南京中山陵都采用规则式布局。

（1）中轴线　全园在平面规划上有明显的中轴线，并以中轴线的左右前后对称或拟对称布置，园地的划分大都成几何形体。

图1—2—23　规则式园林布局

（2）地形　在开阔、较平坦地段，园林由不同高程的水平面及缓倾斜的平面组成；在山地及丘陵地段，园林由阶梯式的大小不同的水平台、倾斜平面及石级组成，其剖面均为直线。

（3）水体　水体的外轮廓均为几何形，主要是圆形和长方形。水体的驳岸多规则式、垂直，有时加以雕塑。

（4）广场和道路　广场多为规则对称的几何形，主轴线和副轴线上的广场形成主次分明的系统，道路均为直线形、折线形或几何曲线形。广场与道路构成方格形、环状放射形、中轴对称或不对称的几何布局。

（5）建筑　主体建筑群和单体建筑多采用中轴对称均衡设计，多以主体建筑群和次要建筑群构成与广场、道路相组合的主轴、副轴系统，形成控制全园的总格局。规则式园林的设计手法，从另一角度探索，园林轴线多视为是主体建筑室内中轴线向室外的延伸。一般情况下，主体建筑主轴线和室外轴线是一致的。

（6）种植设计　配合中轴对称的总格局，全园树木配置以等距离行列式、对称式为主，树木修剪整形多模拟建筑形体、动物造型。其中绿篱、绿墙、绿柱是规则式园林较突出的特点，园内常运用大量的绿篱、绿墙和丛林划分和组织空间。花卉布置常为以图案为主要内容的花坛和花带，有时布置成大规模的花坛群。

（7）园林小品　园林中常用雕塑、瓶饰、园灯、栏杆等装饰、点缀园景。西方园林主要以人物雕像布置于室外，并且雕像多配置于轴线的起点、焦点或终点。雕塑常与喷泉、水池构成水体的主景。

2. 自然式园林

自然式园林又称为风景式、不规则式、山水派园林。自然式园林以模仿再现自然为主，不追求对称的平面布局，立体造型及园林要素布置均较自然和自由，相互关系较隐蔽含蓄，如图1—2—24所示。这种形式较适合于有山有水有地形起伏的环境。中国园林是自然式园林的发源地，保留至今的皇家园林如北京颐和园、承德避暑山庄，私家宅园如苏州的拙政园、网狮园等，都是自然山水园林的代表作品。

图1—2—24　自然式园林布局

（1）地形　自然式园林的创作讲究"相地合宜，构园得体"，主要处理地形的手法是"高方欲就亭台，低凹可开池沼"的"得景随形"。自然式园林最主要的地形特征是"自成天然之趣"。地形的剖面线为自然曲线。

（2）水体　自然式园林的水体讲究"疏源之去由，察水之来历"。园林水景的主要类型有湖、池、潭、沼、汀、溪、涧、洲、渚、港、湾、瀑布、跌水等。总之，水体要再现自然界水景。水体的轮廓自然曲折，水岸为自然曲线的倾斜坡度，驳岸主要用自然山石驳岸、石矶等形式，在建筑附近或根据造景需求部分也用条石砌成直线或折

线驳岸。

（3）**广场和道路** 除建筑前广场为规则式外，园林中的空旷地和广场的外形轮廓均为自然式布置。道路的走向和布列多随地形。道路的平面和剖面多由自然起伏曲折的平面线和竖曲线组成。

（4）**建筑** 单体建筑多为对称或不对称的均衡布局，建筑群或大规模的建筑组群多采用不对称均衡的布局。全园不以轴线控制，但局部仍有轴线处理。中国自然式园林中的建筑类型有亭、廊、榭、舫、楼、阁、轩、馆、台、塔、厅、堂、桥等。

（5）**种植设计** 自然式园林中植物种植要求反映自然界的植物群落之美，不成行成列栽植。树木一般不修剪，配植以孤植、丛植、群植、密林为主要形式。花卉的布置以花丛、花群为主要形式。庭园内也有花台的应用。

（6）**园林小品** 园林小品有假山、石品、盆景、石刻、砖雕、石雕、木刻等形式。其中雕像的基座多为自然式，小品的位置多配置于透视线集中的焦点。

3. 混合式园林

所谓混合式园林，即规则式园林和自然式园林交错组合，全园没有或形不成控制全园的主轴线和副轴线，只有局部景区、建筑以中轴对称布局，或全园没有明显的自然山水骨架，形不成自然格局。一般情况下，混合式园林多结合地形规划设计，在原地形平坦处，根据总体规划需求安排规则式的布局；在原地形条件较复杂，具备起伏不平的丘陵、山谷、洼地等处，结合地形规划成自然式布局。如图1—2—25所示。

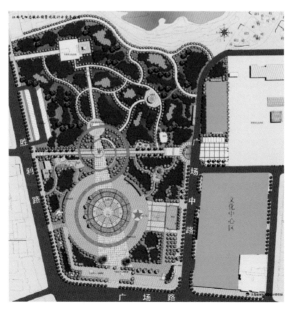

图1—2—25 混合式园林布局

二、影响园林布局形式的因素

1. 园林性质

园林规划设计时力求使园林的形式服从园林的内容，体现园林的特性，表达园林的主题。如烈士陵园，其主题是缅怀革命先烈，激励后人发扬革命传统，起到爱国主义、国际主义思想教育的作用。这类园林布局形式多采用中轴对称、规则严整和逐步升高的地形处理，从而创造出雄伟崇高、庄严肃穆的气氛。而动物园主要属于生物科学的展示范畴，所以，从规划形式上要求自然、活泼，创造寓教于游的环境。儿童公园更要求形式新颖，色彩鲜艳、明朗，公园的景色、设施与儿童的天真、活泼相协调。

2. 文化传统

各国、各民族之间的文化、艺术传统的差异，决定了其园林形式的不同。中国由于传统文化的沿袭，形成了自然山水园林。而同样是多山国家的意大利，即使是自然山地条件，园林也采用规则式布置，从而形成了独具特色的"台地园"。

3. 意识形态

西方园林中把许多神像规划在园林空间中，且多数放置在轴线上或轴线的交叉中心。中国园林中的神像一般供奉在殿堂之内，而不展示于园林空间中。

4. 环境条件

由于地形、水体、土壤、气候的变化，公园规划实施中很难做到绝对规则式或绝对自然式，而往往对建筑群附近及要求较高的园林种植类型采用规则式布置，在远离建筑群的地区自然式布置则较为经济和美观。如林荫道、建筑广场、街心公园等多以规则式布局为主；大型居住区、工厂、体育馆、大型建筑四周绿地则以混合式布局为宜；森林园林、自然保护区、植物园等多以自然式布局为主。

🌀 思考与练习

1. 园林中赏景的方式有哪些？
2. 举例说明常见园林造景的手法。
3. 简述常见的园林艺术构图法则。
4. 论述多样与统一原则在园林中如何应用。
5. 常见的园林布局有哪几种形式？简述其特点。
6. 影响园林规划布局形式的因素有哪些？

课题三

园林组成要素及设计

任务目标

◇掌握地形设计的相关知识，能够进行各类中小型园林绿地地形方案设计
◇能够科学合理地进行园林绿地规划树种的选择和园林植物种植设计
◇能够进行各类中小型园林绿地园路系统的交通组织和广场铺装的布局设计
◇能够合理选择园林水景的表现形式，掌握园林水体的布局要点和设计手法
◇能够理解园林建筑与小品的创作要求，独立完成各园林个体建筑与小品的方案
　布局设计

任务一　园林地形设计

相关知识

一、地形的功能

1. 基础与骨架

地形是构成园林景观的基本骨架。建筑、植物、水体等景观常常以地形作为基地和依托，如北京颐和园中与地形结合的佛香阁（见图1—3—1）。借助于地形的高差建造的瀑布或跌水更具有自然感，如意大利兰特庄园的水台阶就是利用自然起伏的地形建造的（见图1—3—2）。

图1—3—1　与地形结合的北京颐和园佛香阁

图1—3—2　意大利兰特庄园借助地形造水景

2. 划分空间

利用地形可以有效地、自然地划分空间。如承德避暑山庄因山就势，按照地形分为宫殿区、湖泊区、平原区和山峦区四大部分。宫殿区位于湖泊南岸，地形平坦；湖泊区位于宫殿区的北面，由 8 个小岛屿将湖面分割成大小不同的区域，层次分明；平原区位于湖泊区北面的山脚下，地势开阔，碧草茵茵，林木茂盛；山峦区位于山庄的西北部，面积占全园的 4/5，这里山峦起伏，沟壑纵横，众多楼堂殿阁、寺庙点缀其间。整个山庄东南多水，西北多山，是中国自然地貌的缩影，形成源于自然、高于自然的园林艺术景观效果。

3. 景观

（1）地形造景　地形可被当作景观要素来使用。在大多数情况下，土壤具有可塑性，它能被塑造成具有各种特性及美学价值的实体。如将地形设计成圆台、棱台、半圆环体等规则的几何形体或相对自然的曲面体，以此产生别具一格的视觉效果，如图 1—3—3、图 1—3—4 所示。

图 1—3—3　以地形作为景观要素的现代景观

图 1—3—4　地形改造所形成的具有自然气息的景观

（2）控制视线　地形能在园林景观中将视线导向某一特定点，影响人们游览的可视景物和可见范围。如为了使视线停留在某一特殊焦点上，可以在视线的一侧或两侧将地形增高，通过障景的形式，使视线集中到景物上（见图 1—3—5）。

图1—3—5 地形起到控制视线的作用，形成有特色的空间形式

（3）影响旅游线路和控制游览速度 地形可被用在外部环境中，影响行人和车辆运行的方向、速度和节奏。在园林设计中，可利用地形的高低变化，坡度的陡缓以及道路的宽窄、曲直变化等来影响游人的游览线路和控制游览速度（见图1—3—6、图1—3—7）。

图1—3—6 地形变化形成多样的景观形式　　图1—3—7 游览的速度受到地面坡度的影响

（4）生态作用 地形可影响某一区域的光照、温度、风向和湿度等。从采光方面来说，朝南的坡面一年中大部分时间都保持较暖和、宜人的状态。从风的角度而言，地形可以有效阻挡刮向某一场地的冬季寒风；反过来，地形也可被用来引导夏季风。此外，地形还可以有效阻隔外部的噪声，形成视觉及听觉屏障。如图1—3—8所示。

图1—3—8 利用微地形改善小气候环境

二、园林地形设计原则

地形设计是对原有地形、地貌进行工程结构和艺术造型的改造设计。在地形设计中，应注意以下几个原则。

1. 因地制宜

在园林工程项目规划设计中，首先要考虑对原有地形的利用，在尊重原有地形地貌的基础上，通过改造设计，挖掘或填充土方，来进一步地生成和划分空间，形成多样化的空间形态和丰富多变的景观效果。对于自然风景类型，如山岳、丘陵、草原、江河湖海等，在原有地形的基础上，只要稍加人工点缀，便能成为风景独特的景观。而对于与设计意图有差距的地形，则应结合基地调查和分析的结果，在考虑经济因素的情况下进行改造。可进行"挖湖堆山"，也就是依据"挖低处，堆高处"的基本原则，使土方工程量降到最小。图1—3—9为充分利用原有地形建造的"流水别墅"。

图1—3—9　因地制宜结合场地特点建造的"流水别墅"

2. 满足园林的性质和功能要求

园林性质不同，其功能就不一样，对园林地形的要求也就不尽相同。因此，在地形设计时，要尽可能为游人创造出各种游憩活动所需要的地形地貌环境。如广场活动区要求地形平坦，划船、游泳等水上活动区需要一定面积的水面，登高眺望区需要有山地登临之处等。

3. 满足园林景观要求

地形设计要符合美学要求，从视觉上让游人得到美的体验。如利用起伏地形，代替景墙以"隔景"；适当加大高差至超过人的视线高度，按"俗则屏之"的原则进行障景等（见图1—3—10）。

4. 符合园林工程要求

地形设计在满足功能和景观需求的同时，还必须满足园林工程技术上的要求，如地面

图1—3—10　利用地形起伏形成的"隔景""障景"

排水、各种地形的稳定性等。一般来说，坡度小于1%的地形易积水，地表面不稳定；坡度介于1%～5%的地形排水较理想，适合于大多数活动内容的安排，但是当同一坡面过长时，则会产生单调感，且易形成地表径流；坡度介于5%～10%之间的地形排水良好，而且具有起伏感；坡度大于10%的地形只能局部小范围地加以利用。

5. 符合园林植物生长要求

丰富的园林地形可形成不同的小环境、小气候，从而有利于不同生态习性的园林植物的生长。因此，在进行园林设计时，要通过地形利用和改造设计为植物的生长发育创造良好的环境条件。如地形的南坡宜种植阳性植物，北坡可选择耐阴植物，水边或池中可选择耐湿、沼生、水生等植物。

三、园林地形的类型与应用

地形是地貌的近义词，简而言之，就是地表的外观，地表的起伏变化。从园林应用来讲，地形通常涉及平地、凸地形、凹地形和微地形。

1. 平地

园林中坡度比较平坦的用地统称为平地，其坡度一般介于1%～7%之间。此类地形形成的空间较为开阔，易于布置各类园林要素，可作为集散广场、休闲文化广场、草地、园林建筑等方面的用地，以接纳和疏散人群，组织各类活动或供游人游览和休息。但平坦地形缺少竖向空间的变化，设计时根据功能需求，可借用其他园林要素进行分隔，以形成丰富多变的园林空间。图1—3—11为某建于平地上的城市休闲广场效果图。

图1—3—11 某建于平地上的城市休闲广场效果图

2. 凸地形

凸地形视线开阔，具有一定的凸起感和高耸感，相对于平坦地形而言更具有动感和变化。凸地形往往具有划分、组织空间和丰富园林景观等功能，因其比周围环境地势高，所以通常是理想的视线焦点和观赏景观的佳处或某个区域的视觉中心，适宜布置标志性景观元素。图1—3—12为日本东京外国语大学凸地形的几何地形设计。

图1—3—12   日本东京外国语大学凸地形的几何地形设计

3. 凹地形

凹地形在空间形态上类似碗状，相比周围环境的地形低，视线通常较封闭，空间呈内向积聚性，受外界干扰相对较少，给人一种分隔感、封闭感和幽静私密感。凹地形可以改造设计成下沉式广场（见图1—3—13）或特色活动空间（见图1—3—14），多处凹地形也可以改造形成不同大小形状的水体，或者充当蓄水池。凹地形的场地应注意排水设计。

图1—3—13   某下沉式城市广场

图1—3—14   某下沉式庭园

4. 微地形

微地形是起伏最小的地形，与平地比较，竖向空间上有一定的层次变化，可以通过控制景观视线来构成不同的局部空间。微地形能够增加视觉景观自然和曲线的柔美感，也是区域环境营造中效仿自然的一种常用景观处理手法。如图1—3—15所示。

图1—3—15   微地形设计

四、园林地形设计方法

1. 平地造景

平地造景的限制性因素最小。但平地创造的场地缺少私密感，景观单调，常需要结合其他景观要素（如植物、建筑小品等）加以改造。平地造景项目主要有建筑用地、集散广场、露天剧场、体育运动场、停车场、花坛群、草坪等。在进行地形塑造时，要有 1%～7% 的排水坡度。

2. 坡地造景

凸地形和凹地形都是由一定的坡地构成的。坡地具有动态的景观特性。坡地可以以景观植物为依托，创造起伏的林冠线变化，还可以作为园林建筑及小品的依托，形成烘托气氛、跌宕起伏的立面，突出视线变化。坡地还可以结合瀑布水系创造动态观赏景观。根据坡度值，坡地可以分为以下三种类型：

（1）缓坡地形（3%～10%） 缓坡有起伏感，适合安排用地范围不大的活动内容，如疏林草地，观叶、观花风景林等。

（2）中坡地形（10%～25%） 只能局部小范围利用。从植物造景角度来说中坡地形是比较有利的地形，可设计风景林。从使用角度来说，中坡地形设置园路适宜做成梯道；设置场地需结合等高线做局部改造，形成阶梯状的空间；设置溪流水景，则需考虑护坡措施。

（3）陡坡地形（>25%） 这种坡度较陡峭，大多数不适合布置除植物以外的其他园林要素。若布置场地及活动空间，可做成较陡的梯步道路，利用岩石隙地栽种耐旱的灌木，适宜点缀占地少的亭、廊、轩等风景性建筑。因存在滑坡甚至塌方的可能性，要考虑护坡措施。

表 1—3—1 列出园林绿地中极限坡度和常用坡度范围。

表 1—3—1　　　　　　　园林绿地中极限坡度和常用坡度范围

类型	极限坡度范围（%）	常用坡度范围（%）	类型	极限坡度范围（%）	常用坡度范围（%）
主要道路	0.5～10	1～8	停车场地	0.5～8	1～5
次要道路	0.5～20	1～12	运动场地	0.5～2	0.5～1.5
服务车道	0.5～15	1～10	游戏场地	1～5	2～3
边道	0.5～12	1～8	平台和广场	0.5～3	1～2
入口	0.5～8	1～4	铺装明沟	0.25～100	1～50

续表

类型	极限坡度范围（%）	常用坡度范围（%）	类型	极限坡度范围（%）	常用坡度范围（%）
步行坡道	≤12	≤8	自然排水沟	0.5～15	2～10
停车坡道	≤20	≤15	铺草坡面	≤50	≤33
台阶	25～50	33～50	种植坡面	≤100	≤50

注：①铺草与种植坡面的坡度取决于土壤类型；②需要修理的草地，以25%的坡度为好；③当表面材料滞水能力较小时，坡度的下限可酌情下降；④最大坡度还应考虑当地的气候条件，较寒冷的地区、雨雪较多地区，坡度上限应相应地降低；⑤在使用中还应考虑当地的实际情况和有关标准。

3. 假山设计与布局

在园林中人工堆砌的山一律称为假山。假山可分为土山、石山和土石相间山三种类型。

（1）假山造型　假山的造型艺术要求可以归纳为：一要有宾主；二要有层次；三要有起伏；四要有来龙去脉；五要有曲折回抱；六要有疏密、虚实。图1—3—16为苏州狮子林假山群。

图1—3—16　苏州狮子林假山群

在堆山时，要做到石材不可杂、纹理不可乱、块不可匀、缝不可多，要有地方特色。园林堆山所用材料应因地制宜，就近取材，降低成本。常用的石类有湖石类、黄石类、青石类、卵石类、剑石类、砂片石类等。近些年较流行采用人工制作的假山石，既降低成本，又解决了石类资源紧缺的问题。

（2）假山布局

1）假山作对景。假山的体量要与空间相适应。假山与建筑之间要有一定的视距，在视距范围内可布置水池和草坪，形成垂直与虚实对比，使山体更显高耸。

2）假山布置在场地周围。结合花草树木，围合相对独立的园林空间。

3）假山布置在场地中心。成"之"字形布置，把园林分隔成既相互独立又相互流通的空间。

4）假山布置在园中一角。以墙为背景，靠墙布置，配以花草树木，形成生动的画面。

5）假山与水景结合布置。虚实相生。

（3）置石　置石是以山石为材料作独立或附属性的造景布置，主要表现山石的个体美或局部组合美。置石用料不多，体量小而分散，布置随意，且结构简单，不需要完整的山

形，但景观效果要求高，要能够起到"画龙点睛"的作用。

置石的形式主要有以下几种：

1）特置山石。指由或玲珑或奇巧或古拙的单块山石独立设置的形式。常安置于园林中作局部小景或局部构图中心，多用在入口、路旁、园路尽头等处，作对景、障景、点景用，如图1—3—17所示。

2）散置山石。即"攒三聚五""散漫理之"的布置形式。布局要求将大小不等的山石零星布置，有聚有散，有立有卧，主次分明，顾盼呼应，通常布置在墙前、山脚、水畔等处，如图1—3—18所示。

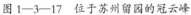

图1—3—17　位于苏州留园的冠云峰　　　图1—3—18　居住区绿地中的散置山石

3）群置山石。指几块山石成组地摆在一起，作为一个群体来表现。群置山石也要有主有从、主从分明。其配置方式有墩配、剑配和卧配。

任务二　园林植物种植设计

相关知识

一、园林植物功能

1.改善城市生态环境

园林植物通过吸收、转化、分解或合成污染物，吸附粉尘和杀灭细菌，而达到净化空气、土壤和水体环境的作用。植物还能吸收或反射声波，从而降低噪声污染。

2.提供生活空间

通过一定的园林种植，能形成符合人类社会生活习惯或行为心理的活动空间与生活资源。人类对植物价值的最初认识就是从这种功能开始的。早期的人类，特别在南方潮湿地区，树栖是一种重要的居住方式；林中空地也是人们休息、集会的重要场所。

3. 营造视觉景观

园林植物的树形、叶、花、果、干、根等都有一定的观赏价值，园林植物的形、色、姿、味也有独特而丰富的景观功能。按照一定的艺术法则搭配园林植物，可以形成多姿多彩的植物景观。园林植物可以孤植观赏，独立成景；也可以以树丛、树群、花坛或花境等形式出现，构成富有情趣的植物空间和景观；还可以作为建筑和构筑物、假山置石的配景，雕塑小品的前景或背景，或者与多种造景元素一起构成综合性景观。如图1—3—19、图1—3—20、图1—3—21所示。

图1—3—19　层林尽染的秋季植物景观

图1—3—20　植物与雕塑构成有趣的景观

图1—3—21　园林植物构成色彩丰富的景观

4. 营造景观意境

园林植物具有优美的姿态、丰富的色彩、沁人的芳香、美丽的名称，千百年以来，其蕴涵的文化特质和象征意义一直是园林意境创作的主要素材，如松、竹、梅、荷、兰、菊等。另外，植物所代表的象征意义还被上升为地区文明的标志和城市文化的象征。如上海的市花白玉兰，象征着勇于开拓、奋发向上的精神；而广州的市花木棉花，则象征着蓬勃向上的事业。

二、园林植物种植设计基本原则

城市园林种植设计应以乔木为主，常绿与落叶，速生与慢生，乔、灌、地被和草坪有机结合，师法自然，形成稳定的植物群落景观。在种植设计中必须遵循一定的原则，才能充分保证和发挥园林植物的景观效果和功能。

1. 功能性原则

园林植物种植设计首先要从园林绿地的性质和主要功能出发。园林绿地的种类不同、要求不同、位置不同，其性质和功能就不相同，即使同一园林绿地的不同区域，其性质和功能也可能不同。如街道绿地的主要功能是荫蔽、吸尘、隔音、美化等，因此要选择易活，对土、水、肥要求不高，耐修剪，树冠高大挺拔，叶密荫浓，生长迅速，抗性强的树种作行道树，同时也要考虑组织交通和市容美观的问题；综合性公园要有集体活动的广场或大草坪，有遮阴的乔木，有艳丽的成片的灌木，有安静休息时需要的密林、疏林等。

2. 艺术性原则

完美的植物景观必须具备科学性与艺术性两方面的高度统一，既满足植物与环境在生态适应上的统一，又要通过艺术构图原理体现出植物个体及群体的形式美和意境美。

（1）园林植物配置要符合园林布局形式的要求　任何一个好的艺术景观的产生都是人们主观感情和客观环境相结合的产物。不同的园林形式决定了不同的立意方式。如节日广场应营造出欢快、喜庆的氛围，色彩以暖色调为主；烈士陵园应以庄严、肃穆为基调，色彩以冷色调为主。园林植物种植设计应结合园林特色，选取与氛围及要表达的意境一致的植物组合，做到与园林形式的协调统一。图1—3—22为烘托节日氛围的立体花坛设计。

图1—3—22　烘托节日氛围的立体花坛设计

（2）合理设计园林植物的季相景观　园林植物季相景观的变化，能体现园林的季节变化，表现出园林植物特有的艺术效果。如春季山花烂漫、夏季荷花连连、秋季硕果满园、冬季梅花傲雪。园林植物的季相景观需在设计时进行总体规划，根据不同的景观特色进行搭配，使得四季有景。图1—3—23为樱花形成的春季特色景观。

（3）充分发挥园林植物的观赏特性　在园林植物组合搭配时，要考虑个体的观赏特性，充分发挥植物本身的美化作用，如图1—3—24所示。

（4）注重植物的群体景观设计　园林植物种植设计不仅仅要表现个体美，还要考虑植物群体景观。乔、灌、草、花要合理搭配，形成多姿多彩、层次丰富的植物景观，如图1—3—25所示。例如将不同树形巧妙配合，形成良好的林冠线和林缘线。

图 1—3—23 樱花形成的春季特色景观

图 1—3—24 公园中郁金香形成
美丽的植物景观

图 1—3—25 乔、灌、草、花合理搭配，形成变化丰富的景观

（5）注重与其他园林要素的配合 在植物配置时，要考虑植物与山体、水体、建筑、道路等园林要素之间的关系，使之成为一个有机整体，如图 1—3—26 所示。

图 1—3—26 植物与山石、水体、建筑等有机组合形成层次丰富的景观

3. 科学性原则

（1）因地制宜，满足园林植物的生态要求 植物是有生命的活体，不同的植物有不同的功能、习性和对立地条件的要求。顺应植物的生长规律，按照植物的生态要求科学地进行植物配置，是设计中首先应该考虑的问题。要尽量选用本地树种，适当选用已经驯化成

功的外来树种。同时，不同城市、不同文化、不同经济、不同社会状况，园林植物的设计也应有所不同，园林植物的选择和配植应是城市植物文化和其他特征的显著标志。

（2）合理设计种植密度，创造稳定的植物群落 植物种植的密度是否合适，直接影响到绿化功能的发挥。从长远考虑，应根据成年树冠大小来决定种植株距。若要在短期内取得较好的绿化效果，可适当密植，将来再移植。另外，在进行植物搭配和确定密度时，要兼顾常绿树与落叶树、速生树与慢生树、乔木与灌木、木本植物与草本花卉之间的比例，充分利用不同生态位植物对环境资源需求的差异，正确设计植物的组成和结构，以保证一定时间内形成稳定的植物群落。

4. 经济性原则

植物配置要在降低成本、方便管理的基础上，以最少的投入获得最大的生态效益和社会效益，为改善城市环境、提高城市居民生活环境质量服务。例如，可以保留园林绿地原有树种，慎重使用大树造景；按照节约型园林建设的要求，大量使用本地树种和应用自衍花卉等，减少种植后的养护和管理费用。

三、园林植物种植设计的基本形式

1. 种植方式

（1）规则式种植 规则式种植布局具有整齐、庄严、雄伟的空间氛围。在平面上，植株分布在中轴线两侧，大致左右对称，行距相等，并且按固定方式排列。在规则式种植中，草坪往往被严格控制高度和边界；花卉布置成以图案为主题的模纹花坛，利用植物本身的色彩，营造出大手笔的色彩效果；乔木常以对称式或行列式种植为主，有时还刻意修剪成各种几何形体；灌木也常常等距直线种植，或修剪成规整的图案作为大面积的构图，或作为绿篱。如图 1—3—27 所示。

图 1—3—27 规则式种植

（2）自然式种植 自然式种植主要模仿自然界森林、草原、草甸、沼泽等景观及农村田园风光，结合地形、水体、道路来进行植物种植设计。自然式种植不要求严整对称，没有突出的轴线，没有过多修剪成几何形的树木花草；布局上讲究步移景异，利用自然的植物形态，运用夹景、框景、障景、对景、借景等手法，有效控制植物景观效果。如图1—3—28所示。

图1—3—28 自然式种植

（3）混合式种植 混合式种植既有规划式种植，又有自然式种植。有时为了造景或立意的需要，一方面，利用植物规则式种植来强化入口、建筑、道路或广场等规整的几何空间；另一方面，利用乔木、灌木等有机组合，保留自然式园林的特点。

2. 种植类型

（1）乔木和灌木 在整个园林植物中，乔木、灌木是骨干材料，在城市的绿化中起骨架支柱作用。乔木形体高大，枝叶繁茂，绿量大，生长年限长，景观效果突出，在种植设计中占有举足轻重的地位。灌木在园林植物群落中属于中间层，起着乔木与地面、建筑与地面之间的连贯和过渡作用。

乔木、灌木的种植类型通常有以下几种：

1）孤植。孤植是指在空旷地上孤立地紧密地种植一株或几株同一种树木的种植类型。孤植树在园林中常作主景构图，展示个体美，如树木的姿态（见图1—3—29），浓艳的花朵，硕大的果实等。孤植树的种植地点要求空间比较开阔，而且要尽可能用天空、水面、草坪、树林等

图1—3—29 台湾成功大学草坪上孤植的大榕树，已成为该校标志性景观

色彩单纯而又有一定对比变化的背景加以衬托。适合作孤植树的植物种类有香樟、雪松、白皮松、银杏、白玉兰、鸡爪槭、合欢、元宝枫、木棉、凤凰木、枫香等。

2）对植。对植是指用两株或两丛相同或相似的树，按一定的轴线关系，左右均衡对称栽植。对植树通常在构图上形成配景或夹景，很少作主景。对植多应用于大门的两边、建筑物入口、广场或桥头的两旁，如图1—3—30所示。对植树的选择不太严格，无论是乔木、灌木，只要树形整齐美观均可采用。对植树在形体大小、高矮、姿态、色彩等方面应与主景和环境协调一致。

图1—3—30　对植常用于建筑物入口处

3）丛植。丛植通常是由几株到十几株乔木或灌木按一定要求栽植而成。树丛有较强的整体感，是园林绿地中常用的种植类型，它以反映树木的群体美为主。从景观角度考虑，丛植须符合"多样统一"的原则，所选树种的形态、姿势及其种植方式要多变，所以要处理好株间、种间的关系，整体上要密植，局部又要疏密有致。

4）群植。群植是由十几株到二三十株的乔灌木混合成群栽植而成的类型。群植可以由单一树种组成，也可由多个树种组成。在树群的配置中要注意各种树木的生态习性，创造满足其生长的生态条件。从生态角度考虑，高大的乔木应分布在树群的中间，亚乔木和小乔木在外层，花灌木在更外围，同时要注意耐阴种类的选择和应用。从景观营造角度考虑，要注意树群林冠线起伏、林缘线变化，主次要分明，高低要错落，要有立体空间层次，季相要丰富。

5）林植。成片、成块大量栽植乔灌木，以构成林地和森林景观的称为林植。林植多用于大面积公园的安静区、风景游览区或休疗养区以及生态防护林区等。根据树林的疏密度，林植可分为密林和疏林。

①密林：郁闭度0.7～1.0，阳光很少透入林下，所以土壤湿度比较大，其地被植物含水量高、组织柔软、脆弱、经不住踩踏，不便于游人作大量的活动，仅供散步、休息。密林给人以葱郁、茂密、林木森森的景观享受。

②疏林：郁闭度0.4～0.6，常与草地结合，故又称疏林草地。疏林中的树种应具有较

高的观赏价值，树冠宜开展，树荫要疏朗，生长要强健，花和叶的色彩要丰富，树枝线条要曲折多变，树干要有欣赏性；常绿树与落叶树的搭配要合适；树木的种植要三五成群，疏密相间，有断有续，错落有致，构图上生动活泼。林下草坪含水量少，坚韧而耐践踏，游人可以在草坪上活动。

6）列植。列植是指乔木、灌木按直线或曲线排成行的栽植方式，如图 1—3—31 所示。列植可以是单行，也可以是多行，其株行距的大小决定于树冠的成年冠径。列植的树种，从树冠形态看最好是比较整齐的，应尽可能采用生长健壮、耐修剪、树干高、抗病虫害的。在种植时要处理好与道路、建筑物、地下和地上各种管线的关系。

图 1—3—31　列植形成的植物景观

7）篱植。绿篱是指耐修剪的灌木或小乔木以相等的株行距，单行或双行排列而成的规则绿带，属于密植行列栽植的类型之一。它在园林中常作边界、屏障，或作为花坛、花境、喷泉、雕塑的背景与基础造景等（见图 1—3—32）。绿篱按照高度分为绿墙（160 cm 以上）、高绿篱（120～160 cm）、绿篱（50～120 cm）和矮绿篱（50 cm 以下）；按照修剪方式可分为规则式和自然式两种；按照观赏和实用价值来划分可分为常绿篱、落叶篱、彩叶篱、花篱、观果篱、编篱、蔓绿篱等。

图 1—3—32　篱植在园林中的应用

（2）草本花卉　草本花卉株高一般在 10～60 cm 之间。草本花卉表现的是植物的群体美，适用于布置花坛、花带、花池、花境等。

1）花坛。在具有一定几何轮廓的种植床内，种植各种不同色彩的观花、观叶与观景的园林植物，构成一幅色彩鲜艳或纹样华丽的装饰图案以供观赏。花坛在园林构图中常作为主景或配景，具有较高的装饰性和观赏价值。

①花坛分类。花坛按照形式可分为独立花坛、组合花坛、立体花坛等，按照种植材料可分为盛花花坛、草皮花坛、木本植物花坛、混合花坛等。

②花坛设计。花坛突出的是植物的色彩和图案构图。所用的花要求花期一致、开花繁茂、株型整齐、花色鲜艳、开花时间长，常用的品种有三色堇、金盏菊、金鱼草、紫罗兰、福禄考等。

花坛的体量与布置位置都要与周围环境相协调。花坛常作为园林局部的主景，一般布置在广场中心、公共建筑前、公园出入口空旷地、道路交叉口等处，如图1—3—33、图1—3—34 所示。花坛可以独立布置，也可以与雕塑、喷泉或树丛等结合布置。花坛的形式、色彩、风格等方面应遵循美学原则，同时展示文化内涵。

图1—3—33　位于入口处的花坛　　　　图1—3—34　颇有趣味的立体花坛

2）花带。将花卉植物按线状布置，形成带状的彩色花卉线。花带一般布置于道路两侧，沿着道路向绿地内侧排列，形成层次丰富的色彩效果。如图1—3—35 所示。

图1—3—35　花带式布置在园林中的应用

3）花池。花池是指较大面积的花卉景观群体，常布置在坡地上、林缘或林中空地以及疏林草地中，如图1—3—36所示。花池设计讲究花卉平面形态布置的艺术性及色彩的搭配。

图1—3—36　大面积花卉形成的花池景观

4）花境。花境是指将多年生宿根花卉、球根花卉及一二年生花卉、灌木等植物材料，根据自然界林缘地带多种野生花卉交错生长的规律，通过艺术加工，以带状为主，组合栽植在林缘、路缘、水旁及建筑前等处，以营造自然、生态的园林花卉景观，如图1—3—37所示。花境设计讲究构图完整，高低错落，季相变化丰富又看不到明显的空秃。

图1—3—37　富有自然气息的花境设计

（3）**攀缘植物**　攀缘植物茎干柔弱纤细，自己不能直立向上生长，需要以某种特殊方式攀附于其他植物或物体之上以伸展其躯干。由于攀缘植物的这一生物学习性，使得攀缘植物成为园林绿地规划中进行垂直绿化的特殊材料，如图1—3—38、图1—3—39所示。在园林植物种植设计时，配置攀缘植物应充分考虑各种植物的生物学特性和观赏特性。

（4）**地被植物及草坪**　地被植物是指那些株丛密集、低矮，经简单管理即可用于代替草坪覆盖在地表，防止水土流失，能吸附尘土、净化空气、减弱噪声、消除污染，并具有一定观赏价值和经济价值的植物。

图1—3—38 紫藤花架形成优美的景观　　　图1—3—39 凌霄花形成的景观

草坪在现代各类园林绿地中应用广泛，其主要功能是为园林绿地提供一个有生命的底色。草坪按功能不同可分为观赏草坪、游憩草坪、体育草坪、护坡草坪、飞机场草坪和放牧草坪等；按组成不同可分为单一草坪、混合草坪、缀花草坪等；按规划设计的形式不同可分为规则式草坪和自然式草坪。

四、园林植物种植设计

在园林发展的历史过程中，人们常从经验中总结出能让游赏者赏心悦目的规律，造园家通常称之为"技法"。下面从园林植物的个体特性在种植设计中的应用、种植设计的空间围合、平面布置、立面构图等方面阐述各种技法的运用场合以及在美学、心理学方面的使用。

1. 园林植物个体特性在种植设计中的应用

（1）色彩　色彩是人对景观欣赏最直接、最敏感的感触。在植物景观的创造中，植物不仅是绿化的颜料，而且也是万紫千红的渲染手段。植物可以以其本身所具有的色彩及季相变换的色彩渲染景观空间。园林植物的色彩在设计中应起到突出植物的尺度和形态的作用。

（2）气味　一般艺术的审美感知多强调视觉的感受，而园林植物中的芳香气息更具独特的审美效应。芳香植物应用中应注意以下问题：

1）功能性问题。芳香植物在园林中应用时首先应考虑绿地的功能性。如安静休息区应选择香气使人平静的植物种类，如紫罗兰、薰衣草、侧柏、水仙等；在娱乐活动区可选择茉莉、百合、丁香等使人兴奋的植物种类。

2）香气的搭配。芳香植物的种类众多，香气复杂。在同一花期可确定1~3种为主要的香气来源，避免出现多种香气混杂的状况。

3）控制香气的浓度。在露天环境下，空气流动快，香气易扩散而达不到预期的效果，因此可通过人为措施创造小环境使香气在一定时间内维持一定的浓度，如把植物种植在低凹处，把芳香植物种植在上风口等。对于一些香气浓重的植物，如暴马丁香，则不宜大片种植，否则易使人产生眩晕、胸闷等身体不适症状。

（3）姿态　植物姿态是园林植物的观赏特性之一，它在植物的构图和布局上影响着统一性和多样性。如图1—3—40所示。

图1—3—40　植物组合搭配，形成了层次分明，林冠线丰富的景观效果

另外，园林植物在质感、体量以及与自然景观的巧妙配合等方面，均影响园林整体环境的塑造。

2.园林植物的空间设计

园林植物空间是指园林中以植物为主体，经过艺术布局，组成适应园林功能要求和景观要求的环境。园林植物种植空间按照其组成形式、与游人视线控制的关系，可以分为以下五种类型。

（1）开放性空间（开敞空间）　开放性空间是指在地面种植低矮的灌木、地被植物、花卉及草坪等，形成的在一定区域范围内人的视线高于四周景物的植物空间，如图1—3—41、图1—3—42所示。这种空间没有私密性，是开敞、外向型的空间。另外，在较大面积的开阔草坪上，有几株高大乔木点缀其中，人们的视线并不受阻碍，因此，此类空间也为开放性空间。但是，在庭园中，由于场地较小，视距较短，四周的围墙和建筑高于视线，即使是疏林草地的配置形式也不能形成有效的开放性空间。

图1—3—41　开阔水面形成的开放性空间　　　图1—3—42　草坪形成的开放性空间

（2）半开放性空间（半开敞空间） 半开放性空间是指在一定区域范围内，四周不完全开敞，有某些植物或者构筑物阻挡了游人的视线的空间，如图1—3—43所示。这种空间具有一定的私密性，游人在景区中处于半暴露的状态，即不同方向上的通透与遮蔽状态。如从公园的某一个区域进入另一个区

图1—3—43　园林植物形成的半开放性空间

后扬的手法，在两个区域之间设计植物组团遮蔽人们的视线，使人们一眼难以穷尽，待人们穿过植物组团进入另一个区域，就会豁然开朗，心情愉悦。

（3）封闭空间 封闭空间是指在游人所处的区域范围内，四周用植物材料封闭，垂直方向用树冠遮蔽的空间，如图1—3—44、图1—3—45所示。此时游人视距缩短，视线受到制约，近景的感染力加强，容易产生亲切感、宁静感和安全感。小庭园的植物配置可以在局部适当地采用这种较封闭的空间造景手法。

图1—3—44　花架形成的封闭空间　　　图1—3—45　利用高篱形成的小尺度封闭空间

（4）冠下空间（覆盖空间） 冠下空间通常是指树冠下方与地面之间的空间，通过植物树干的分枝点高低、树冠的浓密来形成空间感，如图1—3—46所示。高大的常绿乔木是形成覆盖空间的良好材料，此类植物不仅分枝点较高，树冠庞大，而且具有很好的遮阴效果，树干占据的空间较小，所以无论是几株、一丛，还是成片栽植，都能够为人们提供较大的冠下活动空间和遮阴休息的区域。在此类空间中游人的视线水平方向是通透的，垂直方向是遮蔽的。此外，攀缘植物利用花架、拱门、木廊等物体也能够构成有效的冠下空间。

（5）竖向空间（垂直空间） 用植物封闭垂直面，开敞顶平面，就形成了竖向空间。分枝点较低、树冠紧凑的中小型乔木形成的树列，修剪整齐的高树篱等，都可以构成竖向

空间，如图1—3—47所示。由于竖向空间两侧几乎完全封闭，视线的上部和前方较开敞，极易产生夹景效果，突出轴线景观，引导游人游览。此外，适当的种植具有加深空间感的作用。

图1—3—46　冠下空间（覆盖空间）

图1—3—47　竖向空间能够加深空间感并能够很好地引导视线

不同类型的植物空间具有不同的特性，可在不同功能分区中加以应用。儿童活动区不需要有太多的私密性，要方便家长的看管、寻找和关注，因此多应用开放性空间；小型建筑亭、榭、廊等具有观景、休憩等功能，多置于半开放空间中；老人活动区、休闲广场、停车场多采用冠下空间，这样既满足人们的活动需求，又可以起到遮蔽烈日的作用；园路、甬道则多用竖向空间，以加强导向性。

3. 园林植物种植设计的平面布置

（1）植物配置在平面上要做到疏密关系的变化，这样空间上就会产生对比变化，从而丰富空间体验。同时，利用这种疏密的对比关系也容易体现出设计的空间开合感。

（2）植物配置的平面布局不能过分线形化，而要形成一定的群体以及厚度。同时，不同植物种类宜成组布置，并相互渗透融合。

（3）在平面构图上，植物的林缘线布置要有曲折变化感。相同面积的地段利用曲折变化的林缘线，可以划分成或大或小、或规则或多变的空间形态；还可以组织透景线，增加

空间的景深。

4.园林植物种植设计的立面布置

园林种植设计，除了要求空间上安排合理、平面上布置精细外，还要求植物景观"立"起来以后的立面效果优美如画。

（1）立面构图要在遵循美学法则的基础上突出主景　立面构图首先要建立秩序，保证立面构图在视觉上的平衡，做到统一与变化、协调与对比、动势与均衡、节奏与韵律。在保证立面构图统一性的基础上，突出主体或主景。如图1—3—48所示。

图1—3—48　立面设计在视觉平衡的基础上突出主景

（2）立面设计要注重林冠线的设计，注重层次变化　林冠线是指在立面层次中最高处树冠形成的轮廓线。林冠线的形成取决于树种的构成以及地形的变化。如果地形平坦，可通过变化的林冠线和色彩来增加环境的观赏性；如果地形起伏，则可通过同种高度或不同高度的树种构成的林冠线来表现、加强或减弱地形特征。

在种植设计中，乔木、灌木以及地被植物的搭配在立面上表现的则为种植的层次。一般而言，种植设计的层次由设计意图决定。如需要形成通透的空间，则种植层次要少，可仅为乔木层；如为了形成动态连续的具有远观效果的植物景观，则需要多层次的植物种植。

任务三　园路设计

相关知识

一、园路的功能和类型

1.园路的功能

园路是联系各个景区和景点的纽带和风景线，是组成园林风景的造景要素，如图1—3—49所示。园路的走向对园林的通风、光照、环境状况等都有一定的影响。

（1）组织交通　园路同其他道路一样，具有基本的交通功能，它有集散、疏导游人和组织交通的功能，还承担着园林绿化建设、养护、管理等工作的运输任务；根据不同规模，有时还要具备人、机动车辆和非机动车辆的通行作用。

（2）划分空间　园林中常常利用地形、建筑、植物、道路把全园分隔成不同功能的景区，同时又通过道路把各景区、

图 1—3—49　园路

景点联系成一个整体。园路本身就是一种线性狭长的空间，通过园路的穿插，把园林划分成不同形状、不同大小的一系列空间，极大地丰富了园林空间的形象，增强了空间的艺术表现力。

（3）引导游览　园林因景设路，因路得景。园路是园林中各景点之间相互联系的纽带，它不仅解决了园林的交通问题，而且还是园林景观的导游脉络，引导游人从一个景区到另一个景区，从一个风景点到另一个风景点。园路中的主路和一部分次要道路被赋予明显的导游功能，可以自然而然地引导游人按照预定路线有序游览，使园林景观像一幅幅连续的图画陆续呈现在游人面前。

（4）构成景观　在园林中，园路和地形、植物、建筑等共同构成园林艺术的统一体。一方面，随地形地势的变化，不同形态的蜿蜒起伏的道路可以从不同方面、不同角度与园内建筑和植物共同组合成景；另一方面，园路本身的曲线、质感、色彩、尺度等都给人以美的享受。

（5）排水功能　园路是园林绿地中的主要明渠排水途径。一般路面应有坡度为 8% 以下的纵坡和坡度为 1%～4% 的横坡，以保证园路的排水需求。

2. 园路的类型

从不同方面考虑，园路有不同的分类方法，但最常见的有功能等级分类和铺装材料分类。

（1）根据功能等级分类，园路可分三类，即主干道、次干道和游步道。园路的分类与技术标准见表 1—3—2。

1）主干道。主干道是园林绿地道路系统的骨干，与园林绿地主要出入口、各功能分区以及主要建筑物、重点广场和风景点相联系，是游览的主线路，也是各分区的分界线，形成整个绿地道路的骨架。主干道多呈环形布置。

2）次干道。次干道为主干道的辅助道路，呈支架状，是贯穿各功能分区、联系各景

区内重要景点和活动场所的道路。

3）游步道。游步道是园路系统的最末梢，是供游人休憩、散步、游览的通幽曲径，是各景区内连接各个景点、通达园林各个角落的游览小路，能够融入绿地及幽景，是通达广场、园景的捷径，引导游人深入景点。游步道一般宽度为 1.0～2.0 m，有些游览小路宽度甚至会小于 1.0 m，具体因地、因景、因人流多少而定。

表 1—3—2　　　　　　　　　　　园路分类与技术标准

分类		路面宽度 /m	游人步道宽（路肩）/m	车道数 / 条	路基宽度 /m	红线宽（含明沟）/m	车速 /（km/h）	备注
园路	主干道	3.5～7.0	≤2.5	2	8～9	—	20	
	次干道	2.0～3.5	≤1.0	1	4～5	—	15	
	游步道	1.0～2.0	—	—	—	—	—	
	专用道	≥3.0	≥1.0	1	4	不定		防火、园务等

（2）根据铺装材料分类，园路大体上有以下几种类型：

1）整体路面。由水泥混凝土或沥青混凝土整体浇筑而成的路面。这类路面在园林建设中应用最多，整体路面平整、耐压、耐磨，具有强度高、结实耐用、整体性好的特点，但不便维修且观赏性一般，适用于通行车辆或人流集中的公园主路和出入口。

2）块料路面。用大方砖、石板、天然块石或预制板铺装而成的路面。这类路面坚固、平稳、简朴大方、防滑，能减弱路面反光强度，并能铺装成形态各异的花纹图案，同时也便于进行地下施工时拆补，适用于广场、游步道和通行轻型车辆的路段，在绿地中被广泛应用。

3）碎料路面。用碎石、瓦片、卵石及其他碎状材料组成的路面。这类路面铺路材料廉价，能铺成各种花纹，图案精美，表现内容丰富，做工细致，主要用于庭园和游步道中。

4）简易路面。由碎石、三合土等组成的临时或过渡路面。

二、园路的设计

园路的路形设计应根据园林绿地的特点和性质进行，路面铺装应根据道路的功能要求进行设计，总体要求是美观、经济、实用。

1. 园路布局形式

园路的布局取决于园林的规划形式。常见的园路系统布局形式有棋盘式、套环式、树枝式和条带式，如图 1—3—50 所示。

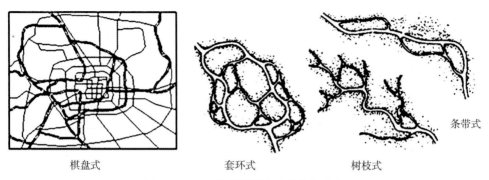

棋盘式　　　　　　　套环式　　　　　　树枝式　　　　条带式

图1—3—50　常见的园路系统布局形式

（1）棋盘式园路系统　棋盘式园路也称为网格式园路。这种园路系统的特征是：有明显的轴线控制整个道路的布局，一般主路为整个布局的轴线，次路和其他道路沿轴线对称，组成闭合的"棋盘"，如图1—3—51所示。这种道路系统适用于规则式园林，道路规整、规律性强，由道路所划分规则的地块可大可小。但这种道路较为单调，有时会受到山地的限制出现对地形进行改造等问题，较适合平地使用。

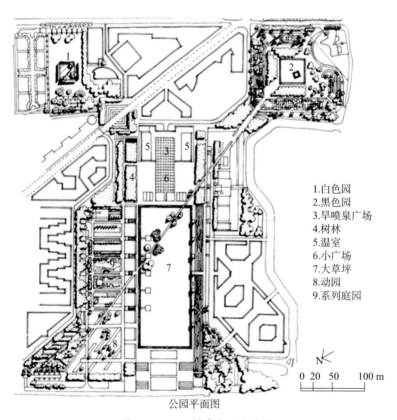

1.白色园
2.黑色园
3.旱喷泉广场
4.树林
5.温室
6.小广场
7.大草坪
8.动园
9.系列庭园

公园平面图

图1—3—51　棋盘式园路系统

（2）套环式园路系统　套环式园路系统的特点是：由主路构成一个闭合的大型环路或

"8"字形的双环路，次路和游步道从主路上分出，并且相互穿插、连接与闭合，构成另一些较小的环路，其中少有尽端式道路，如图1—3—52所示。主路、次路和小路构成的环路环环相套、互通互连，可以满足游人在游览中不走回头路的愿望。套环式园路最适用于公共园林环境，并且在实践中应用最广泛。

图1—3—52　套环式园路系统

（3）树枝式园路系统　在以山谷、河谷地形为主的园林或风景区，主路一般只能布置在谷地，沿着河沟从下往上延伸；两侧山坡上的多数景点都是从主路分出一些支路相连，甚至再分一些小路继续加以连接；支路和小路可以是尽端式，也可以成环路，但多数为尽端式。如图1—3—53所示。

图1—3—53　树枝式园路系统

（4）条带式园路系统　在地形狭长的园林中，采用条带式园路系统较为合适。其布局特点是：主路呈条带状，始端和尽端各在一方，并不闭合成环；在主路的一侧或两侧，可以穿插次路和游步道；次路和小路之间可局部闭合成环路。如图1—3—54所示。

图1—3—54 条带式园路系统

2.园路布局设计原则

（1）因地制宜 园路的布局设计，除了依据园林工程建设的规划形式外，还必须结合地形地貌设计。一般园路宜曲不宜直，贵在合乎自然，追求自然野趣，依山随势，回环曲折。

（2）满足实用功能，体现以人为本 在园林中，园路设计须遵循"供人行走为先"的原则，也就是说设计修筑的园路必须满足导游和组织交通的要求，要考虑到人总喜欢走捷径的习惯，如图1—3—55所示。

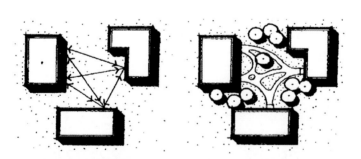

图1—3—55 捷径线连接建筑的主要入口，步道根据捷径线来铺设

（3）综合园林氛围进行布局设计 园路是园林工程建设造景的重要组成部分，园路的布局设计一定要坚持路为景服务，要做到因景通路，同时也要使路和其他造景要素很好地结合，使整个园林更加和谐，并创造出一定的意境。例如，为了适宜中老年人游览，应营造轻松悠闲的园路氛围；为了迎合园林的肃静气氛，应设计拘谨严肃的园路氛围；为了适应青少年好历险的心理，宜在园林中营造紧张急促的园路氛围。如图1—3—56所示。

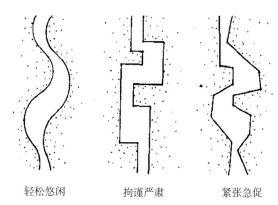

轻松悠闲　　　　拘谨严肃　　　　紧张急促

图1—3—56　园路不同的平面线形，创造出不同的游览感受

3.园路布局设计方法

园路布局设计遵循以下方法步骤：

（1）对收集来的设计资料及其他图面资料进行充分的分析研究，从而初步确定园路布局的风格与特点。

（2）对公园或绿地规划中的景点、景区进行认真分析研究。

（3）对公园或绿地周边的交通景观进行综合分析，必要时可与有关单位联合分析。

（4）研究设计区内的植物种植设计情况。

（5）通过以上的分析研究，确定主干道的位置布局和宽窄规格。

（6）以主干道为骨架，用次干道进行景区的划分，并通达各区主景点。

（7）以次干道为基点，结合各区景观特点，具体设计游步道。

（8）形成布局设计图。

4.园路布局设计应注意的问题

要使园路布局合理，除遵循以上原则外，还应注意以下几方面的问题：

（1）两路相交所成的角度一般不宜小于60°，如图1—3—57a所示。若由于实际情况限制，角度太小，可以在交叉处设立一个三角绿地，使交叉所形成的尖角得以缓和。

（2）宜在主干道凸出的位置处分叉出次干道，这样显得流畅自如，如图1—3—57b所示。

（3）道路需要转换方向时，离原交叉点要有一定长度作为方向转变的过渡。两条直线道路相交时，可以正交，也可以斜交。为了美观实用，要求交叉在一点上，对角相等，这样显得自然和谐。如图1—3—57c所示。

（4）若三条园路相交在一起，三条路的中心线应交汇于一点上，否则容易杂乱。

（5）在较短的距离内，道路的一侧不宜出现两个或两个以上的道路交叉口，尽量避免多条道路交接在一起。如果避免不了，则需在交接处设置一个广场。

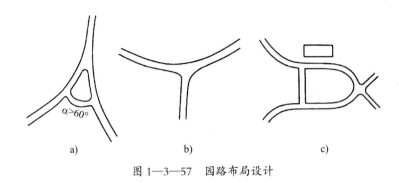

图 1—3—57　园路布局设计

（6）凡道路交叉所形成的大小角都宜采用弧线，每个转角要圆润。

（7）自然式道路在通向建筑正面时，应逐渐与建筑物对齐并趋垂直；在顺向建筑时，应与建筑趋于平行。

（8）两条相反方向的曲线园路相遇时，在交接处要有较长距离的直线，切忌呈 S 形。

任务四　园林场地设计

 相关知识

一、园林场地的功能与作用

1. 提供活动和休憩场所

游人在园林中的主要活动空间是园路和各种铺装地。大型的活动场地需要一定面积的铺装地支持，当铺装地面以相对较大并且无方向性的形式出现时，它会产生静态停留感，无形中创造出一个休憩场所。

2. 划分空间

铺装地能提供方向性，引导视线从一个目标移向另一个目标。铺装材料及其在不同空间中的变化，都能在室外空间中表示出不同的地面用途和功能。通过改变铺装材料的色彩、质地或铺装材料本身的组合，可以明确空间的用途和活动的区别。如图 1—3—58 所示。

3. 对空间比例产生一定的影响

在外部空间中，铺装地面的另一个功能是能影响空间的比例。每一块铺装材料的大小以及铺砌形状的大小和间距等，都能影响铺装地面的视觉比例。形体较大、较舒展的铺装材料，会使空间显得宽敞；而形体较小、较紧缩的铺装材料，则使空间产生压缩感和亲密感。如图 1—3—59 所示。

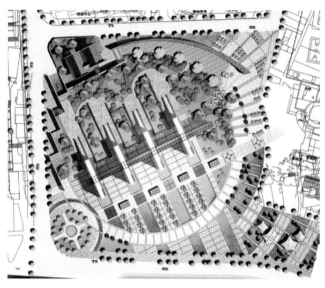

图1—3—58　不同铺装表达不同功能空间

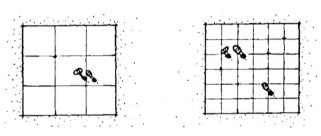

图1—3—59　铺装材料的大小对空间尺度感的影响

4.统一协调设计

铺装地面有统一协调设计的作用，是利用其充当与其他设计要素和空间相关联的公共因素来实现的。即使在设计中，铺装地面与其他因素在尺度和特性上有着很大的差异，但在总体布局中，因处于同一铺装内，相互之间便能连接成一个整体。如图1—3—60所示。

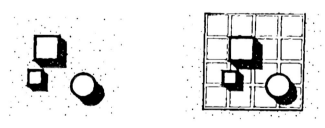

图1—3—60　铺装地面可以统一其他设计要素，起到背景的作用

5.构成空间个性，创造视觉趣味

铺装地面具有构成和增强空间个性的作用。铺装材料及其图案和边缘轮廓都能对所处的空间产生重要影响。采用不同的铺装材料和图案造型，可以形成和增强空间个性，产生

不同的空间感，如图1—3—61所示。例如，方砖能赋予空间温暖亲切感，有角度的石板会形成轻松自如、不拘谨的气氛。

图1—3—61　个性、有趣的场地铺装设计

二、园林场地的设计

1. 材料的运用

选取铺装材料时应仔细考虑，掌握不同材料的类型和特点，为预期的用途和外貌选择出正确的材料。砌块面层材料的特点及适用场合见表1—3—3。另外，还应根据不同气候条件选择不同性能的铺装材料，如南方炎热多雨，应采用吸水性强、表面粗糙的材料，在雨季起防滑作用；而北方寒冷地区应选择吸水性差、表面粗糙且坚硬的材料，防冻防滑，不易损坏。

表1—3—3　　　　砌块面层材料的特点及适用场合

类别	名称	基本规格要求	特征	适用场合
天然硬质砌块材料	石板	规格大小不一，但角块边长不宜小于300 cm，厚度不宜小于50 cm	破碎或成一定形状的砌板，粗犷、自然，可拼成各种图案	适用于广场或重要的活动场所，不宜通行重车
	块石、条石	大石块大于200 cm，厚30~60 cm；小石块面80~100 cm，厚30~60 cm	坚固、古朴、整齐的块石铺地肃穆，庄重	适用于建筑入口、广场、大型游憩场所等
	拳石、小料石	规格大小不一，块径一般小于150 cm，厚度在30~90 cm之间	耐磨、古朴、粗犷，有凹凸变化，可平滑可粗糙	适用于有弧度变化的广场、人行步道
	碎大理石片	规格不一	富丽、华贵、装饰性强	适用于露天园林铺地，但表面光滑，不宜用于坡地
	卵石	根据需要确定规格	细腻圆润、耐磨、色彩丰富、装饰性强，排水性好	适用于各种通道、庭园铺装，但易松动滑落，施工时应注意长扁拼配，以便清扫

续表

类别	名称	基本规格要求	特征	适用场合
人工硬质砌块材料	混凝土砖	机砖 400 cm×400 cm×75 cm 400 cm×400 cm×10 cm 小方砖 250 cm×250 cm×250 cm	坚固、耐用、平整、反光率大，路面要保持适当的粗糙度	可做成各种彩色路面，适用于广场、庭园、公园干道
	面砖	规格形状不一	质坚、容重小、耐压耐磨，能防潮、颜色自然、厚重、色彩丰富	适用于各类场地。可用于各种图案的拼接、装饰，还可用于规则式步道的铺设
	青砖大方砖	机砖 240 cm×115 cm×53 cm 500 cm×500 cm×100 cm	端庄典雅，耐磨性差	适合于冰冻不严重的地区，不宜用于坡地和阴湿地段，因其易生青苔，使游人滑倒

2. 广场铺装的图案形式

（1）几何纹样　几何图案是最简洁、最概括的纹样形式，通常利用砖、瓦、石等材料互相结合而成；还可运用各种排列方法，通过分解与重构形成新的图形，如八角灯景、人字纹套六方、人字纹套八方、六角冰裂纹、八角橄榄景等。

（2）动物纹样　古人通常将寓意祥瑞或象征权贵的动物造型用于铺地图案中，表达吉祥的寓意或显示情趣。龙、麒麟、马、鸟、鱼、蝙蝠、昆虫都是常见的动物纹样。

（3）植物纹样　不同的植物纹样有不同的含义，如花卉象征着飘香四溢的环境，石榴、葡萄等植物果实象征着丰收等。

（4）文字纹样　在我国古代铺地中，经常将"福""寿"等吉祥文字以及诗词歌赋结合几何纹样、植物纹样运用在地面图案中。

（5）综合纹样　在一些地位高、规模大的建筑景观中通常会用到有叙述性的大型单元铺地图案，如图1—3—62所示。这些铺地图案的元素一般包含风景、动植物、人物等形象，故称为"综合纹样"。这些图案的内容往往是生肖形象、历史故事、典故或者神话传说等，如在北京故宫的铺地纹中，就有三国故事、十二生肖图等；北京颐和园内有暗八仙集锦地纹等。

3. 园林场地的色彩设计

铺装色彩的选择和应用，应符合色彩的统一变化原则。同一色彩的轻度变化可以丰富大面积的单色调地面；色彩素雅的铺装可以营造出轻松、无视觉负担的环境，如图1—3—63所示。儿童活动游戏场所可以采用色彩鲜明或者充满童趣的趣味铺装。对于烈士陵园等严肃场所则可选用灰色调的铺装。

图1—3—62　古典园林中常见的场地铺装纹样

图1—3—63　园林场地的色彩设计

4. 园林场地的尺度与比例

协调的尺度体系是形成和谐的景观整体环境必不可少的条件。不同的园林场地，由于使用功能不同、设计思想不同、周围环境风格不同，相应的尺度比例选择也应该有所不同。例如，休闲娱乐广场、商业街儿童广场等生活步行空间应该选用亲切的人体尺寸布置，而一些市政广场、纪念广场可以通过简洁的大尺度铺装设计来烘托庄重严肃、宏伟壮观的气氛。

总之，在室外环境中，铺装地面既能满足实用功能的需要，又能达到美学的要求。它

可以简单地被用来加强地面的承受力和耐磨性，以及从结构上维护行人和车辆的使用，还可以通过色彩、质地以及铺设形式的变化，为室外空间提供所要求的情感和个性。在园林规划设计中，园林场地设计应与其他要素统筹考虑，精心设计。

任务五　园林水景设计

 相关知识

水是园林艺术中不可缺少的、最富魅力的一种要素。在中国，古人称水是园林的"血液""灵魂"，并有"无水不成园"的说法，如北京颐和园的昆明湖、苏州拙政园中大小不同且相连的水体、扬州瘦西湖的带状水体等。在国外，也广泛运用水体进行造景，如笔直的水渠、水道，几何形水池、喷泉等。

一、水景的功能与作用

1. 景观功能

（1）基底作用　平静的水面，无论是规则式还是自然式，都可以像草坪铺装一样，作为其他园林要素的背景和前景。同时，平静的水面还能映出天空和主要景物的倒影。

（2）纽带作用　在园林中，水体可作为联系全园景物的纽带。如扬州瘦西湖的带状水面延绵数千米，众多景物或临水而建，或三面环水，水体使全园景物逐渐展开，相互联系，形成有机整体。苏州拙政园中的许多单体建筑或建筑组群都与水有不可分割的联系，水面将不同的建筑组合成一个整体，起到统一的作用。

（3）焦点作用　流动的水通常令人神往，如瀑布和喷泉激越的水流和声响引人注目，会成为某区域焦点。充分发挥水景的焦点作用，可形成园林中的局部小景或主景。

2. 生态功能

（1）影响和控制小气候　大面积的水域能影响其周围环境的空气温度和湿度。在夏季，有水面与无水面的地方有温差。这是因为水蒸发使水面附近的空气温度降低。如果有风直接吹过水面，吹到人们活动的场所，则更增强了水的降温效果。

（2）控制噪声　水能减弱室外空间噪声。在城市中有较多的汽车、人群和工厂的嘈杂声，经常利用瀑布或流水的声音减弱噪声干扰，营造相对宁静的氛围。

3. 娱乐功能

亲水是人的天性，而作为设计师就要满足这种天性，提供一个可以让人们亲水的活动场所，如设置游泳、钓鱼、赛艇和溜冰场所等。

二、水景设计手法

水景设计应以总体布局及当地的自然条件、经济条件为依据，因地制宜地选择布局水景的种类和形式，并多以天然水源为主。水景设计中主要分为静水设计和动水设计。

1. 静水设计

（1）水池　水池的形态种类众多，深浅不同，池壁、池底的材料不同。水池按照不同的分类标准可分为规则严谨的几何式和自由活泼的自然式；浅盆式与深水式；运用节奏韵律的错位式、半岛式与岛式、错落式、池中池、多边形组合式、圆形组合式等。还可以在池底或池壁运用嵌画、隐雕、水下彩灯等手法，形成奇妙的景观。当水池用于规则式园林中，水体的外形轮廓为有规律的直线或曲线闭合而成的几何形，如圆形、方形、矩形、椭圆形、梅花形、半圆形或其他组合类型，线条轮廓简单。如图1—3—64、图1—3—65所示。

图1—3—64　印度泰姬玛哈尔陵前的镜池　　图1—3—65　规则式静水面形成的建筑物倒影

水体的岸线应该以平滑流畅的曲线为主，体现水的流畅柔美，如图1—3—66所示。驳岸及池底尽可能以天然素土为主，而且要尽量与地下水沟通，这样可以大大降低水体的更新及清洁的费用。自然式水池的驳岸常结合假山石进行布置。

图1—3—66　平滑流畅的水岸线形成了
自然的水面

水池除本身外形轮廓的设计外，与环境的有机结合也是设计的一个重点。主要表现在利用水面的倒影作借景，丰富景物的层次，扩大视觉空间，增强空间的韵味。

（2）湖　湖也属于静水，同水池一样，也可获取倒影、扩展空间。湖在园林中往往面积比较大，视野开阔，在构图上起到主要的作用。园林中的静态湖面设计应丰富，切忌空而无物。通常通过岛、桥、矶、礁等来分隔大水面空间，形成水体景观，增加水面的层次与景深，扩大空间感；或者通过在水中植莲、养鱼或水禽等避免大水面空洞呆板，增添园林的景致与趣味。

2.动水设计

（1）溪、涧及河流　溪、涧及河流都属于流水。在自然界中，水自源头集水而下，到平地时流淌向前，形成溪、涧及河流水景。一般溪浅而阔，涧狭而深，流水汩汩而前。在平面设计上，水体应蜿蜒曲折，有分有合，有收有放，构成大小不同的水面或宽窄各异的河流。在立面设计上，水体可随地形变化，形成不同高差的跌水，同时应注意河流在纵深方面上的藏与露。如图1—3—67、图1—3—68所示。

图1—3—67　规则式园林中的跌水　　　　图1—3—68　水幕景墙设计

（2）瀑布　自然界中，水总是集于低谷，顺谷而下，在平坦地便为溪水，逢高差明显便成瀑布。在人工创造瀑布景观时，利用不同的落差、水流量的大小和落水的声音，组成独特的水景图。瀑布由五个基本部分构成，即上游水流、落水口、瀑身、受水潭和下游泄水，其中上游水量和落水口决定瀑身。因此，在设计瀑布时，可通过水泵来控制水量，设定落水口的大小，形成预期的瀑布景观。如图1—3—69、图1—3—70所示。

图1—3—69　人工创造的直落式瀑布　　　图1—3—70　与立体花坛结合的瀑布

（3）喷泉　喷泉又叫喷水，是理水的重要手法之一，常用于城市广场、公园、公共建筑或作为建筑、园林小品，广泛地应用于室内外空间。它常与水池、雕塑同时设计，结合为一体，起装饰和点缀园景的作用。喷泉在现代园林中应用非常广泛，其形式有涌泉形、直射形、雪松形、牵牛花形、蒲公英形、雕塑形等。另外，喷泉又可分为一般喷泉、时控喷泉、声控喷泉群、灯火喷泉等。

选择喷泉的位置以及布置喷水池周围的环境时，首先要考虑喷泉的主题和形式，要把喷泉和环境统一考虑，用环境渲染和烘托喷泉，或借助于喷泉的艺术联想创造环境的意境，如图1—3—71所示。在一般情况下，喷泉的位置多在建筑、广场的轴线焦点或端点处，也可根据环境特点做一些喷泉小景，自由地装饰室内外的空间。

图1—3—71　借助于喷泉的艺术联想创造意境

任务六　园林建筑与小品设计

 相关知识

一、园林建筑与小品的功能及作用

园林建筑是指建造在公园、绿地中供人们游憩或观赏用的建筑物，常见的有亭、榭、廊、阁、轩、楼、台、舫、厅、堂等建筑物。园林建筑在园林中的主要作用包括：①造景，即园林建筑本身就是被观赏的景观或景观的一部分；②提供观景的视点和场所；③提

供休憩及活动的空间；④提供简单的使用功能，如售票、摄影等；⑤作为主体建筑的必要补充或联系过渡。

园林小品是园林中供休息、装饰、照明、展示和方便游人及园林管理的小型建筑设施，一般没有内部空间，体量小巧，造型别致。园林小品既能为游人提供方便，又能让游人从中获得美的享受和良好的教益。无论是在古典园林，还是在现代化游乐场所，园林建筑与小品均在造景中匠心独运。

因此，在设计布置园林建筑与小品时，切忌将其孤立，要考虑其与环境的协调性，使其对整体空间和视觉景观效果起到画龙点睛的作用。如图1—3—72所示。

图1—3—72　雕塑小品与整体环境协调一致

二、园林建筑与小品的创作要求

园林建筑与小品在设计时受约束的强度小，设计灵活度大。其造型活泼多样，姿态千差万别，设计的布局地点、材料、颜色等都因景而设，体现浓郁的艺术文化风格。园林建筑与小品设计创作时通常要满足以下要求：

1.立其意趣：根据自然景观和人文风情，进行景点中小品的设计构思。

2.合其体宜：选择合理的位置和布局，做到巧而得体、精而合宜。

3.取其特色：充分反映建筑小品的特色，把它巧妙地融合在园林环境之中。

4.顺其自然：不破坏原有风貌。

5.求其因借：通过对自然景物形象的取舍，使造型简练的小品形象丰满充实。

6.饰其空间：充分利用建筑小品的灵活性、多样性丰富园林空间。

7.巧其点缀：把需要突出表现的景物强化起来，把影响景物的角落巧妙地转化成游赏的对象。

8.寻其对比：把两种明显差异的素材巧妙地结合起来，相互烘托，凸显特点。

三、园林个体建筑与小品的设计

1. 花架

（1）花架的功能与作用

1）遮阴功能。花架是攀缘植物的棚架，又是人们消夏纳凉的场所，可供游人休息、赏景。

2）景观效果。花架在造园设计中往往具有亭、廊的作用，进行长线布置时，能够像游廊一样发挥建筑空间的脉络作用，形成导游路线；也可以用来划分空间，增加景观的深度。

3）花架在建筑中能起到纽带的作用，也可以联系亭、台、楼、阁，具有组景的功能。

（2）花架的类型与形式　花架主要是由立柱和顶部格条组成的。立柱有木柱、生铁柱、砖柱、石柱、混凝土柱等形式。无论何种立柱，其下部基础一般都用砖石砌筑或钢筋混凝土浇筑。

1）结构形式。花架的结构主要有简支式和悬臂式两种，为了体现现代气息，也有使用拱门式钢架等结构的。有时为了特殊的要求也可以将数种结构予以组合，以丰富景观。如图1—3—73所示。

图1—3—73　风格不同、造型各异的花架

2）平面形式。多数的花架为直线形，如果将其组合，就能形成三边形、四边形乃至多边形；也有将其平面设计成弧形，由此可以组合成圆形、扇形、曲线型等。常见花架的

平面形式及尺寸如图1—3—74所示。

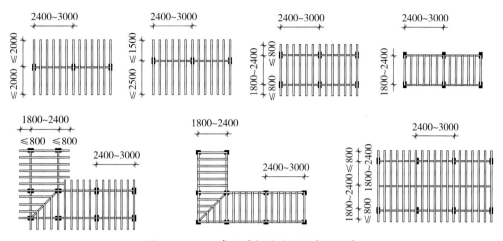

图1—3—74　常见花架的平面形式及尺寸

3）垂直支撑形式。最常见的是立柱式，立柱可分为独立的方柱、长方柱、小八角柱、海棠截面柱等。为增添艺术效果，可由复柱替代独立柱，复柱有平行柱、V形柱等。也可采用花墙式花架，其墙体可用清水花墙、天然红石板墙、水刷石墙或白墙等。如图1—3—75所示。

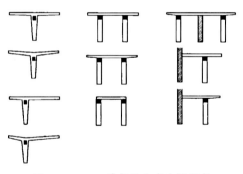

图1—3—75　花架的垂直支撑形式

（3）花架与植物的结合　花架的植物材料选择要考虑花架的遮阴和景观作用两个方面，多选用藤本蔓生并且具有一定观赏价值的植物，如常春藤、络石、紫藤、凌霄、地锦、南蛇藤、五味子、木香等，也可以考虑使用具有一定经济价值的植物，如葡萄、金银花、猕猴桃等。

2.亭榭

（1）亭榭的功能与作用　"亭者，停也"。亭是供人作短暂休息、逗留的建筑物。榭其实并不是特定的建筑类型，而是依据所处的位置而定。古人认为："榭者，藉也。藉景而成者也。或水边，或花畔，制亦随态。"在现代公园绿地中也有将规模较大的临水的茶室、展厅称作"榭"的。这里所述"榭"主要指一些小型建筑，其意义与亭十分接近，故可称其为"亭榭"。

园林中，亭榭是为数最多的建筑物之一，如图1—3—76所示，其作用可以概括为两个方面，即"观景"和"景观"。供游人停留、小憩是亭榭最基本的功能。亭榭还要考虑游人的游览需要，结合地形、环境建造。如山巅立亭榭，需要能够俯瞰全园；山腰建亭榭，则需前景开阔，以利于眺望；水际置亭榭，应可以远观对岸的洲渚堤桥。此外，还有许多为特定的目的而建造的亭榭，如传统名胜、园林中的碑亭、井亭、纪念亭、鼓乐亭等。在现代公园中，亭榭被赋予了更多的用途，如书报亭、茶水亭、展亭、摄影亭等。

图1—3—76　风格不同、造型各异的亭

（2）亭榭的类型与形式　亭榭是园林中造型最为丰富的一种建筑小品，大致可以分为传统样式和现代样式两大类。

一般来说，北方的亭榭造型粗犷、风格雄浑，而南方的亭榭体量小巧、形象俊秀。如今较为常见的是北方园林的清式亭榭和以江南园林为代表的苏式亭榭。传统亭榭的平面有方形、圆形、长方形、六角形、八角形、三角形、梅花形、海棠形、扇面形、圭角形、方胜形、套方形、十字形等诸多形式（见图1—3—77），其中方形、圆形、长方形、六角形、八角形为最常用的平面形式。屋顶亦有单檐、重檐、攒尖、歇山、十字脊、"天圆地方"等样式，最常见的屋顶形式为攒尖和歇山。如承德避暑山庄的莺啭乔木亭，方形的平面增添了四出抱厦，形成了"亞"字形平面，其屋顶为两个歇山十字相交，形成了"十字脊"，而抱厦的屋面呈歇山形，于是整个屋顶变得华丽而复杂。现代园林中用钢筋混凝土作平顶式亭较多。

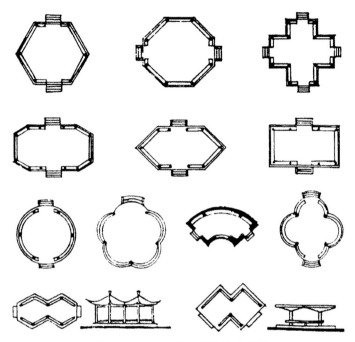

图1—3—77 传统亭榭的平面形式

亭榭的立体造型，从层数上看，有单层和两层。中国古代的亭榭本为单层，两层以上应算作楼阁，但后来人们把一些二层或三层类似亭榭的阁也称为亭榭，并创作了一些新的二层的亭榭样式。

在建筑材料的选用上，中国传统的亭榭以木结构瓦顶的居多，也有木结构单顶以及全部是石结构的，现代园林多用混凝土、钢木等多种材料制成仿竹、仿松木的亭。有些名胜地，用当地随手可得的树干、树皮、条石构亭，亲切自然，造型丰富，与环境融为一体，更具地方特色。

（3）亭榭在园林中的位置 亭榭在园林布局中，其位置不受格局所限，可独立设置，也可依附于其他建筑物而组成群体，更可结合山石、水体、大树等得其天然之趣。

1）山上建亭。山上建亭常选用的位置有山巅、山腰台地、悬崖峭壁、山坡侧旁、山洞洞口、山谷溪涧等处，如图1—3—78所示。山中置亭有幽静深邃的意境。亭与山的结合可以共筑成景，成为一种山景的标志。亭立于山顶以升高视点，俯瞰山下景色，如北京颐和园万寿山前坡佛香阁两侧有各种亭对称布置，甚为壮观。

2）临水建亭。临水的岸边、水边石矶、水中小岛、桥梁之上等处都可建亭，如图1—3—79所示。水边设亭，一方面是为了观赏水面景色，另一方面也可丰富水景效果。完全凌驾于水面之上的亭，常立基于岛、半岛或水中石台之上，以堤、桥与岸相连，如北京颐和园的知春亭。完全临水的亭应尽可能贴近水面，宜低不宜高，切忌用混凝土柱墩把亭子高高架起。为了营造出亭子漂浮于水面上的意境，设计时还应尽可能把亭子下部的柱墩缩到挑出的底板边缘的后面去，或者选用天然的石料包住混凝土柱墩，并在亭边的沿岸和水中散置叠石，以增添自然情趣。桥上置亭，也是我国园林艺术处理上的一种常见手法。

图1—3—78　山上建亭　　　　图1—3—79　邻水而建的苏州网师园月到风来亭

　　3）亭与植物结合。中国古典园林中，有很多亭直接引用植物名，如牡丹亭、桂花亭、仙梅亭、荷风四面亭等。亭名因植物而出，再加上诗词牌匾的渲染，可以使环境空间有声有色。如无锡惠山寺旁的听松亭，以松涛为主题，创造出"万壑风生成夜响，千山月照挂秋阴"的意境；苏州拙政园中荷风四面亭（见图1—3—80）的题联为"四壁荷花三面柳，半潭秋水一房山"。亭旁种植植物应有疏有密，精心配置，要给游人留有一定的欣赏、活动空间。

图1—3—80　苏州拙政园内的荷风四面亭

　　4）亭与其他建筑结合。亭与其他建筑的结合有两种类型：一种是亭与其他建筑相连，亭是建筑群中的一部分；另一种是亭与其他建筑分离，亭是空间中的组成部分，作为独立的单体存在。如在建筑群前轴线两侧列亭，左右对称，强化建筑的庄重、威严。

很多庙宇前设钟鼓亭就有这种效果，如山西大同华严寺钟鼓亭、北京北海琼华岛南坡永安寺前的亭等。

3. 廊

（1）廊的功能

1）联系功能。廊将园林中的各景区、景点联系成有序的整体，虽散置但不零乱。廊将单体建筑联系成有机的群体，使主次分明、错落有致。廊可配合园路，构成全园交通、游览及各种活动的通道网络，以"线"联系全园。

2）分隔围合空间功能。在花墙的转角划分出小小的天井，种植竹子、花草等构成小景，这样可使空间互相渗透，隔而不断，层次丰富。廊又可将空旷开敞的空间围成封闭的空间，在开阔中有封闭，热闹中有静谧，使空间变换的情趣倍增。如图1—3—81所示。

图1—3—81　园林中常利用廊来分隔、围合空间

3）组廊成景功能。廊的平面可自由组合，廊尤其善于与地形结合，"或盘山腰，或穷水际，通花度壑，蜿蜒无尽"（《园冶》），在园林景色中体现出自然与人工结合之美。

4）实用功能。廊最适于作展览用。此外，廊还有防雨淋、避日晒的作用。廊在近现代园林中，还经常被运用到一些公共建筑（如展览馆、学校、医院等）的庭园内，它一方面作为交通联系的通道，另一方面作为室内外联系的"过渡空间"，把室内外空间紧密地联系在一起。

（2）廊的类型与形式　公园绿地中的游廊大多为传统形式，但也有多种变化。最常见的是靠墙的游廊，单坡屋面，一面紧贴墙垣，另一面向园景开敞，称为"半廊"（见图1—3—82）。也有无墙的游廊，两坡屋面，称为"空廊"（见图1—3—83），蜿蜒于园中，将园林空间一分为二，丰富了园景层次，人行其中又可以两面观景。空廊也可用于分隔水池，廊低临水面，两面可观水景，人行其上，水流其下，有如"浮廊可度"。两条半廊合一，或将空廊中间沿脊檩砌筑隔墙，墙上开设漏窗，则称"复廊"。复廊两侧往往分属不同的院落或景区，但园景彼此穿透，若隐若现。

图1—3—82　半廊

图1—3—83　空廊

有些游廊随地势起伏，有时可直通二层楼阁，这种游廊常被称作"爬山廊"（见图1—3—84）。爬山廊可以是半廊，也可以是空廊。如果地势不是太过陡峻，游廊屋顶大多顺坡作转折，形成"折廊"；不然则顺势作跌落状，称为"跌落廊"；少数将屋顶做成竖曲线形，称为"竖曲线廊"，但这种游廊无法用传统材料制作。

图1—3—84　爬山廊

（3）廊在园林中的位置

1）平地建廊。常建于草坪一角、休息广场中、大门出入口附近，也可沿园路建，或覆盖园路，或与建筑相连等。在园林的小空间或小型园林中建廊，常沿界墙及附属建筑物以"占边"的形式布置。

2）水边或水上建廊。一般称之为水廊，供欣赏水景及联系水上建筑之用，形成以水景为主的空间。水廊有位于岸边的水廊和凌驾水面之上的水廊两种形式。

位于岸边的水廊，廊基一般紧接水面，廊的平面也大体紧贴岸边，尽量与水接近。在水岸曲折自然的情况下，廊多沿着水边成自由式格局，顺自然之势与环境相融合。

凌驾水面之上的水廊，以露出水面的石台或石墩为基，廊基一般宜低不宜高，最好使廊的底板尽可能贴近水面，并使两边水面能穿过廊下互相贯通。

3）山地建廊。供游山观景和联系山坡上下不同标高的建筑之用，也可借以丰富山地建筑的空间构图。爬山廊有的位于山之斜坡，有的依山势蜿蜒转折而上。

4. 园桥

（1）园桥的功能　园桥可以联系风景点的水陆交通，组织游览线路，变换观赏视线，点缀水景，增加水面层次，兼有交通和艺术欣赏的双重功能。园桥在造园艺术上的价值往往超过交通功能。

（2）园桥的分类

1）平桥。平桥外形简单，有直线形和曲折形，结构有板式和梁式。板式桥适于较小的跨度，如北京颐和园谐趣园瞩新楼前跨小溪的石板桥，简朴雅致。跨度较大的桥需设置桥墩或桥柱，上安木梁或石梁，梁上铺桥面板。曲折形的平桥是中国园林特有的，不论三折、五折、七折、九折，通称"九曲桥"，如图1—3—85所示，其作用是延长游览行程和时间，在曲折中变换游览者的视线方向，做到步移景异；也有的用来陪衬水上亭榭等建筑物。

图1—3—85　平桥

2）拱桥。拱桥造型优美，曲线圆润，富有动态感，既丰富了水面的立体景观，又便于桥下通船。单孔拱桥（见图1—3—86）拱券呈抛物线形，桥身用汉白玉建造，桥形如垂虹卧波。多孔拱桥适于跨度较大的宽广水面，常见的多为三孔、五孔和七孔。著名的北京颐和园十七孔桥，长约150 m，宽约6.6 m，连接南湖岛，丰富了昆明湖的层次，成为万寿山的对景。

图1—3—86　拱桥

3）亭桥、廊桥。加建亭廊的桥，称为亭桥或廊桥，可供游人遮阳避雨，又增加了桥的形体变化。亭桥如扬州瘦西湖的五亭桥，多孔交错，亭廊结合，形式别致。廊桥有的与两岸建筑或廊相连，如苏州拙政园"小飞虹"。

4）其他。汀步，又称步石、飞石，浅水中按一定间距布设块石，微露出水面，使人跨步而过，如图1—3—87所示。园林中常运用这种古老的渡水设施，质朴自然，别有情趣。

图1—3—87　汀步

（3）园桥的布局　在自然山水园林中，桥的布置同园林的总体布局、道路系统、水体面积占全园面积的比例、水面的分隔或聚合等密切相关。园桥的位置和体型要和景观相协调。大水面架桥，且位于主要建筑附近的，宜宏伟壮丽，要重视桥的体型和细部的表现；小水面架桥，则宜轻盈质朴，简化其体型和细部。水面宽广或水势湍急者，桥宜高并加栏杆；水面狭窄或水流平缓者，桥宜低并可不设栏杆。水陆高差相近处，平桥贴水；沟壑断崖上危桥高架，能显示山势的险峻。水体清澈明净，桥的轮廓需考虑倒影；地形平坦，桥的轮廓宜有起伏，以增加景观的变化。此外，还要考虑人、车和水上交通的要求。

5.**园桌、园椅、园凳**

园椅、园凳是供游人坐息、赏景用的，一般布置在人流较多、景色优美的地方，如树荫下、河湖水体边、路边、广场、花架下等。有时还可设置园桌，供游人休息娱乐用。同时，这些桌椅本身的艺术造型也能装点园林景色。

（1）**基本尺寸**　园椅、园凳的高度宜在30 cm左右，不宜太高，其基本尺寸见表1—3—4。

表1—3—4　　　　　　　　园椅、园凳的基本尺寸

使用对象	高/cm	宽/cm	长/cm
成人	37～43	40～45	180～200
儿童	30～35	35～40	40～60
兼用	35～40	38～43	120～150

（2）**形式**　园椅、园凳要求造型美观，坚固舒适，构造简单，易清洁，耐日晒雨淋，其图案、色彩、风格要与环境协调。常见的形式有直线形、曲线形、直线加曲线形、仿生模拟形等，如图1—3—88、图1—3—89所示。

图1—3—88　与环境结合、色彩鲜艳的园椅设计　　图1—3—89　与雕塑设计结合的园椅

（3）**材料**　园桌、园椅、园凳可用多种材料制作，如木、竹、钢铁、铝合金、钢筋混凝土、塑料以及石、陶、瓷等。有些材料制作的桌椅还必须用油漆、树脂涂抹或瓷砖、马赛克等装饰表面，使其色彩与周围环境相协调。

6. 墙垣

（1）**墙垣的功能与作用**　墙垣有隔断、划分、组织空间，装饰、美化环境，制造气氛等多重功能。

（2）**墙垣的基本构造**　墙垣通常由墙基、墙身和压顶三部分组成。传统园墙的墙体厚度都在330 mm以上，且因墙垣较长，所以墙基需要稍加宽。一般墙基埋深约为500 mm，厚为700~800 mm，可用条石、毛石或砖砌筑。现代园林大多用一砖墙，厚240 mm，其墙基厚度可以酌减。现代墙垣的基础和墙身的做法基本相似，但有时因砖墙较薄而在一定距离内加筑砖柱墩。现代墙垣的压顶大多做简化处理，不再有墙檐。其墙垣的整体高度一般为3.6 m左右。

（3）**洞门**　园林墙垣尤其是园林内部的围墙通常都要开设洞门（又称墙洞）（见图1—3—90）、空窗（又称月洞）、漏窗（又称漏墙或花墙窗洞）等。墙体上的这些门窗往往被作为空间的分隔、穿插、渗透、陪衬的手段，通过它们可以增加景深，扩大空间，使方寸之地能小中见大，并巧妙地作为取景框，遮移视线，成为情趣横溢的造园障景。

洞门的形式变化多端，如图1—3—91所示，概括起来可以分为：

1）几何形。圆形、横长方形、直长方形、圭角形、多角形、复合形等。

2）仿生形。海棠形、水果形、葫芦形、汉瓶形、如意形等。

图 1—3—90　园林洞门设计

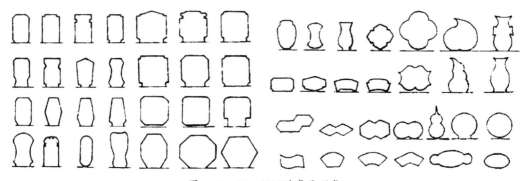

图 1—3—91　门洞的常见形式

（4）景窗　景窗包括什锦窗、漏窗和空窗。北方传统园林的墙垣上常使用什锦窗，这种景窗面积较小，正面呈圆形、长方形、圭角形、水果形、葫芦形、汉瓶形、如意形等。江南园林则在墙垣上安设漏窗，用砖、瓦、木片、竹筋作成图案花格，以使墙外景致、光影透过花格的间隙进入园内。现代园林的墙垣上常使用空窗，可作取景框，并能使空间互相穿插、渗透，扩大了空间效果和景深。空窗式样多设计成为横长方形、直长方形、方形等。

7.雕塑

雕塑广泛运用于园林的各个领域，在园林中有表达园林主题、组织园景，点缀、装饰、丰富游览内容等功能。园林雕塑是一种艺术作品，不论从内容、形式和艺术效果上都十分考究。

（1）**雕塑的类型**　雕塑可分为纪念性雕塑、主题性雕塑、装饰性雕塑等，如图1—3—92所示。装饰性雕塑常与树、石、喷泉、水池、建筑物等结合建造，借以丰富游览内容，供人观摩。

图 1—3—92　雕塑设计

（2）**雕塑的设置**　雕塑一般设立在园林主轴线上或风景透视线的范围内，也可将雕塑建于广场、草坪、桥畔、山麓、堤坝旁等。雕塑既可孤立设置，也可与水池、喷泉等搭配。有时，雕塑后方可密植常绿树丛作为衬托，使所塑形象鲜明突出。

8. 栏杆

栏杆是由外形美观的短柱和图案花纹按一定间隔（距离）排成栅栏状的构筑物。

（1）**栏杆的作用**　栏杆在园林中主要起防护、分隔作用，同时利用其节奏感，发挥着装饰园景的作用。有的台地栏杆可成座凳形式，既可防护又可供坐息。

（2）**栏杆的高度**　栏杆的高度随不同环境和不同功能要求有较大的变化。防护性栏杆高度可达85～95 cm，广场花坛旁栏杆不宜超过30 cm，设在水边、坡地的栏杆高度宜为60～85 cm。

（3）**栏杆的材料**　制造栏杆的材料很多，有木、石、砖、钢筋混凝土和钢材等。木栏杆一般用于室内，室外宜用砖、石建造的栏杆。石制栏杆既坚实牢固，又可精雕细刻，艺术性强，但造价较昂贵。钢材栏杆轻巧玲珑，但易生锈，后期维护较麻烦，每年要刷油漆，可用铸铁代替。钢筋混凝土栏杆坚固耐用，且可预制装饰性花纹，装配方便，维护管理简单。

9. 宣传牌、宣传廊

宣传牌、宣传廊是对游人进行思想教育、普及科学技术知识的园林设施。它形式灵活多样，体型轻巧，占地少，造价低，适用于各类园林。

宣传牌宜立于人流路线之处，牌前预留一定空地，作为游人驻足的空间。该处地面必须平坦，并且有绿树庇荫。宣传牌应置于人们视线高度的范围内，上下边线宜在1.2~2.2 m之间，可供一般人平视阅读。

宣传廊主要由支架、板框、檐口和灯光设备组成。支柱为主要承重结构，板框附在支架上，作为装饰展品之用。宣传廊多布置在游人停留较多之处，如广场的出入口、道路交叉口、建筑物前、亭廊附近、休憩设施旁等，此外还可与挡土墙、围墙围合，或与花坛、花台等结合。

10. 园灯

（1）园灯的功能与作用 园灯属于园林中的照明设备，主要作用是夜间照明、白天装饰。因此，各类园灯不仅对照明质量与光源选择有一定的要求，而且对灯头、灯杆、灯座造型都必须加以考虑。

（2）园灯的设置 园林内需设置园灯的地点很多，如园林出入口、广场、道旁、桥梁、建筑物、花坛、踏步、平台、雕塑、喷泉、水池等，均需设灯。园灯处在不同的环境下，有着不同的要求。

（3）园灯的式样 园灯的式样大体可分为对称式、不对称式、几何形、自然形等。形式虽然繁多，但以简洁大方为原则，切记勿加烦琐的装饰，通常以简单的对称式为主。

思考与练习

1. 地形在园林中有哪些作用？设计时应注意什么原则？

2. 如何进行园林地形设计？

3. 简述园林植物种植设计的基本原则。

4. 园林植物种植设计的基本形式有哪些？设计时应注意什么问题？

5. 园林植物的空间类型有哪些？

6. 园路的功能和类型有哪些？

7. 常见的园路布局形式有哪些？

8. 园路布局设计的原则是什么？在园路设计时应注意什么问题？

9. 园林场地的功能和作用是什么?

10. 简述水景设计的手法。

11. 谈一谈如何做好景观小品的设计。

课题四

园林规划设计程序

 任务目标

◇了解园林规划设计的程序

◇掌握园林规划设计工作开展的步骤

 相关知识

园林规划设计是城镇总体规划的一个重要组成部分。城市绿地根据其类型、面积、设计要求等不同,规划设计的程序也有所差异。下面简要介绍建设一个独立园林绿地的规划设计程序。

一、承担设计任务

园林建设项目业主(俗称"甲方")与设计方(俗称"乙方")沟通整个项目的总体框架方向和基本实施内容,包括建设规模、投资规模、可持续发展等方面,确定建设任务初步设想。设计师在承担设计任务后,必须在进行总体规划构思之前,认真阅读业主提供的"设计任务书"(或"设计招标书")。

设计任务书是确定建设项目和编制设计文件的重要依据。设计任务书具体应说明的项目有:①设计项目的地位、作用及服务半径、使用效率;②基地的位置、方向、自然环境、地貌、植被及原有设施的状况;③基地面积;④设计项目的性质,是否举办政治、文化、娱乐体育活动等大项目;⑤建筑物的面积、朝向、材料及造型要求;⑥设计项目规划布局及风格上的特点;⑦设计项目施工和卫生条件要求;⑧设计项目建设近期、远期的投资估算;⑨地貌处理和种植规划要求;⑩设计项目分期实施的程序。

二、收集有关资料和调查研究

在规划设计时,首先必须收集有关资料,对建设地区的自然条件、社会条件和设计条

件进行深入调查研究。

1. 自然条件调查

（1）气象　包括每月最高、最低及平均气温，每月降水量，无霜期、结冰期和化冰期，冻土厚度，风力、风向及风向玫瑰图等。

（2）地形　调查地表起伏状况，包括山的形状、走向、坡度、位置、面积、高度及土石情况，平地、沼泽地状况等。

（3）土壤　土壤的物理、化学性质，坚实度、通气性、透水性，氮、磷、钾的含量，土壤的 pH 值，土层深度等。

（4）水质　现有水面及水系范围，水底标高，河床情况，常水位、最低及最高水位，水流方向，水质及岸线情况，地下水状况等。

（5）植被　现有园林植物，包括古树、大树的种类、数量、分布、高度、覆盖范围、生长情况、姿态及观赏价值的评定等。

2. 社会条件调查

（1）交通　调查公园与城市交通的关系，游人的来向、数量，以便确定公园的服务半径及公园设施的内容。

（2）现有设施　如给排水设施，能源、电信的情况；用房调查，原有建筑物的位置、面积和用途；城市文化娱乐体育设施等。

（3）工农业生产情况　主要调查对公园产生影响的工业或农业，如公园周围有什么工厂，工厂有无污染，污染的方向、程度等。

（4）城市历史、人文资料　涉及公园的内容，如公园内根据城市的历史、人文资料及名胜古迹可设墓园、纪念馆等。

3. 设计条件调查

（1）城市规划资料的调查　规划图上必须有城市绿地系统的规划，对于园林绿地在规划上的要求及与城市规划的关系等应附详细说明。

（2）园林绿地的地形及现状图

1）进行总体规划所需的测量图。画出原有地貌、水系、道路、建筑物等。

园林绿地面积在 8 hm² 以下时，比例为 1：500。等高距：在平坦地形，坡度在 10% 以下时为 0.25 m，坡度在 10% 以上时为 0.50 m；在丘陵地，坡度在 25% 以下时为 0.50 m，坡度在 25% 以上时为 1～2 m。

园林绿地面积在 8～100 hm² 之间时，比例为 1：1 000～1：2 000。等高距视比例不同而异，大比例等高距可以小些，小比例等高距应大些。当比例为 1：1 000，地形坡度在 10% 以下时，等高距可用 0.50 m；地形坡度在 10%～25% 之间时，等高距可用 1 m；地形坡度在 25% 以上时，等高距可用 2 m。

园林绿地面积在 100 hm² 以上时，比例为 1：2 000～1：5 000。等高距可视地形坡度及比例不同而异，可在 1～5 m 之间变化。

2）技术设计所需的测量图。比例为 1：200～1：500。最好进行方格测量，方格距离为 20～50 m，等高距为 0.25～0.5 m。同时，标出道路、广场水平地面、建筑物地面的标高，画出各种建筑物、公用设备网、岩石、道路、地形、水面、乔木、灌木群的位置。

3）施工平面测量图。比例为 1：100～1：200。按 20～50 m 设立方格木桩。平坦地形方格距可大些，复杂地形方格距可小些。等高距为 0.25 m，必要的地点等高距为 0.1 m。画出原有乔木的个体位置及树冠大小，成群及独立的灌木，花卉植物的轮廓和面积。图内还应包括各种地下管线及井位等。对于地下管线，除地下图外还需要有剖面图，并需注明管径的大小，管底、管顶的标高、坡度等。

三、总体规划

根据设计任务书，进行园林绿地的总体设计工作。

1. 设计说明书

设计说明书主要用来说明建设方案的规划设计思想和建设规模，总体布置中有关设施的主要技术指标，建设征用土地范围、面积、数量，建设条件与日期等。

2. 图纸

（1）位置图　原有地形图或测量图，标出园林绿地在此区域的位置，可由城市总体规划图抄得。比例为 1：5 000～1：10 000。

（2）现状图　比例为 1：500～1：2 000。根据已掌握的全部资料，经分析、归纳、整理后，将园林绿地分成若干空间，可用圆形或抽象图形将其概括地表现出来。

（3）分区图　根据总体设计的原则、现状，分析不同游人的活动规律及需要，确定不同的区域，分区满足不同的功能要求，用示意说明的方法，使其功能、形式、相互关系得到体现。

（4）总体规划设计图　比例为 1：500、1：1 000～1：2 000。

（5）地形设计图　全面反映公园的地形结构，根据造景需要确定山地形体，制高点、山峰、山脉走向，岗、坞、岘、湖、池、涧、溪、滩等的造型、位置、标高等。比例为 1：200、1：500～1：1 000。

（6）道路、给水、排水、用电管线布置图及其他图面材料　如主要建筑物的平、立、剖面图和透视图，种植规划设计图，全园鸟瞰图等。

3. 建设概算

初步设计完成后，进行园林土建工程概算和园林绿化工程概算，由建设单位报有关部门审核批准。

四、技术设计阶段

技术设计是根据已批准的初步设计编制的，技术设计所需研究和决定的问题与初步设计相同，不过是更深入、更精确的设计。

1. 平面图

首先，根据工程的不同分区划分若干局部，每个局部根据总体设计的要求进行局部详细设计。一般比例为 1∶500，等高线距离为 0.5 m。详细平面设计图要求标明建筑平面、标高及与周围环境的关系，道路的宽度、形式和标高，主要广场、地坪的形式和标高，花坛、水池的面积大小和标高，驳岸的形式、宽度和标高，雕塑、园林小品的造型等。

2. 横纵断面图

为了更好地表达设计意图，在局部艺术布局最重要的部分或局部地形变化部分作出断面图。一般比例为 1∶200～1∶500。

3. 局部种植设计图

在总体设计方案确定后，着手进行局部景区、景点详细设计的同时要进行种植设计工作，一般 1∶500 的比例的图纸上能较准确地反应乔木的种植点、栽植数量和树种。种植类型主要包括密林、疏林、树群、树丛、园路树、湖岸树等。其他种植类型（如花坛、花境、水生植物、灌木丛、草坪等）的种植设计图可选用 1∶300 或 1∶200 的比例。

五、施工设计阶段

在完成局部详细设计的基础上，才能着手进行施工设计。

1. 施工放线总图

施工放线总图主要标明各设计因素之间具体的平面关系和相对位置。图纸内容包括保留利用的建筑物、构筑物、树木、地下管线等，设计的地形等高线、标高点，水体、驳岸、山石、建筑物、构筑物位置，道路、广场、桥梁、涵洞的分布，树种设计的种植点，园灯、园椅、雕塑等设计内容。

2. 地形设计图

地形设计的主要内容包括：确定平面图上山峰、台地、丘陵、缓坡、平地、微地形、坞、岛及湖、池、溪流等的岸边、水底的具体高程，以及入水口、出水口的标高；各区的排水方向，雨水汇集点及各景区园林建筑、广场的具体高程。说明地形改造过程中的填方、挖方内容，全园的挖方、填方数量，进园或出园土方的数量，以及挖、填土之间土方调配的运送方向和数量，力求全园挖、填土方取得平衡。除了平面图，还要求画出剖面图，并注明剖面的起讫点、编号，以便与平面图配套。剖面图包括主要部位丘陵、坡地的轮廓线及高度、平面距离等。

3. 水系设计

平面图应标明水体的平面位置、形状、大小、类型、深浅以及工程设计要求；进水口、溢水口或泄水口的位置；主、次湖面；堤、岛、驳岸造型；溪流、泉水等以及水体附属物的平面位置。平面图还应包括水池循环管道的平面图。纵剖面图要表示出水体驳岸、池底、山石、汀步、堤、岛等工程做法。

4. 道路、广场设计

平面图要根据道路系统的总体设计，在施工放线总图的基础上，画出道路、广场、地坪、台阶、盘山路、山路、汀步、道桥等的位置，并注明每段的高程、纵坡、横坡的数字。除了平面图，还要求用 1∶20 的比例绘出剖面图。剖面图主要表示各种路面、山路、台阶的宽度及其材料，以及道路的结构层（面层、垫层、基层）厚度做法。

5. 园林建筑设计

园林建筑设计包括建筑的平面设计（反映建筑的平面位置、朝向、与周围环境的关系等），建筑底层面、屋顶平面设计，以及必要的大样图、建筑结构图等。

6. 植物配置设计

种植设计图上应表现树木花草种植的位置、品种、数量、类型、距离等内容。植物配置比例根据具体情况而定，一般为 1∶500、1∶300、1∶200。大样图可用 1∶100 的比例，以便准确地表示出重点景点的设计内容。

7. 假山及园林小品设计

假山及园林小品（如雕塑等）也是园林造景中的重要因素，最好做成山石施工模型或雕塑小样。在设计中应指出设计意图、高度、体量、造型构思、色彩等内容，以便与其他行业相配合。

8. 管线及电气设计

在管线规划图的基础上，上水（包括造景、绿化、生活、卫生、消防等用水）、下水（包括雨水、污水等排放）、暖气、煤气等应按市政设计部门的具体规定和要求正规出图。管线规划图主要注明每段管线的长度、管径、高程及如何接头，同时注明管线及各种井的具体位置、坐标。同样，在电气规划图上具体标明各种电器设备，（绿化）灯具位置，变电室及电缆走向位置等。

六、编制设计说明书及园林绿地工程预算

1. 设计说明书的编制

为了更系统、准确地表达设计者的设计构思，必须对各阶段布置内容的设计意图、经济技术指标、工程安排以及设计图上难以表达清楚的内容等用图表及文字形式描述，使规划设计内容更加完善。

对于一般性质的园林设计，设计说明书主要包括以下几方面的内容：

（1）园地概况。园地所属单位的性质、特点，园地内的现状（包括位置、形状、面积、范围、地形等）及其周围环境情况，当地气候、土壤、水分与自然状况。

（2）规划设计的原则、特点及设计意图。

（3）园林绿地总体布局及各分区、景点的设计构思。

（4）园林绿地入口的处理方法及全园道路系统、游览路线的组织。

（5）园地四周防护绿地的建设。

（6）植物配置与树种选择。

（7）绿地经济技术指标。包括总的规划面积、绿地面积、道路广场面积、水面面积、绿地覆盖率、游人量、游人分布、每人使用面积等。

（8）需要说明的其他问题。如某些公园设施使用的材料、色彩、质感要求，对建园单位或个人提出的合理化建议等。

2. 公园建设工程概算

（1）种植工程概算。主要包括苗木购置费，草皮购置费，苗木、草皮的挖掘、运输、栽植费用，以及种植总造价。

（2）公园工程设施概算。主要包括园林建筑、构筑物及小品费用，公园道路广场费用，水景工程费用，照明设施费用，以及各项工程设施施工费用。

（3）其他费用。主要包括公园规划设计费和不可预见费。

（4）公园绿化工程总造价。

🌀 思考与练习

1. 简述园林规划设计的程序。

2. 以某园林设计项目为例，谈谈你将如何开展工作。

模块二
道路绿地规划设计

课题一
城市道路绿地规划设计

 任务目标

◇掌握城市道路绿地规划设计的相关术语

◇能够准确、合理地选择城市道路绿地规划树种

◇能够根据设计要求合理地进行人行道、分车带、交叉路口和交通岛的绿地规
　划设计

◇能够规范地绘制城市道路绿地规划设计图

任务一　城市道路绿地规划设计基础

 任务提出

　　识读并分析如图2—1—1所示的常见城市道路的形式，了解不同类型道路形式的绿地
规划特点，掌握道路绿地规划设计的相关知识。

 任务分析

　　图2—1—1a的绿地规划设计仅限于人行道范围，而图2—1—1b、图2—1—1c、图
2—1—1d除人行绿地规划外，在车行道上都有绿地规划设计，它们的区别是车行道上绿
化带的数量不同。那么，图2—1—1所示的道路分别属于哪种形式？图2—1—1中包含哪
些绿地规划设计内容？各道路形式的设计优点是什么？

图 2—1—1　常见城市道路形式

 相关知识

一、人行道绿化带

人行道绿化带是指建筑红线与车行道边缘位于人行道上的所有绿地规划内容。人行道绿化带通常包括行道树绿带和人行道绿带两部分。

1. 行道树绿带

行道树绿带是指位于人行道上以大乔木为主，主要起遮阴和美化作用的绿带。行道树绿带也可乔木、灌木和地被相结合进行种植。行道树绿带的宽度应根据道路的性质、类别和对绿地的功能要求，以及立地条件等综合考虑而决定，但不应小于 1.5 m。

根据行道树的种植方式不同可将行道树绿带分为树池式和树带式两种形式。

（1）树池式绿带　在交通量较大、行人较多而人行道又窄的情况下多用树池式绿带。一般树池以方形为多，以（1.2～1.5）m×（1.2～1.5）m 合适，长短边之比不超过 1 : 2；圆形树池的直径不小于 1.5 m。树池式绿带在设计时与树带式绿带不同的地方在于，若选择树池式的种植形式必须要确定株距，株距的大小与所选行道树树种有关，主要取决于树种的树冠大小。

图 2—1—2 是常见的树池式绿带的行道树种植形式。图 2—1—2a 在树池里用彩色渗

水材料进行填充，既能很好地保障通行性，还能起到一定的美化和透水、透气作用。图2—1—2b 在树池周边砌筑座凳内部种植灌木，既能满足行人休息的需求，又能防止树池内土壤板结，保护行道树。乔灌结合的种植方式还能最大限度地发挥道路绿化的生态效应。图 2—1—1c 的形式经常用于比较狭窄的人行道上，预制的铁箅子既可以防止树池内土壤板结，又不影响交通。铁箅子与草本植物相结合，更好地突出了生态效应。另外，在树池里结合灯光设计，可进一步突出道路绿地规划的夜景观。图 2—1—2d 利用卵石填充树池，这种形式比较适合北方干燥的气候，能够有效地阻止扬尘。

a）   b）

c）   d）

图 2—1—2　树池式种植形式

（2）树带式绿带　树带式绿带是指在人行道和车行道之间留出一条不加铺装的种植带，如图 2—1—3 所示。种植带宽度大于或等于 1.5 m，多用于在交通人流不大的情况，可植乔木、灌木、花草。为防行人踩入，影响水分和空气渗透，边缘一般高出人行道 6～10 cm。

图 2—1—3　树带式绿带的种植形式

2. 人行道绿带

人行道绿带是指位于人行道上除行道树外，具有一定宽度的带状绿地。人行道绿带可位于人行道一侧，也可位于人行道中央。

（1）位于人行道一侧的绿带　一般人行道旁无其他建筑时这种形式比较常用，设计时植物一般考虑单面观赏即可，如图2—1—4所示。

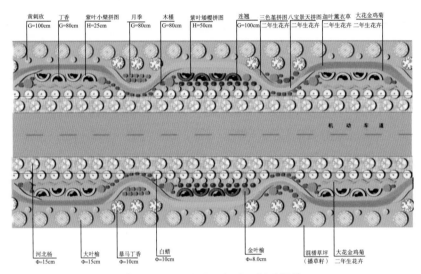

图2—1—4　位于人行道一侧的绿带

（2）位于人行道中央的绿带　当人行道旁还有其他建筑且人行道较宽时常采用这种形式，植物一般考虑双面观赏，可将高大植物放在绿带中央。如图2—1—5所示。

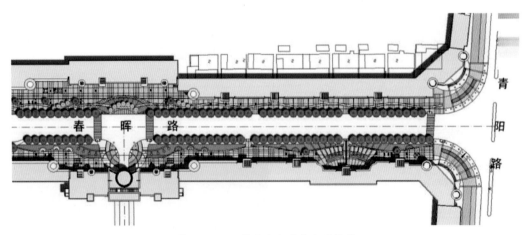

图2—1—5　位于人行道中央的绿带

二、分车绿带

在分车带上进行绿地规划，称为分车绿带，也称隔离绿带。分车绿带用来分隔对向或同向的交通，一般宽度为 4.5～6.0 m；最小的也有 1.2～1.5 m，但这种最小的宽度只能满足分隔交通的要求。分车绿带长度为 50～100 m，交通干道与快速路分隔绿带可以根据需要延长。

三、常见的道路形式

城市道路横断面的布置形式是城市道路设计所采用的主要模式。通常根据城市道路横断面的不同将城市道路分为一板两带式、两板三带式、三板四带式、四板五带式四种布置形式，其中"板"是指车行道，"带"是指绿带。

1. 一板两带式

即一条车行道，两条绿带。这种道路形式中的两条绿带都是人行道绿带，其断面形式如图 2—1—6 所示。图 2—1—7 为某一板两带式道路的平面图，图 2—1—8 为一板两带式道路的效果图。

图 2—1—6 一板两带式道路断面示意图

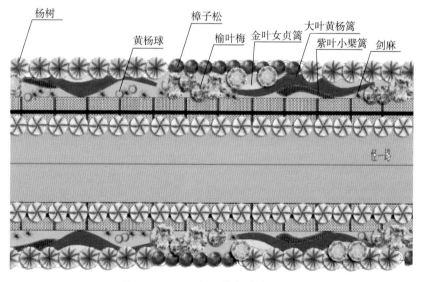

杨树　黄杨球　樟子松　榆叶梅　金叶女贞篱　大叶黄杨篱　紫叶小檗篱　剑麻

图 2—1—7 一板两带式道路平面图

图 2—1—8　一板两带式道路效果图

2. 两板三带式

即两条车行道，三条绿带。这种道路形式共有三条绿带，其中包括两条人行道绿带和一条分车绿带，其断面形式如图 2—1—9 所示。图 2—1—10 为某两板三带式道路的平面图，图 2—1—11 为两板三带式道路的效果图。

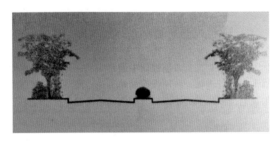

图 2—1—9　两板三带式道路断面示意图

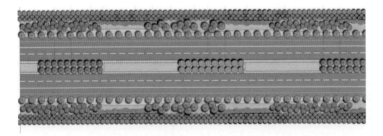

图 2—1—10　两板三带式道路平面图

图 2—1—11　两板三带式道路效果图

3. 三板四带式

三板四带式即三条车行道、四条绿带。这种道路形式包括两条人行道绿带和两条分车绿带，其断面形式如图2—1—12所示。图2—1—13为某三板四带式道路的平面图，图2—1—14为三板四带式道路的效果图。

图2—1—12　三板四带式道路断面示意图

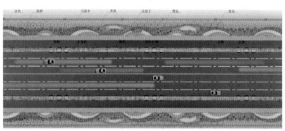

图2—1—13　三板四带式道路平面图

图2—1—14　三板四带式道路效果图

4. 四板五带式

四板五带式即四条车行道、五条绿带。这种道路形式包括两条人行道绿带和三条分车绿带，其断面形式如图2—1—15所示。图2—1—16为某四板五带式道路的平面图，图2—1—17为四板五带式道路的效果图。

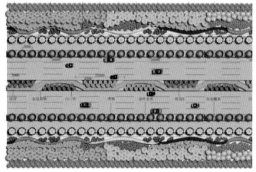

图2—1—16　四板五带式道路平面图

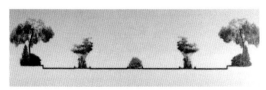

图2—1—15　四板五带式道路断面示意图

图2—1—17   四板五带式道路效果图

5. 其他类型

除了上述四种道路基本形式以外，由于道路两旁自然环境的限制或因为一些特殊原因，可能还会出现一些特殊的道路形式。这些特殊类型道路的设计应根据具体情况进行。

 **任务实施**

一、分析道路形式

以图2—1—1b为例，道路有两条车行道、三条绿带，那么它就是一条两板三带式的道路。

二、分析绿地规划设计内容

以图2—1—1d为例，它是一个四板五带式的城市道路，这条道路包括四条车行道（两条非机动车道和两条机动车道）、五条绿带（三条分车绿带和两条人行道绿带）。

绿带的内容包括：

1. 人行道绿化带

人行道绿化带包括行道树绿带和人行道绿带，其中行道树绿带属于树池式，人行道绿带位于道路一侧，也可称为路侧绿地。

2. 分车绿带

分车绿带包括一条中央分车绿带和两条两侧分车绿带。中央分车绿带将机动车的上、下行分开，两侧分车绿带将机动车道与非机动车道分开。

三、分析绿地规划设计优点

以图2—1—1c为例，它是一个三板四带式的城市道路，其人行道绿带采用树池式的种植形式，树种选择冠大荫浓落叶乔木，能够取得较好的遮阴和美化效果；分车绿带采用规则式的种植形式，以色彩对比鲜明的灌木形成流线型的色带，保证了视线通透，满足了

安全行车的需求。另外，为了使分车带的绿地规划设计更富有节奏感，形成良好的景观效果，本设计采用常绿乔木组和灌木拼图式交替种植的形式，形成节奏鲜明的韵律，既打破了分车带绿地规划设计的单调感，又收到了一定的遮阴效果。

任务二　城市道路绿地规划设计

任务提出

图 2—1—18 是陕西省杨凌示范区城区的一项道路绿地规划工程。道路长 800 m，是一条不对称的两板三带式城市道路。此次绿地规划设计的内容包括 26 m 宽的绿化带、2 m 宽的分车带和两条人行道的绿地规划设计，整个绿地规划用地面积约 2 万 m^2。现要求使用城市道路绿地规划设计的相关知识，在充分满足功能要求、安全要求和景观要求的前提下完成设计。

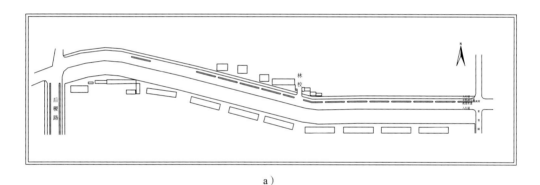

a）

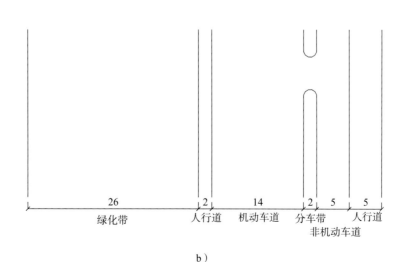

b）

图 2—1—18　陕西省杨凌示范区城区道路绿地规划设计现状图

要完成这条道路的绿地规划设计，需要了解并掌握城市道路绿地规划设计的基本原则，掌握行道树绿带、人行道绿带以及分车绿带设计的原则和相关技巧。

一、城市道路绿地规划设计原则

1. 安全性原则

城市道路绿地规划设计首先应该强调安全性，所有的设计必须在满足安全性的条件下进行。在考虑安全性的时候主要注意以下三个方面：

（1）符合行车视线要求。

（2）满足行车净空要求。

（3）安全第一。

2. 实用性原则

道路绿地规划计时，进行树种选择应充分考虑当地的自然条件、社会条件，做到"识地识树、适地适树"。

3. 生态性原则

（1）最大限度地发挥道路绿地的生态功能和对环境的保护作用。

（2）保护道路绿地内的古树名木。

4. 以人为本原则

道路上的人流、车流等，都是在动态过程中观赏街景的，而且由于各自的交通目的和交通手段的不同，会产生不同的行为规律和视觉特性。设计应以人为本，注意考虑道路上人流、车流的行为规律和视觉规律。

例如，图2—1—19是位于某城市休闲娱乐中心的一条道路，绿地设计时以丰富的植物种类营造舒适休闲的气氛，在人行道上则别出心裁地结合树池、花坛布置可供人们休息的座凳，充分满足了人们的需求，体现了以人为本的设计理念。

5. 协调性原则

一般来讲，在进行道路绿地设计时应对这条道路所在地的社会环境、人文环境以及道路周围环境进行调查。根据调查资料完成道路绿地规划设计整体的构思，从而更好地满足道路绿地规划的景观和功能要求。

（1）**景观角度**　道路绿地应与道路环境中的其他元素景观相协调。

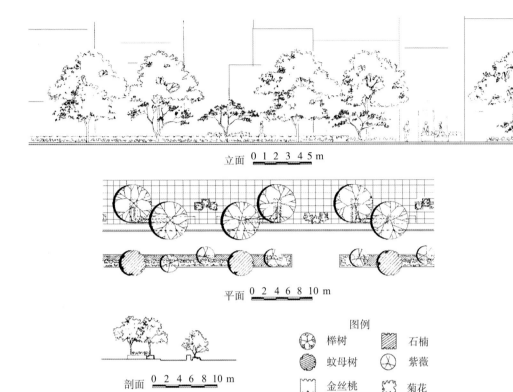

立面 0 1 2 3 4 5 m

平面 0 2 4 6 8 10 m

剖面 0 2 4 6 8 10 m

图例

⊕ 榉树   ▨ 石楠

◎ 蚊母树   ✿ 紫薇

〰 金丝桃   ❀ 菊花

图 2—1—19　结合树池、花坛布置的人行道绿地规划设计方案

（2）设计角度　道路绿地设计应考虑与街道上的附属设施相协调。

6.景观稳定性、特色性原则

在进行道路绿地设计时必须注意道路景观的稳定性和特色（见图2—1—20）。

（1）景观稳定性　景观的稳定性主要是指所营造的道路景观必须四季有景并且季相变化明显。而实现这一目标的途径就是道路绿地规划树种的选择。

（2）景观特色　道路绿地规划必须要强调特色原则，做到"一路一树、一路一花、一路一景观、一路一特色"。有些城市道路就以植物的名称来命名，如"丁香路""雪松路"等。

图 2—1—20　景观特色明显的道路绿地规划设计

例如，图2—1—21、图2—1—22是与某中学正门相对的一条交通干道。设计者在对周围环境进行了细致地调查后，在行道树配置上选择了雄伟的榉树和挺拔的棕榈，象征"进取"。分车带上的采用植物拼图和小乔木结合的手法，植物拼图修剪成矩形、圆形图

案，暗示"不以规矩，不成方圆"。小乔木采用碧桃和紫叶李，又取"桃李满天下"之意。此道路绿化设计立意构思紧密结合周围环境，效果很好。

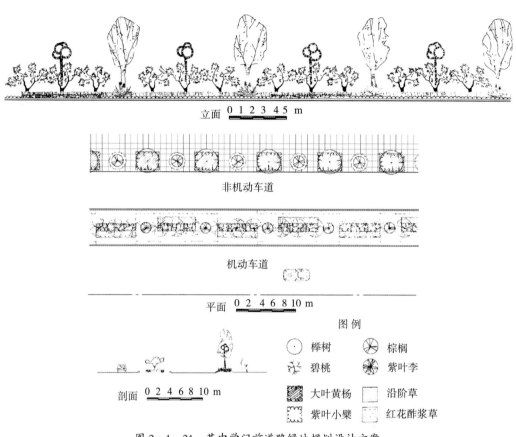

图2—1—21　某中学门前道路绿地规划设计方案

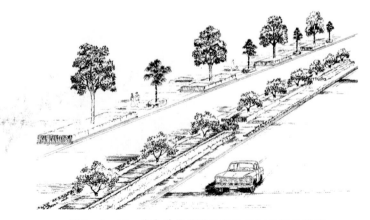

图2—1—22　某中学门前道路绿地规划设计效果图

7. 近期和远期效果相结合原则

道路绿化设计要做到近期效果和远期效果相结合，主要是在树种选择上注意速生树与慢生树相结合。

二、行道树绿化设计

1. 行道树选择原则

（1）地域性与适地适树原则　在设计前必须对自然环境进行调查，根据自然条件选择适合的绿化树种。应尽量以本地树种为主，切忌不可盲目追求外来树种带来的所谓"异国情调"。

（2）生物多样性原则　为了避免病虫害的发生和蔓延，在进行行道树树种选择时，应充分考虑生物多样性原则。

（3）景观美学与文化性原则　例如：图2—1—23中的道路名称为青年路，地处城市的文化区，周围高校林立，设计者在设计时行道树选择了挺直的水杉，象征做人要正直、真诚；分车带上S形的绿篱则暗示着人生道路充满曲折。

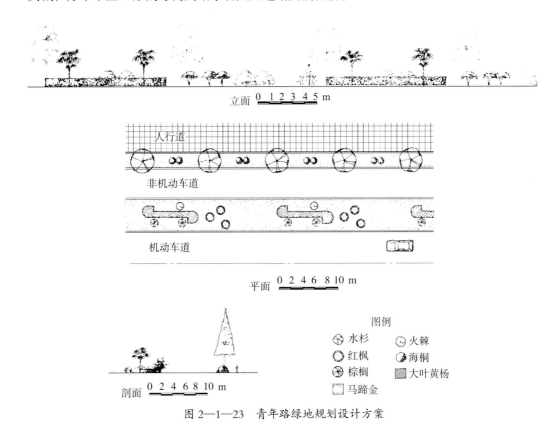

图2—1—23　青年路绿地规划设计方案

2. 行道树树种应具备的条件

（1）能适应当地生长环境，移植时成活率高，生长迅速而健壮（最好是本地树种）。

（2）管理粗放，对土壤、水分、肥料要求不高，耐修剪、病虫害少、抗性强。

（3）树干端直、树形端正、树冠优美、冠大荫浓、遮阴效果好。

（4）发叶早，落叶迟。

（5）深根性、无刺、花果无毒、无异味、无飞毛、少根蘖。

（6）适应城市生态环境，树龄长，病虫害少，对烟尘、风害等抗性强。

3. 行道树种植设计应注意的问题

（1）行道树绿带应以行道树为主，以乔木、灌木、地被植物相结合为宜，形成连续的绿带。在行人多的路段，行道树绿带不能连续种植时，行道树之间宜采用透气性路面铺装。树池上宜覆盖池箅子。

（2）行道树定植株距应以其树种壮年期冠幅为准，最小种植株距应为 4 m。行道树树干中心至路缘石外侧最小距离宜为 0.75 m。

（3）行道树苗木的胸径：速生树不得小于 5 cm，慢生树不宜小于 8 cm。

（4）在道路交叉口视距三角形范围内，行道树绿带应通透式配置。

4. 行道树的定干高度和株距

（1）定干高度　定干高度应视其功能要求，交通状况，道路的性质、宽度，行道树距车行道距离，树木分枝角度而定。树干分枝角度大的，干高不得小于 3.5 m；分枝角度小的，干高不得小于 2 m，否则影响交通。

（2）株距　株距一般以 5~8 m 为宜。

5. 行道树绿带的设计

（1）确定行道树的种植形式　如果设计道路周围人流量比较大，一般情况下行道树采用树池式种植。如图 2—1—24 所示。

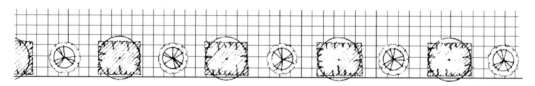

图 2—1—24　树池式种植形式

如果道路为城市快速干道，人流量比较小的地一般采用树带式种植，但在人流相对比较集中的地方应采用树池与树带结合的形式。如图 2—1—25 所示。

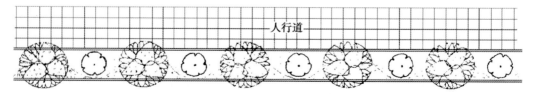

图 2—1—25　树带式种植形式

（2）**行道树种选择**　根据道路所在地的自然条件、行道树树种选择的原则以及应具备的标准，选择合适的树种。

（3）**行道树种植设计**　在进行种植设计时应注意以下几个方面：

1）通过树种种植设计，更好地表现设计的构思。例如，图2—1—26是南方某城市居住区前的一条道路，为了突出喜悦、轻松的氛围，行道树采用树池式与树带式结合的种植方式，树种选择了喜树等。

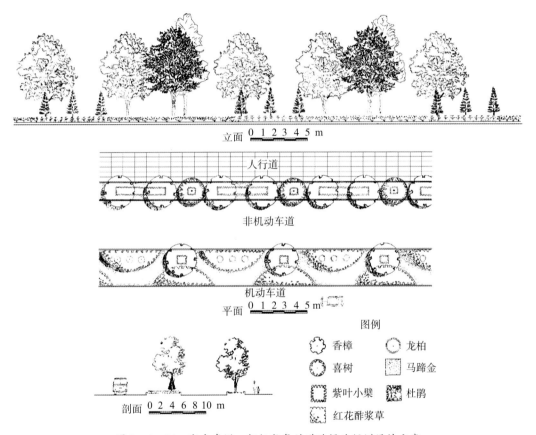

图2—1—26　突出喜悦、轻松气氛的道路绿地规划设计方案

图2—1—27、图2—1—28是一条名为清溪路的城市道路。为了更好地营造与道路名称相协调的景观效果，设计者在分车带中运用整形小灌木形成波浪线条，行道树选择垂柳，给人清爽优美的感受，创造出自然、悠闲的生活环境。

另外，某城市的景观大道的行道树设计采用合欢与迎春搭配的种植形式，借助树种的搭配，很好地表达了"欢迎四海宾朋"的构思。

2）行道树的种植设计应满足安全性原则。道路绿地规划设计应始终把安全放在首位，根据周围环境和车型情况确定合适的定干高度。另外还要特别注意，在沿海城市应选择深根性的绿化树种，以保证安全。

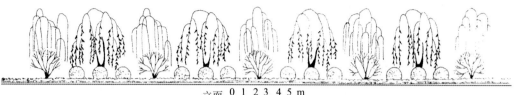

图 2—1—27 清溪路道路绿地规划设计方案

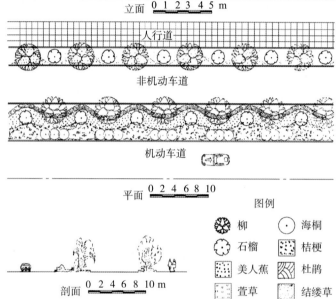

图 2—1—28 清溪路道路绿地规划设计效果图

3）行道树的种植设计应满足景观要求和功能要求。在进行行道树种植设计时，应注意做到四季有景。例如，可采用常绿树与落叶树搭配的形式，既能保证景观效果，又形成了交替韵律，使道路绿化更具有节奏感。如图 2—1—29 所示。

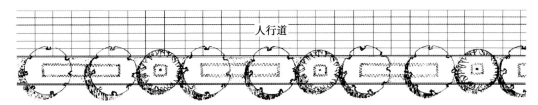

人行道

图2—1—29 常绿树与落叶树搭配的行道树种植设计

行道树的种植设计一定要注意满足功能要求，要起到良好的遮阴作用，并且根据实际情况满足行人的需求，做到以人为本。

三、人行道绿带设计

1. 人行道绿带设计应注意的问题

（1）根据人行道绿带的宽度决定植物的配置形式。

（2）路侧绿带要兼顾街景和沿街建筑的需要，注意从整体上保持绿带的连续和景观统一。

（3）设计时应注意四季景观效果和季相变化。

2. 人行道绿带的设计

（1）确定人行道绿带的设计形式 人行道绿带的设计形式包括封闭式和开放式两种。

1）封闭式。封闭式的人行道绿带，行人不能进入，一般以园林植物造景为主，多为乔灌草相结合的配置方式，利用植物形体和色彩搭配形成良好的景观效果，如图2—1—30所示。当绿带宽度较

图2—1—30 封闭式的人行道绿带

小或道路周围居民较少没有游憩活动需求时，一般采用封闭式人行道绿带。

2）开放式。开放式的人行道绿带，其实在一定意义上可以称之为花园式林荫道或者街头游憩绿地。绿带除了园林植物造景以外，还布置有园路、场地、园林建筑小品、健身器材等，形成供行人游憩、活动的场所，如图2—1—31、图2—1—32所示。

（2）设计人行道绿带

1）设计封闭式人行道绿带。对于宽度较小的封闭式人行道绿带，一般采取规则式的植物配置方法，选择整形植物造型，乔木结合灌木拼图，如图2—1—33所示。

图 2—1—31　开放式的人行道绿带（一）

图 2—1—32　开放式的人行道绿带（二）

图 2—1—33　封闭式的人行道绿带设计效果

另外，在设计时根据带状绿地的特点，人行道绿带一般首先完成一到两个完整的设计单元，然后此设计单元在绿带中以简单韵律或交替韵律的形式重复出现即可，如图 2—1—34 所示。

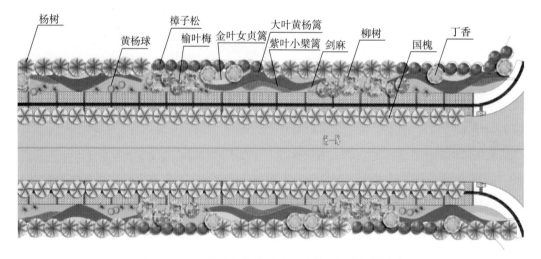

图 2—1—34　形成交替韵律的规则式人行道绿带设计

对于宽度较大的封闭式人行道绿带，则可采用自然式的植物种植方式。在设计时应强调植物的季相变化和色彩变化，主要强调植物的群体美和整体效果，如图 2—1—35 所示。

图 2—1—35　强调群体美的自然式人行道绿带设计

2）设计开放式人行道绿带。在进行开放式绿地设计时，首先应该根据周围环境和人流集散情况合理地确定出入口的位置和植物分布情况，并且应该将出入口作为设计的重点，做到"自成景观"，而且"有景可观"。如图 2—1—36、图 2—1—37 所示。

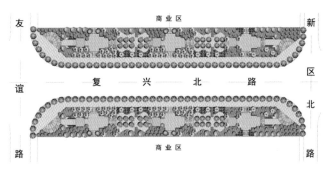

图 2—1—36　某开放式人行道绿带设计平面图

图 2—1—37　某开放式人行道绿带设计效果图

由于人行道绿带属于"线"装绿地，开放式人行道绿带如果像封闭式绿带一样将一到两个完整的设计单元以简单韵律或交替韵律的形式重复出现，就会显得比较死板、无趣，缺乏变化；而如果在整个绿带中考虑完全不同的景观、景点连续出现，就会加大设计的难度，而且从整体上也显得比较零乱，缺乏统一感。因此，在进行人行道绿带的设计时应该抓住"景观节点"这个重点，即在整条绿带上突出几个重要的景观节点，重点设计，作为行人观赏、游憩活动的主要场所，其他部分以植物造景为主，简单设计即可，这样更符合

多样统一原则。如图 2—1—38 所示。

图 2—1—38　某开放式人行道绿带设计效果图

四、分车绿带设计

1. 分车绿带的植物选择标准

分车带的植物种植有以落叶乔木为主的，有以常绿乔木为主的，有的乔木搭配灌木、草地、花卉等，也有的只种低矮灌木配以草地、花卉等。对分车带的种植，要针对不同用路者的视觉要求来选择树种与种植方式。

（1）花灌木应选择花繁叶茂、花期长、生长健壮和便于管理的树种。

（2）绿篱植物和观叶灌木应选用萌芽力强、枝繁叶密、耐修剪的树种。

（3）地被植物应选择茎叶茂密、生长势强、病虫害少和易管理的木本或草本观叶、观花植物。草坪地被植物应选择萌蘖力强、覆盖率高、耐修剪和绿叶期长的种类。

2. 分车绿带设计时应注意的问题

（1）分车绿带要十分重视交通上的功能，起到分隔、组织交通与保障安全的作用。

（2）机动车道的中央分隔带要尽可能起到防眩作用。

（3）机动车两侧分隔带要尽可能防尘、防噪声。

（4）分车绿带的种植方式要和景观的要求统一协调。

3. 分车绿带设计方法

（1）分车绿带的设计需要根据交通要求与景观要求综合考虑。由于城市用地紧张，分车带的宽度普遍较小。另外，从安全角度考虑，分车带的设计不宜过分华丽、复杂。因此，在进行分车带设计时，常用简单的图案或者利用数字来表达设计主题。例如，图2—1—39是某城市的平安大道，该大道采用6株植物为一个设计组团，以交替韵律的形式反复出现，取意"六六大顺"。

（2）两侧分车绿带的主要作用是分隔非机动车道和机动车道，为了安全必须保证视线的通透，一般采用灌木拼图形成规整的图案。如图 2—1—40 所示。

图 2—1—39 利用数字表达设计主题的分车绿带设计

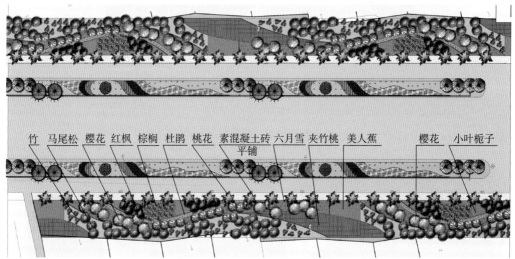

竹　马尾松　樱花　红枫　棕榈　杜鹃　桃花　素混凝土砖　六月雪　夹竹桃　美人蕉　　樱花　小叶栀子
　　　　　　　　　　　　　　　　　　　　平铺

图 2—1—40 强调图案美的分车绿带设计

　　两侧分车绿带宽度大于或等于 1.5 m 的，应以种植乔木为主，并宜乔木、灌木、地被植物相结合，其两侧乔木树冠不宜在机动车道上方搭接。分车绿带宽度小于 1.5 m 的，应以种植灌木为主，并应灌木、地被植物相结合。被人行横道或道路出入口断开的分车绿带，其端部应采取通透式配置，如图 2—1—41 所示。

图 2—1—41　保证端部视线通透的分车绿带设计

（3）中央分车带的主要作用是分隔机动车辆的上下行，因此在可能的情况下要进行防眩种植。另外中央分车绿带一般宽度较大，经常作为城市道路景观中的重点来处理，因此在设计时应突出景观性。如图 2—1—42 所示。

图 2—1—42　突出景观效果的中央分车绿带设计

（4）分车绿带设计在材料的使用上可充分考虑地域特色，避免千篇一律。例如，图 2—1—43 是南方某城市的中央分车绿带设计，它选择了当地最为常见的山石，使得分车绿带别具一格。图 2—1—44 是景观雕塑在分车绿带设计中的应用。

图 2—1—43　选材独特的分车绿带

图 2—1—44　分车绿带设计中的景观雕塑设计

五、道路绿地规划设计图纸绘制

道路绿地规划设计图纸一般应包括道路绿化设计平面图、立面图、断面图和效果图。

1. 道路绿地规划设计平面图

设计平面图中应包括所有设计范围内的绿地规划设计，要求能够准确地表达设计思想，图面整洁，图例使用规范。如图 2—1—45 所示。

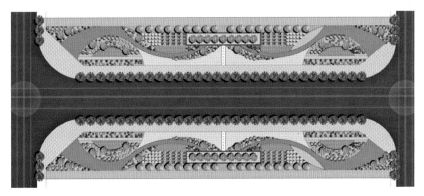

图 2—1—45　道路绿地规划设计平面图

2. 道路绿地规划设计立面图

为了更好地表达设计思想，在道路绿地规划设计中要求绘制出主要观赏面的立面图，在绘制立面图时应严格按照比例表现植物，植物大小按照成年后效果最好时的规格来表现。如图 2—1—46 所示。

图 2—1—46　道路绿地规划设计立面图

3. 道路绿地规划设计断面图

断面图主要是表现道路绿地规划各组成部分之间比例关系的图纸，设计时应该严格按照比例绘制，注意树种的准确表现。如图 2—1—47 所示。

图 2—1—47　道路绿地规划设计断面图

4. 道路绿化设计效果图

为了更好地表现设计主题，道路绿地规划设计时常要求绘制出效果图，在绘制时应注意选择合适的视角，真实地反映设计效果。如图 2—1—48 所示。

图 2—1—48　道路绿地规划设计效果图

5. 植物配置表

植物配置表要求标明所选植物的规格、数量等。

6. 指北针和比例

在绘制道路绿地规划设计图时，必须要注明比例和指北针。

任务实施

根据园林规划设计的程序以及城市道路绿地规划设计的特点，完成图 2—1—18 所示的城市道路的绿地规划设计。

一、调查研究阶段

1. 调查自然环境

调查道路所在地的水文、气候、土壤、植被等自然条件，例如，该示范区内地势南低北高，依次形成三道塬坡，海拔 435～563 m。境内塬、坡、滩地交错，土壤肥沃，适宜多种农作物生长。年降水量 63.51～66.39 mm，年均气温 12.9℃，属暖温带季风半湿润气候区。

2. 调查社会环境

调查道路所在地的历史、人文、风俗习惯等方面的情况。

3. 调查设计条件或绿地现状

通过现场踏查，明确规划设计范围，收集设计资料，掌握绿地现状，绘制相关现状图等内容。例如，本次绿地规划设计是高干渠覆盖后期的环境生态工程，道路总长度

800 m，绿地规划用地面积约 2 万 m²。

二、编制设计任务书阶段

根据调查研究的实际情况，结合甲方的设计要求和相关设计规范，编制设计任务书如下：

1. 绿地规划设计目标

在示范区总体规划、发展理念的指导下，本次道路绿地规划设计中将遵循"尊重自然、以人为本"的设计指导思想，构建具有生态型、时代性和地域性的绿色文化体系。

2. 绿地规划设计的原则

经过综合考虑，在设计过程中将遵循以下原则：

（1）充分尊重该示范区总体规划和发展理念的要求，结合其独特、多元的文化架构，营造有机统一的生态环境和"绿色"形象。

（2）采用传统园林与现代园林相结合的艺术手法，追踪先进的自然景观设计理论和实践，营造集生态性、艺术性、功能性为一体的绿色文化氛围。

（3）充分利用高干渠覆盖后的现有条件，适当地改造局部土壤状况，以"自然群落"的植物关系构成丰富的林冠线和林缘线，形成多视点、多视角、多视距的立体景观，并兼顾植物的季相变化。

三、总体规划设计阶段

在以上设计指导思想和设计原则的前提下，结合现场狭长的实际情况，自西向东，依次将该绿地划分为"绿之冀""绿之韵""绿之乐"三个景区，如图 2—1—49 所示。整条绿带以"绿"为主线，故将其称为"绿园"，其中"绿之冀"景区为全园的主题景区。

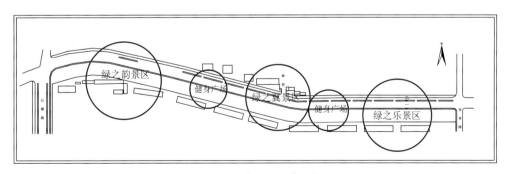

图 2—1—49　道路绿化景观分区图

1. 绿之冀景区

绿之冀景区位于全园的中段，以一座"绿色希望"雕塑为主体来表现"绿之冀"的主题，如图 2—1—50 所示。其位置选择和位置属性与主题搭配，均体现了本段工程地段信息所包含的重点内涵。

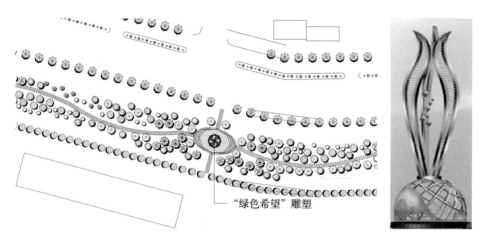

图 2—1—50　绿之冀景区设计及"绿色希望"雕塑意向图

2. 绿之韵景区

绿之韵景区位于全园的西段，以一座包含韵律造型的"韵"雕塑表现本区的主题。本区一方面是对主题表现的延伸，另一方面又包含休闲功能。如图 2—1—51 所示。

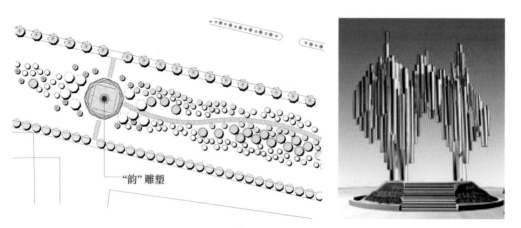

图 2—1—51　绿之韵景区设计及"韵"雕塑意向图

3. 绿之乐景区

绿之乐景区位于全园的东段，以一座包含乐之旋律造型的"舞"雕塑突出主题，如图 2—1—52 所示。该区与其他两个景区相呼应，进而使"绿园"这一带状绿地在视觉形成统一的整体。

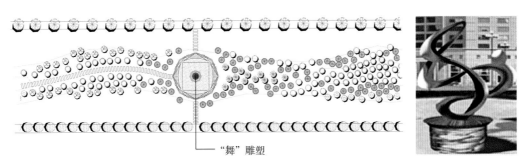

图 2—1—52　绿之乐景区设计及"舞"雕塑意向图

4. 健身广场和健足广场

健身广场的外形设计采用流线型的构图形式。健身广场两侧延伸段，利用卵石铺装成健足广场，以满足游人健身的需要。如图 2—1—53 所示。在全园的骨架构成中，该处是三个景区的过渡性和功能性广场。

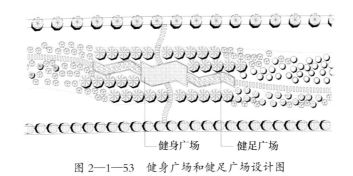

图 2—1—53　健身广场和健足广场设计图

除了三个景区节点、两个健身广场结合点采用适合城市街道要求的规则、相同或相近的局部构图以外，全园架构以不分割带状绿地、保证绿地的连续性特点为主的"草地汀步"进行连接，形成全园的骨架。

四、植物种植设计阶段

植物配置是本次设计的重点，也是将来"绿园"成景的关键所在，更是体现"生态效益"理念的重要因素。选择树种的关键在于选择骨干树种。所谓骨干树种，就是能够反映全园风貌和地方特色以及蕴含人文特点的树木品种。在高干渠覆盖后形成的带状绿地中，由于受土层厚度的影响，选择一个品种树木作为骨干树较为困难；同时，受带状绿地宽度的限制，所选树种的体量不能过大，但要能够体现示范区蓬勃向上的文化氛围。为此，最终确定具有体型相同、又有顶端优势的针叶常绿乔木白皮松和云杉两个基调树种为骨干树种。

1. 绿之冀景区

以两个骨干树种穿插布置形成骨架，雕塑环境周围搭配春季观花、观叶的红叶李、紫叶桃、白玉兰和樱花作为春景的主调,向西以小叶女贞灌木球作为过渡,向东以观花灌木榆叶梅作为连接。以此形成了从早春到晚春的连续的观赏效果,使"绿之冀"的主题得以延伸。该景区的绿化设计效果如图2—1—54所示。

图2—1—54　绿之冀景区绿地规划设计效果图

2. 绿之韵景区

两个骨干树种穿插布置形成骨架,与中部景区形成统一构图。雕塑环境周围搭配、点缀秋景树银杏和春景树樱花,暗示继续向西将进入"绿之韵"的延伸段(秋景区);两侧以夏季观花的灌木紫薇和花石榴为主,形成夏季景观的过渡。该景区的绿化设计效果如图2—1—55所示。

图2—1—55　绿之韵景区绿地规划设计效果图

3. 绿之乐景区

以云杉为骨干树种,形成与中、西部骨干树种的转换。搭配树种采用与西段基本相同的品种,并按照从夏季至秋季的景观过渡和转化进行处理。为了能使云杉的生长在该景区的土壤条件下得到保证,在绿化带东段,对覆盖后的纵向轴线环境附近进行了适当的地形改造，以保证绿化带的整体效果和连续性。改造后的土层，总体高度不超过 0.60 m，加上原有的覆盖土层有 0.40 m 左右的厚度，基本上能够满足植物生长的需要。该景区的绿地规划设计效果如图 2—1—56 所示。

图 2—1—56　绿之乐景区绿地规划设计效果图

4.健身广场和健足广场

健身广场和健足广场周围的植物配置要充分体现以人为本的要求。为此，特意选择银杏和杜仲两个具有保健功能的植物品种。健身广场的绿化设计效果如图 2—1—57 所示。

图 2—1—57　健身广场绿地规划设计效果图

5.行道树

行道树的选择是本次规划设计在植物配置方面的一个重要内容，因其具有将绿带景观连为一体的串联功能，因此在一定程度上直接影响着绿园景观效果。本次规划采用鹅掌楸为高干渠路行道树品种，避免了与示范区其他道路在行道树品种上的重复。

在本次规划设计中，位于绿化带南侧的规划人行道上，选择常绿乔木大叶女贞为行道树。

6. 分车绿带

机动车与非机动车之间的分车绿带宽仅 2 m，因此在设计时选用常绿灌木石楠球和落叶观花灌木紫薇间植，形成简洁反复连续的构图形式，设计效果如图 2—1—58 所示。这样既照顾到四季常青，又考虑到悠长的夏季景观。

图 2—1—58　分车绿带与行道树绿化设计效果图

五、图纸绘制阶段

由于该道路绿地属于线性绿地，在绘制时除了应绘制整体鸟瞰图（见图 2—1—59）以外，还应注意选择合适的视角绘制局部效果图，以便真实地反映设计效果。

图 2—1—59　道路绿地规划设计整体鸟瞰图

任务三　交通岛、立体交叉路口绿地规划设计

 任务提出

图 2—1—60 是甘肃省某城市团结路口一个交通岛的现状图，现要求在满足安全性和功能性的基础上，以植物造景为主，对其进行绿地规划设计。

 任务分析

掌握交通岛的绿地规划设计应注意的问题，通过对自然环境和社会环境的调查研究，结合甲方的设计要求，完成此交通岛的绿地规划设计构思和树种选择，并最终通过图纸准确地表达设计方案。

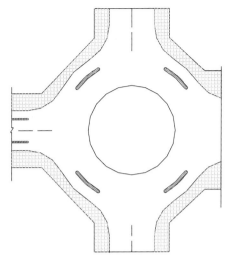

图2—1—60 甘肃省某城市团结路口交通岛

相关知识

一、交通岛的分类

交通岛是指为便于管理交通而设于路面上的一种岛状设施，一般用混凝土建造或砖石围砌，高出路面 10 cm 以上。常见的交通岛可分为以下三种形式：

1. 中心岛（又叫转盘）

中心岛设置在交叉路口中心引导行车，如图 2—1—61 所示。交通规则中规定所有驶入转盘的车辆必须绕转盘逆时针行驶。

2. 方向岛

方向岛用于路口上分隔控制进出车的运行方向，一般常用于立交桥周围。如图 2—1—62 所示。

图 2—1—61 中心岛绿化设计效果图

图 2—1—62 方向岛绿地规划设计

3. 安全岛

安全岛是指在宽敞的街道中供行人避让车辆的地方，如图2—1—63所示。

图 2—1—63　安全岛绿地规划设计效果图

二、安全视距

为保证行车安全，在进入道路交叉口时，必须在路的转角留出一定的距离，使驾驶员在这段距离内能看到对面开来的车辆，并有充分的停车时间来保证不发生撞车。这种从发觉对方汽车立即刹车到刚够停车的距离称为安全视距。根据两相交道路的两个最短视距，可在交叉口平面图上绘制出一个三角形，这个三角形称为安全视距三角，如图2—1—64所示。

一般情况下，在此三角形内不得有建筑物、构筑物、树木等遮挡驾驶员视线的地面物。所以，在布置植物时，其高度不得超过轿车驾驶员的视高，应控制在 0.65～0.7 m 以内。可在安全视距三角之内布置低矮灌木花草，或者不布置任何植物。安全视距的大小随道路允许的行驶速度、道路的坡度、路面质量而定，一般以采用 30～35 m 的安全视距为宜。

三、交通岛绿地规划设计时应注意的问题

1. 交通岛周边植物配置宜增强导向作用，在行车视距范围内应采用通透式配置。
2. 中心岛绿地应保持各路口之间的行车视线通透，宜布置成装饰绿地。
3. 方向岛绿地应配置地被植物。

四、立体交叉路口绿地规划设计

立体交叉路口，可能是城市两条高等级道路的相交处或高等级道路跨越低等级道路的交接处，也可能是快速道路的入口处。道路交叉形式不同，交通量和地形也不相同，需要灵活处理。进行立体交叉路口绿地规划布置时，一般应遵循以下原则：

1.在立体交叉路口，绿地布置要服从该处的交通功能，使驾驶员有足够的安全视距。例如，出入口可以有作为指示标志的种植，使驾驶员看清入口；在弯道外侧，最好种植成行的乔木，以便引导驾驶员的行车方向，同时使驾驶员有安全感。

2.立体交叉路口绿地规划的实施对象是立体交叉范围内的主线、匝道、三角区及其他空白地带，如图2—1—65所示。

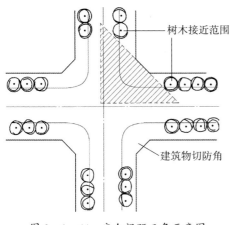

图2—1—64 安全视距三角示意图　　　图2—1—65 立体交叉路口绿地规划的实施对象

3.立体交叉路口绿地规划应根据立体交叉路口所在的位置、环境、自然景观、功能及其结构造型的不同，采用不同的构图方式和配置方式，合理规划，适宜布局，使绿化效果各具特色。

4.立体交叉路口绿地规划既要强调平面完整有序，又要力求立面层次丰富，如图2—1—66所示，但要注意的是植被的布置决不能影响行车的通视条件。例如，在匝道和主次干道汇合的顺行交叉处不宜种植遮挡视线的树种。立体交叉绿岛应种植草坪等地被植物。草坪上可点缀树丛、孤植树和花灌木，以形成疏朗开阔的绿化效果。桥下宜种植耐阴地被植物。墙面宜进行垂直绿化。如图2—1—67所示。

图2—1—66 保证视线通畅的立体交叉路口绿地规划设计

5.植被的图案和色彩不宜过分丰富，以免分散驾驶员注意力而影响行车安全。独特的植被色彩和图案仅作为点缀，以达到醒目的目的。

6.立体交叉路口植被应易栽、易活、易养、易管、耐寒耐热、固土保水。

图2—1—67 立交桥下的耐阴地被植物与立体绿地规划设计

 任务实施

一、调查研究阶段

通过调查自然环境、社会环境或绿地现状，了解当地自然条件、绿地现状、周边环境等设计条件。通过与甲方沟通交流，进一步把握甲方的规划目的、设计要求等，以便把握设计思路，为后期的设计提供依据。

二、设计构思阶段

根据外业调查结果、甲方的设计要求以及道路绿地规划设计的相关规范，着手进行设计构思。设计构思主要有以下两方面工作。

1. 立意构思

根据对当地社会条件的调查，了解到"夜光杯"是当地非常有名的旅游纪念品。另外，绿地位于团结路口，因此在设计构思时可以将"团结"作为一个主题。

2. 树种选择

充分了解当地气候条件，在"适地适树"原则指导下，结合安全性和功能性的要求进行树种选择。

三、图纸绘制阶段

通过规范的图纸，准确地表达设计构思。设计图纸要符合制图规范，图面要整洁。

本任务共提出了两套方案：一套是以植物造景为主，中心为"夜光杯"雕塑的设计方

案，如图 2—1—68 所示；另一套是以植物造景为主，象征团结的交通岛设计方案，如图
2—1—69 所示。

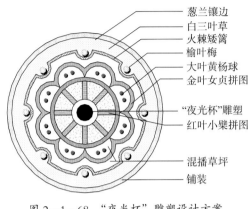

葱兰镶边
白三叶草
火棘矮篱
榆叶梅
大叶黄杨球
金叶女贞拼图
"夜光杯"雕塑
红叶小檗拼图
混播草坪
铺装

图 2—1—68 "夜光杯"雕塑设计方案

图 2—1—69 交通岛设计方案

 思考与练习

1.道路绿地的作用有哪些？城市道路绿地的类型有哪些？

2.城市道路断面布置形式有哪些？

3.在进行行道树树种选择时应注意哪些问题？列出你所在城市常见的 20 种行道树
树种。

4.行道树的种植方式有哪两种？在应用时各有什么特点？

5.什么是安全视距？立体交叉路口在进行绿地规划时应遵循哪些原则？

6.交通岛绿地规划设计时应注意哪些问题？

课题二

城市滨水绿地规划设计

任务目标

◇掌握城市滨水绿地规划设计的特点
◇掌握城市滨水绿地规划设计的内容与方法
◇能够根据设计要求合理地进行城市滨水绿地规划设计
◇能够绘制城市滨水绿地设计的各类图样

任务提出

图 2—2—1 是某城市滨水绿地的现状图，现要求结合当地自然条件及社会条件，完成本滨水绿地的绿地规划设计工作。

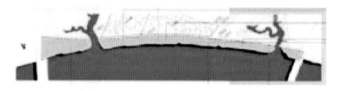

图 2—2—1　某城市滨水绿地现状图

任务分析

通过对自然环境和社会环境的调查研究，结合甲方的设计要求，明确滨水绿地的景观风格定位，完成其空间设计、竖向设计、建筑小品设计、植物生态群落设计等绿化设计，并最终通过图纸准确地表达设计方案。

相关知识

一、城市滨水绿地规划设计基础知识

城市滨水绿地就是在城市中临近河流、湖沼、海岸等水体的地方建设而成的具有较强观赏性和使用功能的一种城市公共绿地形式。滨水绿地是城市的生态绿廊，具有生态效益和美化功能。滨水绿地多利用河、湖、海等水系沿岸用地，多呈带状分布，最终形成城市的滨水绿带。如图 2—2—2、图 2—2—3 所示。

图 2—2—2　某城市滨水绿地效果图

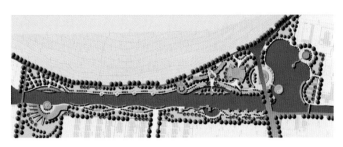

图 2—2—3　某城市滨水绿地设计平面图

滨水绿地毗邻自然环境，其一侧临水，空间开阔，环境优美，是城市居民游憩的场所，吸引着大量的游人。特别是夏日和傍晚，其作用不亚于风景区和公园绿地，如图 2—2—4 所示。

图 2—2—4　开放性的城市滨水绿地效果图

二、城市滨水绿地在城市中的作用

1. 美化市容，形成景色。城市滨水绿地可与城市水系结合起来，营造良好的城市空间。

2. 保护环境，提高城市绿地面积。

3. 防浪、固堤、护坡，避免水土流失。

三、城市滨水绿地设计的内容与方法

城市滨水绿地是一个包含水域和陆域，富含丰富的景观和生态信息的复合区域。城市滨水绿地规划设计的内容主要包括对绿地内部复合植物群落、景观建筑小品、道路铺装系统、临水驳岸等基础元素的设计与处理。

1. 城市滨水绿地的景观风格定位

城市滨水绿地的景观风格主要包括古典景观风格和现代景观风格两大类。在进行城市滨水绿地设计时首先应正确定位景观的风格。城市滨水绿地景观风格的选择，关键在于与城市或区域的整体风格的协调。

（1）古典景观风格的城市滨水绿地　这类绿地往往以仿古、复古的形式体现城市历史文化特征，通过对历史古迹的恢复和城市代表性文化的再现来表达城市的历史文化内涵。

该种风格适用于历史文化底蕴比较深厚的历史文化名城或历史保护区域。图2—2—5为南京秦淮河滨水风光带。

（2）现代景观风格的城市滨水绿地　这类绿地常用于一些新兴的城市或区域，如图2—2—6所示。例如，上海黄浦江陆家嘴一带的滨江绿地和苏州工业园区金鸡湖边的滨湖绿地，虽然上海、苏州同为历史文化名城，但由于浦东和苏州工业园区均为新兴的现代城市区域，所以在景观风格的选择上仍选择现代景观风格为主，通过现代风格的景观建筑小品体现城市的特征和发展轨迹。

图2—2—5　南京秦淮河滨水风光带　　　　图2—2—6　现代景观风格的城市滨水绿地

2. 城市滨水绿地空间的处理

作为"水陆边际"的城市滨水绿地，多为开放性空间，其空间的设计往往兼顾外部街道空间景观和水面景观。人的站点及观赏点位置处理有多种模式，其中代表性的有以下几种：

（1）外围空间（街道）观赏。

（2）绿地内部空间（道路、广场）观赏、游览、休憩。

（3）临水观赏。

（4）水面观赏、游乐。

（5）水域对岸观赏。

为了取得多层次的立体观景效果，一般在纵向上沿水岸设置带状空间，串连各景观节点（一般每隔300～500 m设置一处景观节点），构成纵向景观序列。如图2—2—7所示。

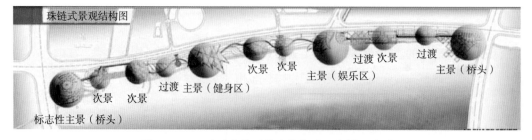

图2—2—7　串连各景观节点构成的纵向景观序列

3. 城市滨水绿地的竖向设计

城市滨水绿地的竖向设计应考虑带状景观序列的高低起伏变化，利用地形堆叠和植被配置的变化，在景观上构成优美多变的林冠线和天际线，形成纵向的节奏与韵律。在横向上，需要在不同的高程安排临水、亲水空间。滨水空间的断面处理要综合考虑水位、水流、潮汐、交通、景观和生态等多方面要求，采取多层复式的断面结构。这种复式的断面结构分成外低内高型、外高内低型、中间高两侧低型等几种。低层临水空间按常水位来设计，每年汛期来临时允许淹没。这两级空间可以形成具有良好亲水性的游憩空间。高层台阶作为千年一遇的防洪大堤。各层空间利用各种手段进行竖向联系，形成立体的空间系统。

城市滨水绿地陆域空间和水域空间通常存在较大高差，为避免传统的块石驳岸平直生硬的感觉，临水空间可以采用以下几种断面形式进行处理。

（1）**自然缓坡型** 通常适用于较宽阔的滨水空间。水陆之间通过自然缓坡地形弱化水陆的高差感，形成自然的空间过渡。地形坡度一般小于基址土壤自然安息角。临水可设置游览步道，结合植物的栽植构成自然弯曲的水岸，形成自然生态、开阔舒展的滨水空间。如图 2—2—8 所示。

图 2—2—8　自然缓坡型城市滨水绿地

（2）**台地型** 对于水陆高差较大，绿地空间又不是很开阔的区域，可采用台地式弱化空间的高差感，避免生硬的过渡。所谓台地型即将总的高差通过多层台地化解，每层台地可根据需要设计成平台、铺地或者栽植空间，台地之间通过台阶沟通上、下层交通，结合种植设计遮挡硬质挡土墙砌体，形成内向型临水空间。如图 2—2—9 所示。

（3）**挑出型** 对于开阔的水面，可通过设计临水或水上平台、栈道，满足人们亲水、远眺观赏的要求，如图 2—2—10 所示。临水平台、栈道地表标高一般参照水体的常水位设计，通常根据水体的状况高出常水位 0.5～1.0 m，若风浪较大区域可适当抬高，在安全的前提下尽量贴近水面。挑出的平台、栈道在水深较深区域应设置栏杆，当水深较浅时，可以不设栏杆或使用座凳栏杆围合。

图2—2—9　台地型临水空间效果图

（4）引入型　引入型是指将水体引入绿地内部，结合地势高差关系组织动态水景，构成景观节点。其原理是利用水体的流动个性，以水泵为动力，将下层河、湖中的水泵送到上层绿地，通过瀑布、溪流、跌水等水景形式再流回下层水体，形成水的自我循环。这种利用地势高差关系完成动态水景的构建比单纯的防护性驳岸或挡土墙的做法要科学、美观得多，但由于造价和维护等原因，只适用于局部景观节点，不宜大面积使用。如图2—2—11所示。

图2—2—10　挑出型临水空间　　　　　图2—2—11　引入型临水空间效果图

4. 滨水景观建筑、小品的设计

城市滨水绿地为满足市民休息、观景等，需要设置一定数量的景观建筑、小品，一般常用的景观建筑类型包括亭、廊、花架、水榭、茶室、码头、牌坊（楼）、塔等，常用景观小品包括雕塑、假山、置石、座凳、栏杆、指示牌等。城市滨水绿地中建筑、小品的类型与风格的选择主要由绿地景观风格的定位来决定；反过来，城市滨水绿地的景观风格也正是通过景观建筑、小品来体现的。

建筑、小品的设置应该体量小巧、布局分散，要将建筑、小品融入绿地大环境之中，这样才能设计出富有地方特色的有生命力的作品来。

5. 城市滨水绿地植物生态群落的设计

植物是恢复和完善城市滨水绿地生态功能的主要手段。以绿地的生态效益作为主要目标，在传统植物造景的基础上，除了要注重植物观赏性方面的要求，还要结合地形的竖向设计以及模拟水系在自然形成的过程中所表现出的典型地貌特征（如河口、滩涂、湿地等），创造滨水植物适生的地形环境，以恢复城市滨水区域的生态品质，综合考虑绿地植物群落的结构。

（1）绿地规划植物种类的选择。除常规观赏树种的选择外，城市滨水绿地应注重以培育地方性的耐水性植物或水生植物为主，同时高度重视水滨的复合植被群落，它们对河岸水际带和堤内地带这样的生态交错带尤其重要。植物种类的选择要根据景观、生态等多方面的要求，在适地适树的基础上，还要注重增加植物群落的多样性，利用不同地段自然条件的差异配置各具特色的人工植被群落。常用的临水、耐水植物有垂柳、水杉、池杉、云南黄馨、连翘、芦苇、菖蒲、香蒲、荷花、菱角、泽泻、水葱、茭白、睡莲、千屈菜、萍蓬草等。

（2）城市滨水绿地规划应尽量采用自然化设计，模仿自然生态群落的结构。

1）采用地被、花草、低矮灌木与高大乔木的组合，并尽量符合水滨自然植被群落的结构特征。

2）在滨水生态敏感区引入天然植被要素，如在合适地区植树造林恢复自然林地，在河口和河流分合处创建湿地，转变养护方式培育自然草地，以及建立多种野生生物栖身地等。这些仿自然生态群落具有较高生产力，能够自我维护，方便管理，并且具有较高的环境、社会和美学效益，同时，在消耗能源、资源和人力上具有较高的经济性。如图2—2—12所示。

图 2—2—12　城市滨水景观植物群落设计

6. 城市滨水绿地驳岸的设计

传统控制洪水的工程手段主要是对曲流裁弯取直，加深河槽，并用混凝土、砖、石等材料加固岸堤、筑坝、筑堰等。这些措施产生了许多消极后果，大规模的防洪工程设施的修筑直接破坏了河岸植被赖以生存的基础，缺乏渗透性的混凝土护堤隔断了护堤土体与其上部空间的水气交换和循环。采用生态规划设计的手法应该弥补这些缺点，推广使用生态驳岸。生态驳岸是指恢复后的自然河岸或具有自然河岸"可渗透性"的人工驳岸，它可以充分保证河岸与水体之间的水分交换和调节功能，同时具有一定的抗洪强度。目前的生态驳岸有以下几种形式：

（1）**自然原型驳岸** 自然原型驳岸主要采用植物保护堤岸，以保持自然堤岸的特性。如临水种植垂柳、水杉、白杨以及芦苇、菖蒲等具有喜水特性的植物，由它们生长舒展的发达根系来稳固堤岸，增加抗洪、保护河堤的能力。

（2）**自然型驳岸** 自然型驳岸不仅种植植被，还采用天然石材、木材护底，以增强堤岸抗洪能力。如在坡脚采用石笼、木桩或浆砌石块等护底，其上筑有一定坡度的土堤，斜坡种植植被，实行乔、灌、草相结合，固堤护岸。

（3）**人工自然型驳岸** 人工自然型驳岸是在自然型护堤的基础上，再用钢筋混凝土等材料确保大的抗洪能力。如将钢筋混凝土柱或耐水圆木制成梯形箱状框架，并向其中投入大的石块，或插入不同直径的混凝土管，形成很深的鱼巢，再在箱状框架内埋入大柳枝、水杨枝等；邻水侧种植芦苇、菖蒲等水生植物，使其在缝中生长出繁茂、葱绿的草木。

7. 城市滨水绿地道路系统的处理

城市滨水绿地内部道路系统是构成城市滨水绿地空间框架的重要手段，是联系绿地与水域、绿地与周边城市公共空间的主要方式。现代城市滨水绿地道路的设计就是要创造人性化的道路系统，除了可以为市民提供方便、快捷的交通功能和观赏点外，还能提供合乎人性的空间尺度、生动多样的时空变换和空间序列。要想达到这样的要求，城市滨水绿地内部道路系统规划设计应遵循以下原则和方法。

（1）提供人车分流、和谐共存的道路系统，串联各出入口、活动广场、景观节点等内部开放空间和绿地周边街道空间。人车分流是指游人的步行道路系统和车辆使用的道路系统分别组织、规划。一般步行道路系统主要满足游人散步、动态观赏等功能，串联各出入口、活动广场、景观节点等内部开放空间，如图2—2—13所

图2—2—13 滨水景观绿地中的步行道设计效果图

示，步行道路系统主要由游览步道、台阶登道、步石、汀步、栈道等几种类型组成。车辆道路系统（一般针对较大面积的城市滨水绿地设置，小型带状城市滨水绿地通常用外部街道代替）主要包括机动车（消防、游览、养护等）和非机动车道路，主要连接与绿地相邻的周边街道空间，其中非机动车道路主要满足游人利用自行车、游览人力车游乐、游览和锻炼的需求。各道路系统规划时宜根据环境特征和使用要求分别组织，避免相互干扰。例如苏州金鸡湖滨水绿地，由于湖面开阔，沿湖游览路线除考虑步行散步观光外，还考虑无污染的电瓶游览车道，满足游人长距离的游览需要，做到各行其道，互不干扰。

（2）提供舒适、方便、吸引人的游览路径，创造多样化的活动场所。绿地内部道路、场所的设计应遵循"舒适、方便、美观"的原则。其中，舒适要求路面局部相对平整，符合游人使用尺度。方便要求道路线形设计尽量做到方便快捷，增加各活动场所的可达性。现代滨水绿地内部道路考虑观景、游览趣味与空间的营造，平面上多采用弯曲自然的线形组织环行道路系统，或采用直线和弧线、曲线结合，道路与广场结合等形式串联入口和各节点以及沟通周边街道空间；立面上随地形起伏，构成多种形式、不同风格的道路系统。美观是绿地道路设计的基本要求。与其他道路相比，园林绿地内部道路更注重路面材料的选择和图案的装饰，一般这种装饰是通过路面形式和图案的变化获得的，通过这种装饰设计，创造多样化的活动场所和道路景观。

（3）提供安全、舒适的亲水设施和多样的亲水步道，增进人际交往与地域特色。城市滨水绿地是自然地貌特征最为丰富的景观绿地类型，其本质的特征就是拥有开阔的水面和多变的临水空间。对其内部道路系统的规划可以充分利用这些基础地貌特征创造多样化的活动场所，如临水游览步道、伸入水面的平台、码头、栈道，以及贯穿绿地内部备节点的各种形式的游览道路、休息广场等，结合栏杆、坐凳、台阶等小品，提供安全、舒适的亲水设施和多样的亲水步道（见图2—2—14），以增进人际交流和创造个性化活动空间。应结合环境特征选择材料，设计道路线形、道路形式与结构等。材料应以本地材料为主，以可渗透材料为主，增进道路空间的生态性，增进人际交往与突出地域特色。

图2—2—14 城市滨水景观绿地中的
亲水步道设计效果图

（4）配置美观的道路装饰小品和灯光照明设施。人性化的道路设计除对道路自身的精心设计外，还要考虑诸如座凳、指示标牌等相关的装饰小品的设计，以满足游人休息和获取信息的需要。同时，灯光照明的设计也是道路设计的重要内容，一般城市滨水绿地道路常用的灯具包括路灯（主要干道）、庭园灯（游览支路、临水平台）、泛光灯（结合行道树）、轮廓灯（临水平台、栈道）等。灯光在为游人提供晚间照明的同时，还可创造五彩缤纷的光影效果。

一、调查研究

通过调查自然环境、社会环境或绿地现状，了解当地自然条件、绿地现状、周边环境等设计条件。通过与甲方沟通交流，进一步把握甲方的规划目的、设计要求等，以便把握设计思路，为后期的设计提供依据。

二、设计构思

1. 景观风格的定位

根据城市或绿地周围的整体风格选择与之协调的景观风格。若周围整体风格为古典式绿地则选择古典景观风格，反之选择现代景观风格。

2. 城市滨水绿地空间设计

根据外部街道空间景观和水面景观，人的站点及主要观赏点位置等外部条件，选择合适的空间设计模式，同时完成城市滨水景观绿地的景色分区，沿水岸设置带状空间，串连各景观节点，构成纵向景观序列。如图 2—2—15 所示。

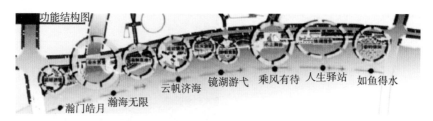

图 2—2—15　滨水绿地中的景观节点

3. 城市滨水绿地竖向设计

（1）综合考虑水位、水流、潮汛、交通、景观和生态等多方面要求确定滨水空间的断面形式。

（2）根据常水位来设计低层临水空间，每年汛期来临时允许淹没。高层台阶作为千年一遇的防洪大堤。各层空间利用各种手段进行竖向联系，形成立体的空间系统。

（3）选择合适的临水空间断面形式进行设计。

4. 滨水绿地建筑小品设计

（1）根据绿地的景观风格的定位来决定滨水绿地中建筑、小品的类型与风格。

（2）建筑小品应融于绿地大环境之中，并应源于地方文化，确保作品的生命力。

5. 植物生态群落设计

（1）绿地规划植物品种的选择。应以培育地方性的耐水性植物或水生植物为主，同时高度重视水滨的复合植被群落。

（2）城市滨水绿地绿地规划应尽量采用自然化设计，模仿自然生态群落的结构。

植物生态群落设计断面图如图 2—2—16 所示。

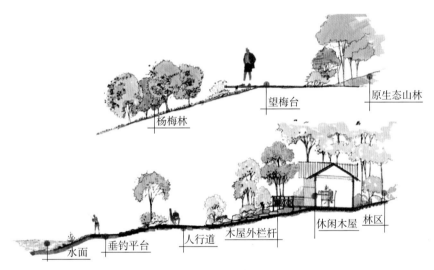

图 2—2—16　植物生态群落设计断面图

三、图纸绘制

图纸要求符合设计规范。图 2—2—17 为此城市滨水绿地设计的平面图。

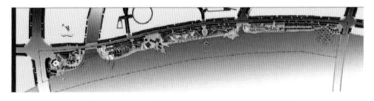

图 2—2—17　城市滨水绿地设计的平面图

思考与练习

1. 城市滨水绿地的特点是什么？具有哪些功能？

2. 谈一谈城市滨水绿地设计的内容与方法。

课题三

公路、铁路和高速路绿地规划设计

 任务目标

◇掌握城市公路、铁路和高速路绿地规划设计的基本内容与方法
◇能够根据设计要求合理地进行公路、铁路和高速路的设计构思
◇能够根据要求完成公路、铁路和高速路的总体绿地规划设计和节点设计
◇能够按照要求规范地进行各类图样的绘制

 任务提出

　　现有位于北京城区与怀柔区的交界101国道开放路环岛至大秦铁路桥段的高速干道需要绿地规划设计。该路段是怀柔区的骨干道路,连接怀柔区对外交通,且在该路段中有两个立交桥。

　　现要求对该路段进行绿地规划设计,绿地规划设计应满足安全性和功能性要求,并且能够与当地的社会条件、人文条件相结合,体现设计的文化内涵。(此任务引自北京世纪麦田园林设计有限公司的设计作品。)

 任务分析

　　通过对自然环境、社会环境或绿地现状的调查研究,结合甲方的设计要求,完成此路段的绿地规划设计立意构思和树种选择,并运用图纸准确地表达设计方案,编制设计说明书更好地体现设计意图。

 相关知识

一、公路的绿地规划设计

　　城市郊区的道路称为公路,它是联系城镇、乡村以及通向风景区的交通网,一般距市区、居民区较远,常常穿过农田、山林等,没有城区复杂的地上、地下管网和建筑物等,树木的人为损害也较少。公路绿地规划的主要目的是美化道路,防风、防尘,满足行人、车辆的遮阳要求。

　　公路绿地规划应注意以下问题:

1.公路绿地规划是根据公路的等级和路面的宽度，决定绿化带的宽度及树木的种植位置。路宽在9 m或9 m以下时，公路植树不宜在路肩上，要种在边沟以外，以距外缘0.5 m为宜，如图2—3—1所示。路面宽度在9 m以上时，树木可种在路肩上，距边沟内缘不小于0.5 m，以免树木根系破坏路基，如图2—3—2所示。

图2—3—1　公路宽度为9 m或9 m以下的绿地规划示意图

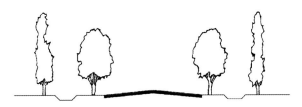

图2—3—2　公路宽度为9 m以上的绿地规划示意图

2.公路交叉口处应留有足够的视距。在遇到桥梁、涵洞等构筑物时，交叉口5 m内不得种植树木。

3.公路路线长，可在2~3 km距离内变换一个树种，这样可使公路绿地规划不至于过于单调，增加公路上的景观变化，也利于行车安全和防止病虫害蔓延。

4.在公路绿地规划树种选择上要注意乔木树种与灌木树种结合（见图2—3—3），常绿树种与落叶树种结合，速生树种与慢生树种结合，并以本地树种为主。

图2—3—3　乔、灌结合的公路绿地规划示意图

5.公路绿地规划应尽可能与农田防护林、护渠护堤林和郊区的卫生防护林相结合，做到一林多用，少占耕地，并可适当结合生产。

二、铁路的绿地规划设计

在保证火车行驶安全的前提下，在铁路两侧进行合理的绿地规划，可以保护铁路免受风、雪、雨的侵袭，并起保护路基的作用，还可形成优美的景观效果。在进行铁路绿地规划设计时，应注意以下问题：

1. 在铁路两侧种植乔灌木时，乔木与铁路外轨的距离应大于 10 m，灌木距铁路轨道的距离应不少于 6 m。

2. 在铁路的边坡上可采用草本或矮灌木护坡，防止水土流失，保证行车安全。铁路的边坡不能种植乔木。

3. 铁路通过市区或居住区时，应尽可能地留出较宽的防护带，种植乔、灌木，宽度以 50 m 以上为宜，以减少噪声对居民的干扰，以不透风式为宜。

4. 公路与铁路互交时，应留出 50 m 的安全视距，距公路中心 40 m 以内不可种植遮挡视线的乔、灌木。

5. 铁路转弯处若内径在 150 m 以内，则不得种乔木，可种地被植物和矮小的灌木。

6. 在距火车机车信号灯处 1 200 m 的范围内不得种乔木，可种地被植物和矮小的灌木。

三、高速路的绿地规划设计

高速路多位于城郊及乡镇比较空旷的地方，其路面平整，车辆行驶速度一般为 80～120 km/h，土壤条件、日照等自然环境因素比城市优越。由于行人少，离居民点较远，因此对遮阳、降温等环境卫生方面的要求要低于城市。绿地设计除注意防护效益外，还应注意经济效益，根据高速路各地段的自然条件选择适宜生长、树形好的树种，合理密植，就地培育苗木，并应尽量与农田防护林带结合。高速路的绿地景观要讲究群体美，植物配置要简单、明快，根据车辆的行车速度及视觉特性确定群植大小和变化节奏，以调节行车环境，缓解驾驶员疲劳。因高速路采用封闭式管理，树木养护难度大，为保证高速路畅通、美观和绿地养护人员的安全，应选择易种、易管又有利于树木本身生长发育的树种。

1. 绿化设计的特点与原则

（1）动态性　高速路的服务对象是处于高速行驶中的驾乘人员，其视点是不断变化的，因此绿地规划设计要满足不断变化的动态视觉的要求。分车绿带应采用整形结构，植物种植设计可考虑形成简单韵律或交替韵律，并要适当控制高度，以遮挡对面来车灯光，保证良好的行车视线。

（2）**安全性** 高速路绿地规划可起到诱导视线、防止眩光、缓解驾驶员疲劳等作用。高速路的绿化横断面应由低矮的草本、灌木丛和高大的乔木组成多层配置。其中在近路缘行车平面上一般不种植高大的乔木，宜种植低矮的灌木，因为行车时速高，高大行道树的明暗眩光和路面阴影会分散驾驶员的注意力，落叶还会降低路面的防滑性能，较深的根系甚至会破坏路基。高大的乔木一般应植于边坡以外。

（3）**统一与变化** 高速路的景观设计强调统一，要在统一的主题下表现出各自的特色和韵味，否则驾驶员会因沿途景观单调而注意力迟钝。适当的变化，如建筑物的风格、造型、色彩以及线形的弯曲、起伏等，都会使驾驶员在行车途中感受到沿途景观富有节律感、多变性，产生愉悦的心情，达到消除疲劳、提高行车安全性的目的。所以，高速路的景观设计一定要统一主题，在统一中有变化，在变化中有统一。

2.绿地规划设计的内容与方法

（1）**高速路出入口、交叉口和涵洞种植设计** 高速路出入口是汽车出入的地方，在出入口栽植的树木应该配置不同的骨干树种作为特征标志，引起驾驶员的注意，便于加减车速。高速路交叉口150 m范围内不栽植乔木；道路拐弯内侧会车视距内不栽植乔木；交通标志前、桥梁、涵洞前后5 m内不栽高于1~2 m的树木。

高速路出入口种植设计要起到视线引导作用，要在汽车行驶过程中预告道路线形变化，如图2—3—4所示。道路的线形就是道路中心线形状。在线形隆起或洼陷的地方，如凹凸形竖曲线部位，安排孤植、丛植树木；在线形为谷形的地方植树最好避开谷形底部，在谷形区间排列种植树木，使视野变窄，更加突出谷形。

图2—3—4 互通立交出入口的视线引导种植示意图

涵洞附近种植设计要考虑明暗过渡。当汽车进入隧道时明暗急剧变化，驾驶员眼睛瞬间不能适应，看不清前方。因此一般在隧道入口处栽植高大树木，以便侧方光线形成明暗的参差阴影，使亮度逐渐变化，以增加驾驶员眼睛的适应时间，减少事故发生的可能性。如图2—3—5所示。

（2）**中央分隔带绿地规划** 中央分隔带按照不同的行驶方向分隔车道，防止车灯眩光干扰，减轻对向行驶车辆接近时驾驶员心理上的危险感。中央隔离带绿地较窄时宜采用单株等距式配置，较宽时可采用双行或多行栽植。中央分隔带绿地规划以常绿乔木（如云杉、圆柏等）规则式种植为主，搭配适应力强、花期长、花色艳丽的花灌木（如丰花月季、连翘、探春、丁香等），以取得全路在整体风格上的和谐一致。如图2—3—6所示。

图2—3—5　高速路涵洞前景观设计效果

图2—3—6　高速路中央分隔带绿化设计效果

（3）互通立交区域绿地规划　互通立体区域是高速路绿地规划的节点。该区域绿地受限制较少，绿地规划设计手法丰富多样。绿地规划设计除与全线绿地规划的总体风格相协调外，还应追求变化，取得优美的景观效果，同时力求反映所在城镇、工业区及旅游区的风格特色。如图2—3—7所示。

对于靠近城市市区及有重要意义的互通立交区域，在景观设计上应予以重点考虑，力求使互通立交区的景观充分融入城市整体景观中，使之成为所服务的城镇景观的有机组成部分，给过往游人留下较为深刻的印象。

图2—3—7　与周边环境相协调的互通式立交区域绿地规划设计效果

互通立交区域绿地规划设计应以植物配置为主，在大小不同、形态各异的绿地中，利用不同植物的镶嵌组合形成一个个层次丰富、景色各异的生态绿岛。互通立交区域在绿地规划设计过程中应注意以下问题：

1）中心绿地注重构图的整体性，图案应表现大方、简洁有序，并能结合地域文化，使人印象深刻。

2）小块绿地成片种植一些常绿树种和色叶树种，既增加了绿量，又丰富了序相变化。

3）在匝道两侧绿地的角部，适当种植一些低矮的树丛及整形球以增强出入口的导向性。

4）弯道外侧可适当种植高大的乔木作行道树，以引导行车方向，并使驾乘人员有心理安全感。弯道内侧的转弯区应有足够的安全视距，该区应种植低矮灌木及花卉。

（4）**站所绿地规划**　高速路若超过100 km，则需设休息站。高速路站所设计最重要的就是停车场设计，停车场应种植具有浓荫的乔木，以防止车辆受强光照射。休息站、管理所的绿地规划可以选择观赏性强的植物，形成较为艺术的庭园布局。如图2—3—8所示。

图2—3—8　高速路站所绿地规划效果

（5）**边坡绿地规划**　为防止路堤边坡的自然侵蚀和风化，减少水土流失，达到稳定边坡和路基的目的，宜根据不同立地土壤类型，采用工程防护与植物防护相结合的防护措施。由于路基缺乏有机质，所以应选择根系发达、耐贫瘠、抗干旱、涵养水源能力强的植物。土质边坡主要采用地被植物（如狗牙根）覆盖，重要路段结合窗格式或方格式预制混凝土砖内铺设抗干旱的草坪植物（如高羊茅、马尼拉等），石质挖方路堑地段及路肩墙路段采用适应性强的攀缘植物（如爬山虎、山荞麦等）进行覆盖。如图2—3—9所示。

（6）**隔离栅绿地规划**　隔离栅绿地规划可以选择适应性强的竹类、野蔷薇等，结合攀缘植物如山荞麦、爬山虎等，对高速路的隔离栅进行绿化掩蔽，使之成为具有抗污染效果的植物墙。

隔离栅如使用有弹性的、具有一定强度的材料，同时种植又宽又厚的低树群时，可以起到缓冲作用，当车发生冲击或碰撞时保护车体和驾驶者免受更大的损伤。如图2—3—10所示。

图 2—3—9   高速路边坡绿地规划效果

图 2—3—10   高速路隔离栅绿地规划效果

（7）防护林带绿地规划 为减轻高速路穿越市区产生的噪声和废气污染，在干道两侧留出 20～30 m 的护林带，形成乔木、灌木、草坪多层混交植物群落。在有风景点的地方，绿地规划应留足透景线。树种应以生态防护为主，兼顾美化道路容貌和构成通道绿地规划主骨架的功能，选择速生、美观、能与周围农田防护林树种相协调的品种。

任务实施

一、调查研究阶段

通过调查自然环境、社会环境或绿地现状，了解当地自然条件、绿地现状、周边环境等设计条件。通过与甲方沟通交流得知，怀柔区目前大力发展旅游产业，力求将怀柔建成一个舒适、现代的假日休闲区。

二、设计构思阶段

在进行环境定位时充分考虑外围环境特点以及发展中的怀柔区旅游业经营模式，力求以大胆且周密的设计把此路段建设成怀柔区的绿色脊梁。

根据对当地社会条件和绿地周围现状条件的调查，现对本段道路作出如下设计构思。

1. 入口段设计

此段道路是整个设计的起点，也是整段道路的开始。入口段选择用一片合欢和迎春树

林组成优美的设计曲线，取意迎春中的"迎"，合欢中的"欢"，寓意像一条欢迎的彩带迎接四海宾朋。如图2—3—11所示。

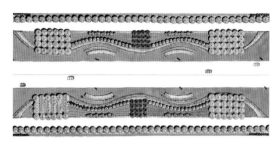

图2—3—11　入口段绿地规划设计效果图

2. 立交桥绿地规划设计

1号立交桥下对角线位置用绿篱色带组成四个花瓣，中间用色带相连，在平面上像一条美丽的珠链，装饰性极强，在不遮挡视线的位置种植分层乔木。如图2—3—12所示。

该处标志性景观名为"花开四季"，象征着怀柔的旅游事业发展就像四季花团一样一年四季都常开不败。

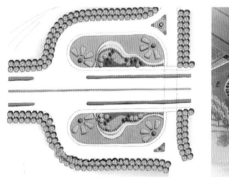

图2—3—12　1号立交桥绿地规划设计效果图

2号立交桥保留原有"怀柔之光"雕塑，并将其布置在醒目位置，突出怀柔人的精神。在植物配置方面，充分考虑安全性与景观性的结合。

上层植物：立交桥下的绿地中在不遮挡视线的中心位置种植高大乔木和常绿树种。

中层植物：在上层植物周围布置低矮的花灌木和小乔木。

下层植物：四周发散延伸绿篱色带，其向外延伸的趋势也象征怀柔区的发展。

2号立交桥的绿化设计效果如图2—3—13所示。

3. 滨水路段绿地规划

在本路段中，小泉河岸绿色空间有良好的生态环境，用自然种植的水岸绿化与之配合。此段道路一边是改造过的小泉河河道，另一边是23 m的绿化分隔带。小泉河岸绿化设计效果如图 2—3—14 所示。

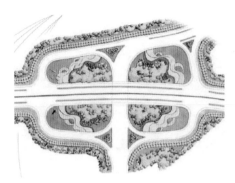
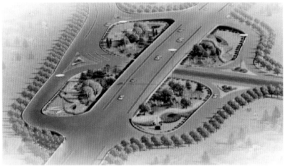

图 2—3—13   2 号立交桥绿地规划设计效果图

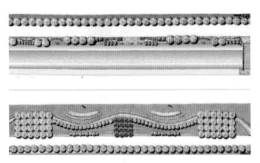

图 2—3—14   滨水路段绿地规划设计效果图

三、图纸绘制阶段

设计图纸要能够准确地表达设计构思，符合制图规范，图面整洁。

四、设计说明书编制阶段

为了更好地体现设计意图，可对方案的立意构思进行简单的说明。下面为本设计的文字说明。

合欢林前，迎四海宾朋，

花开四季，耀怀柔之光。

小泉河畔，赏清风树影，

绿色走廊，闻鸟鸣花香。

精彩 5 min，景观体验发生在当你开车驶入这条路时……

第一个 1.5 min——热情洋溢的绿色开放空间。

接下来 1 min——体验五彩缤纷的花开四季、永恒经典的怀柔之光。

再下来的 1 min——令人神清气爽的绿色水韵空间。

最后 1.5 min——浪漫自然的绿色生态空间有美妙精彩的清风为伴。

思考与练习

1. 公路绿地规划设计时应注意哪些问题？

2. 铁路在绿地规划设计过程中应注意哪些问题？

3. 谈一谈高速路绿地规划设计的特点与原则。

4. 高速路绿地规划设计包括哪些内容？设计时应注意什么问题？

模块三

城市广场规划设计

课题一
认识城市广场

 任务目标

◇了解各类城市广场的功能与特点

◇能够根据广场的性质、功能及特点，分析判定其规划布局形式

◇能够根据广场现状条件分析各类城市广场的规划设计特点、绿地规划设计特点

 任务提出

调查常见的城市广场，分析常见城市广场的功能与特点，以及各广场在规划设计过程中的异同之处，了解各类城市广场规划设计、绿地规划设计的特点。

任务分析

城市广场一般是指由建筑物、街道和绿地等围合或限定形成的永久性城市公共活动空间，是城市空间环境中最具公共性、最富有艺术魅力、最能反映城市文化特征的开放空间，有着城市"起居室"和"客厅"的美誉。如图3—1—1、图3—1—2所示。

那么，城市广场有什么特点呢？各类城市广场的主要功能作用、布局形式、绿地规划形式有什么不同呢？

图 3—1—1　北京天安门广场鸟瞰图　　　　图 3—1—2　某城市文化休闲广场效果图

 相关知识

一、城市广场的特点

1. 性质上的公共性

现代城市广场作为现代城市户外公共活动空间系统中的一个重要组成部分，首先应具有公共性的特点。随着人们工作、生活节奏的加快，传统封闭的文化习俗逐渐被现代文明开放的精神所代替，人们越来越喜欢丰富多彩的户外活动。

2. 功能上的综合性

现代城市广场应满足现代人户外多种活动的功能要求。聚会、晨练、歌舞表演、综艺活动、休闲购物等，都是过去以单一功能为主的专用广场所无法满足的，取而代之的必然是能满足不同人群的多种功能需要，具有综合功能的现代城市广场。

3. 空间场所上的多样性

现代城市广场功能上的综合性，必然要求其内部空间场所具有多样性特点，如图3—1—3所示。综合性功能如果没有多样性的空间创造与之相匹配，是无法实现的。

4. 文化休闲性

现代城市广场是反映现代城市居民生活方式的"窗口"，而注重舒适、追求放松是人们对现代生活的普遍要求，因而现代城市广场必然表现出休闲性特点。现代城市广场的文化性特点，主要表现为：

（1）对城市已有的历史、文化进行反映。

（2）对现代人的文化观念进行创新。即现代城市广场既是当地自然和人文背景下的创作作品，又是创造新文化、新观念的手段和场所，是一个以文化造广场，又以广场造文化的双向互动过程。图3—1—4为纪念性与休闲性并存的青岛五四广场。

图3—1—3   空间形式多样的城市文化休闲广场效果图

图3—1—4   纪念性与休闲性并存的青岛五四广场

二、城市广场的类型

现代城市广场的类型通常是依据广场的功能、尺度关系、空间形态、材料构成、平面组合和剖面形式等划分的，其中最为常见的是根据广场的功能进行分类。

1. 市政广场

市政广场一般位于城市中心位置，通常是市政府、城市行政区中心、老行政区中心和旧行政厅所在地。它往往布置在城市主轴线上，是一个城市的象征，如图3—1—5所示。在市政广场上，常有表现该城市特点或代表该城市形象的重要建筑物或大型雕塑等。图3—1—6是旧金山市政广场。

图3—1—5   山东省滨州市市政广场

图 3—1—6　美国旧金山市政广场

市政广场的特点是：

（1）市政广场应具有良好的可达性和流通性，故要合理有效地解决好人流、车流问题，有时甚至用立体交通方式，如地面层安排步行区，地下安排车行、停车等，实现人车分流。

（2）为了让大量的人群在广场上有自由活动的空间，市政广场一般多以硬质材料铺装为主，如北京天安门广场、俄罗斯莫斯科红场等；也有以软质材料绿化为主的，如美国华盛顿市中心广场。

（3）市政广场布局形式一般较为规则，甚至是中轴对称的。标志性建筑物常位于轴线上，其他建筑及小品对称或对应布局。广场中一般不安排娱乐性、商业性很强的设施和建筑，以加强广场稳重严整的气氛。图 3—1—7 是北京天安门广场的平面图。

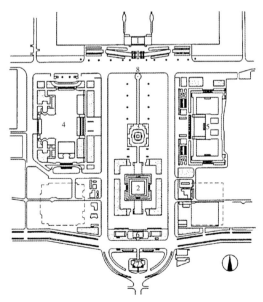

图 3—1—7　北京天安门广场平面图

1—天安门城楼　2—毛主席纪念堂　3—人民英雄纪念碑　4—人民大会堂

5—国家博物馆　6—正阳门　7—箭楼　8—升降国旗处

2.纪念广场

城市纪念广场题材非常广泛，涉及面很广，可以是纪念人物，也可以是纪念事件。通常广场中心或轴线以纪念雕塑（或雕像）、纪念碑（或柱）、纪念建筑或其他形式纪念物为标志，主体标志物应位于整个广场构图的中心位置。

纪念广场的大小没有严格限制，只要能取得纪念效果即可。因为通常要容纳众人举行缅怀纪念活动，所以广场中要有相对完整的硬质铺装地，且铺装地与主要纪念标志物（或纪念对象）保持良好的视线或轴线关系，如图3—1—8、图3—1—9所示。

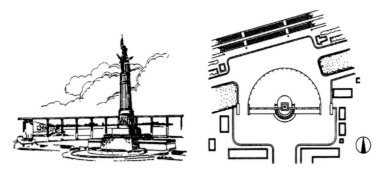

图3—1—8　哈尔滨防洪纪念广场设计图

图3—1—9　美国"9·11"世贸双塔纪念广场

纪念广场的选址应远离商业区、娱乐区等，严禁交通车辆在广场内穿越，以免对广场造成干扰，宁静和谐的环境气氛会使广场的纪念效果大大增强。由于纪念广场一般保存时间很长，所以纪念广场的选址和设计都应紧密结合城市总体规划统一考虑，注意突出严肃深刻的文化内涵少纪念主题。

3. 交通广场

交通广场的主要功能是有效地组织城市交通，包括人流、车流等，是城市交通体系中的有机组成部分。它是连接交通的枢纽，起交通集散、联系过渡及停车的作用。交通广场通常分为两类：

（1）城市内外交通会合处交通广场（即站前交通广场），主要起交通转换作用，如火车站、长途汽车站站前广场。设计时广场的规模与转换交通量有关，包括机动车、非机动车、人流量等。广场要有足够的行车面积、停车面积和行人场地。对外交通的站前交通广场往往是一个城市的入口，其位置一般比较重要，很可能是一个城市或城市区域的轴线端点。广场的空间形态应尽量与周围环境相协调，体现城市风貌，使过往旅客印象深刻。如图3—1—10、图3—1—11所示。

图3—1—10　邵阳市火车站站前广场　　　　图3—1—11　南京火车站站前广场
　　　（交通广场）效果图　　　　　　　　　　　（交通广场）效果图

（2）城市干道交叉口处交通广场（即环岛交通广场）。环岛交通广场地处道路交汇处，尤其是四条以上的道路交汇处，以圆形居多，三条道路交汇处常常呈三角形（顶端抹角）。环岛交通广场通常处于城市的轴线上，是城市景观、城市风貌的重要组成部分，构成城市道路。广场绿地规划应有利于交通组织和驾乘人员的动态观赏，同时广场上往往还设有城市标志性建筑或小品（喷泉、雕塑等）。西安市的钟楼、法国巴黎的凯旋门都是环岛交通广场上的重要标志性建筑。

4. 休闲广场

在现代社会中，休闲广场已成为广大市民最喜爱的重要户外活动空间。它是供市民休息、娱乐、游玩、交流等的重要场所，其位置常常选择在人口较密集的地方，以方便市民使用，如街道旁、市中心区、商业区甚至居住区内。休闲广场的布局不像市政广场和纪念性广场那样严肃，往往灵活多变，空间多样自由，但一般与环境结合很紧密。广场的规模可大可小，没有具体的规定，主要根据环境现状来考虑，如图 3—1—12、图 3—1—13 所示。

　　休闲广场以让人轻松愉快为目的，因此广场尺度、空间形态、环境小品、绿地规划、休闲设施等都应符合人的行为规律和人体尺度要求。广场整体一般没有明确的主题，但每个小空间环境的主题、功能是明确的，每个小空间的联系是方便的。

图 3—1—12　某城市滨水休闲广场效果图

图 3—1—13　空间多样的城市休闲广场效果图

5. 文化广场

　　为了展示城市深厚的文化积淀和悠久的历史，可以以多种形式将其在文化广场上集中地表现出来，如图 3—1—14、图 3—1—15 所示。因此，文化广场应有明确的主题。文化广场可以说是城市的室外文化展览馆，一个好的文化广场应让人们在休闲中了解该城市的文化渊源。

6. 古迹（古建筑等）广场

　　古迹广场是保护和利用城市的遗存古迹的城市广场，生动地代表了一个城市的古老文明程度。可根据古迹的体量高矮，结合城市改造和城市规划要求来确定广场面积的大小。古迹广场是表现古迹的舞台，所以其规划设计应从古迹出发组织景观。如果古迹是一幢古建筑，如古城楼、古城门等，则应在有效地组织人车交通的同时，让人在广场上逗留时能多角度地欣赏古建筑，登上古建筑又能很好地俯视广场全景和城市景观。图 3—1—16 是西安钟鼓楼广场。

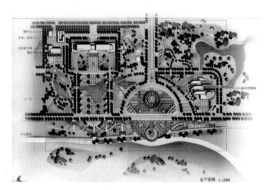

图 3—1—14　宁夏中卫黄河文化广场效果图

图 3—1—15 凸显大唐文化的西安大雁塔北广场

图 3—1—16 西安钟鼓楼广场

7.宗教广场

我国是一个宗教信仰自由的国家，许多城市中还保留着宗教建筑群。一般宗教建筑群内部皆设有适合该教活动和表现该教之意的内部广场。而在宗教建筑群外部，尤其是入口处一般都设置了供信徒和游人集散、交流、休息的广场空间。宗教广场同时也是城市开放空间的组成部分，其规划设计首先应结合城市景观环境整体布局，不应喧宾夺主、重点表现。宗教广场应该以满足宗教活动为主，尤其要表现出宗教文化氛围和宗教建筑美，它通常有明显的轴线关系，景物也是对称（或对应）布局，广场上的小品以与宗教相关的饰物为主。图 3—1—17 是位于梵蒂冈的圣彼得广场，它是一个集中各个时代的精华的广场，可容纳 50 余万人，位于梵蒂冈的最东面，因广场正面的圣彼得大教堂而出名，是罗马教廷举行大型宗教活动的地方。

图 3—1—17　梵蒂冈圣彼得广场

8. 商业广场

商业功能可以说是城市广场最古老的功能，商业广场也是城市广场最古老的类型。商业广场的形态空间和规划布局没有固定的模式可言，它根据城市道路、人流、物流、建筑环境等因素进行设计。但是商业广场必须与其环境相融、功能相符、交通组织合理，同时商业广场应充分考虑人们购物、休闲的需要，如交往空间的创造、休息设施的安排和适当的绿化等。商业广场是为商业活动提供综合服务的功能场所。传统的商业广场一般位于城市商业街内或者商业中心区，现代的商业广场通常与城市商业步行系统相融合，有时是商业中心的核心，如上海市南京路步行街中的广场。此外，还有集市性的露天商业广场，这类商业广场的功能分区是很重要的，一般将同类商品的摊位、摊点相对集中地布置在同一个功能区内，如图 3—1—18、图 3—1—19 所示。

图 3—1—18　某商业广场效果图　　　图 3—1—19　现代商业广场的立体交通体系效果图

🌸 任务实施

通过对各类城市广场的调查分析，现从广场主要功能作用、布局形式、特点、绿地规划设计要点等方面对各类广场进行对比分析，分析比较结果见表 3—1—1。

表 3—1—1 　　　各类型城市广场对比分析表

广场名称	主要功能作用	布局形式	特点	绿地规划设计要点
市政广场	政治、文化、节日庆典	多规则式	中心位置，轴线突出，交通便利，多具标志物	较大的铺装面，注意周边围合，多配置乔木树种，强化生态防护和植物空间效果
纪念性广场	缅怀历史事件和历史人物	多规则式或混合式	突出某一主题，有纪念性标志物	绿地规划和小品设计要利于创造纪念性氛围和教育氛围
交通广场	交通、集散、联系、过渡及停车	规则式或混合式	人流、车流量大，多分区、分出入口，是城市的窗口	交通便利、服务设施齐全、多种信息汇集，绿地规划要创造优美的空间，为短期休息提供场所
休闲广场	休息、娱乐、健身、游玩、交流	自然式或混合式	市民使用舒适方便，景观丰富多样，空间灵活多变	以植物景观为主，林相、季相景观多变，突出环境效益和人文关怀，三季有花、四季有景
文化广场	休息、健身、文化娱乐	自然式或混合式	参与性、生态性、丰富性和灵活性，寓教于乐	植物造景为主，多空间、多设施，具有地方特色和较深刻的教育意义
古迹（古建筑等）广场	古迹或古建筑保护、传承文化、教育、休闲	规则式或混合式	保护性、真实性、历史性和融合性	绿地规划设计以营造环境氛围、突出装饰性为主
宗教广场	宗教、庆典、集会、观光	多规则式	突出宗教主题，功能分区明确，交通集散便利	植物景观以装饰性为主，营造氛围，强化主体景观的背景作用
商业广场	购物、休息、娱乐、观赏、饮食、社交	规则式或混合式	多空间、建筑物内外的结合	突出商业氛围，利用多种绿化手段形成宜人的游、购、娱环境

 思考与练习

1. 简述各类城市广场的主要功能，并分析其特点。

2. 分析各类城市广场规划布局形式的特点。

课题二

城市广场规划设计

🎯 任务目标

◇ 了解城市广场规划设计的原则和原理

◇ 了解城市广场规划设计的程序

◇根据设计要求和现状条件，合理完成广场的功能分区
◇掌握城市广场的布局形式及出入口设计
◇掌握城市广场景观构思的基本方法
◇能够按照园林制图规范准确地绘制相关图样

任务提出

　　浙江某古城为体育百强县，现拟建一文化广场，设计环境如图3—2—1所示。场地地势基本平坦，土质良好，总用地面积为69 921 m²。广场位于城市主干道一侧，其余三面均有建筑物。要求根据城市广场规划设计的相关知识，规划设计出能突出该地人文特征，符合群众文化、娱乐、休闲活动等功能要求，又有较高景观效果、生态效果的文化广场。

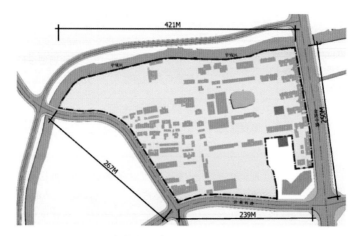

图3—2—1 某城市拟建广场的现状及基地尺寸示意图

 任务分析

　　虽然城市广场的类型很多，但各类城市广场规划设计大的原则和程序是基本相同的。

　　首先，要了解并掌握有关广场的外部条件和客观情况，收集相关图样和设计资料，确定广场规划设计的目标；其次，进行广场总体规划设计，包括广场定位、广场的布局形式和出入口的设计、广场功能分区的规划设计等；再次，在总体规划设计的基础上，详细设计确定整个广场和各个局部的具体做法，如明确地形设计、铺装设计、水景设计等各部分确切尺寸关系、结构方案等具体内容，主要表现为详细设计图和施工设计图；最后，根据详细设计方案和施工图编制设计文本，包括设计说明书和工程量清单（或概算）两部分。

相关知识

一、城市广场规划设计的原则

1. 系统性原则

现代城市广场是城市开放空间体系中的重要节点。它与小尺度的庭园空间、狭长线型的街道空间及联系自然的绿地空间共同组成了城市开放空间系统。现代城市广场通常分布于城市人口密集处、城市核心区、街道空间序列中或城市轴线的节点处、城市与自然环境的接合部、城市不同功能区域的过渡地带、居住区内部等。如图 3—2—2 所示。

图 3—2—2　城市广场与城市空间环境体系的统一

现代城市广场在城市中的区位及其功能、性质、规模、类型等都应有所区别，各自有所侧重。城市广场必须在城市空间环境体系中进行系统分布的整体把握，做到统一规划、合理布局。每个广场都应根据周围环境特征、城市现状和总体规划的要求，确定其主要性质、规模等，只有这样才能使多个城市广场相互配合，共同形成城市开放空间体系。

2. 完整性原则

城市广场的完整性包括功能的完整和环境的完整两个方面。

功能的完整是指一个广场应有其相对明确的功能。在这个基础上，辅之以相配合的次要功能，做到主次分明、重点突出。从趋势看，大多数广场都在从过去单纯为政治、宗教服务向为市民服务转化。即使是北京天安门广场，也改变了以往那种单纯雄伟、广阔的形象而逐渐贴近生活，周边及中部还增加了一些绿化、环境小品等。

环境的完整主要考虑广场环境的历史背景、文化内涵、时空连续性、完整的局部、周边建筑的协调和变化等问题。城市建设中，不同时期留下的物质印迹是不可避免的，特别是在改造、更新历史遗留下来的广场时，更要妥善处理好新旧建筑的主从关系和时空连续等问题，以取得统一的环境完整效果。图 3—2—3 所示是西安大雁塔北广场平面图，由图可以看到，大雁塔北广场在建设过程中遵循了时空连续性，并且在设计时充分考虑到与周边环境的协调。

3. 尺度适配原则

尺度适配原则是根据广场不同使用功能和主题要求，确定广场合适的规模和尺度。

如政治性广场和一般的市民广场尺度上就应有较大区别，从国内外城市广场来看，政治性广场的规模与尺度较大，形态较规整；而市民广场规模与尺度较小，形态较灵活。如图3—2—4、图3—2—5所示。

　　广场空间的尺度对人的感情、行为等都有很大影响。日本建筑师芦原义信提出了在外部空间设计中采用20～25 m的模数，他认为："关于外部空间，实际走走看就很清楚，每20～25 m，或是有重复的节奏，或是材质有变化，或是地面高差有变化，那么即使在大空间里也可以打破其单调。"实践证明，20 m左右确实是一个令人感到舒适、亲切的尺度。

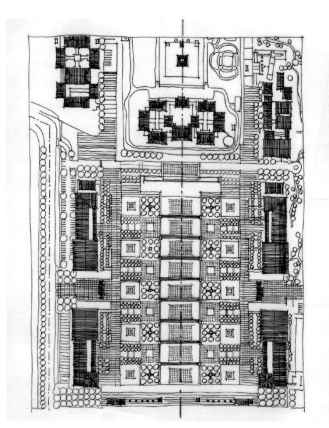

图3—2—3　西安大雁塔北广场平面图

图3—2—4　大尺度的城市广场效果图

图3—2—5　大连星海广场效果图

此外，广场的尺度除了具有自身良好的绝对尺度和相对的比例以外，还必须适合人的尺度，而广场的环境小品布置则更要以人的尺度为设计依据。

4. 生态性原则

生态性原则就是要遵循生态规律，包括生态进化规律、生态平衡规律、生态优化规律、生态经济规律，体现"因地制宜，合理布局"的设计思想。具体到城市广场来说，由于过去的广场设计只注重硬质景观效果，大而空，植物仅仅作为点缀、装饰，甚至没有绿地规划，疏远了人与自然的关系，缺少与自然生态的紧密结合。因此，现代城市广场设计应从城市生态环境的整体出发，一方面运用园林设计的方法，通过融合、嵌入、缩微、美化和象征等手段，在点、线、面不同层次的空间领域中引入自然、再现自然，并与当地特定的生态条件和景观特点相适应，使人们在有限的空间中领略和体会自然带来的自由、清新和愉悦，如图3—2—6所示；另一方面应特别强调其小环境生态的合理性，既要有充足的阳光，又要有足够的绿地规划，冬暖夏凉，为居民的各种活动创造宜人的生态环境。

图3—2—6　体现生态性的城市广场效果图

5. 多样性原则

现代城市广场可以具有多样化的空间表现形式和特点。由于广场是人们共享城市文明的舞台，它既反映作为群体的人的需要，又要综合兼顾特殊人群的使用要求。同时，服务于广场的设施和建筑功能也应多样化，将纪念性、艺术性、娱乐性和休闲性等兼容并蓄，如图3—2—7、图3—2—8所示。

市民在广场上的活动，无论是自我独处的个人行为或公共交往的社会行为，都具有私密性与公共性的双重属性。独处时，只有在社会安定的条件下才能安心地各自存在，如失去场所的安全感，则无法潜心静处。当处于公共交往的社会行为时，也不忘带着自我防卫的心理，力求自我隐蔽，但视野敞向开阔，方感心平气和。这样一些行为心理对广场中的场所空间设计提出了更高的要求，即要给人们提供能满足不同需要的多样化的空间环境。

图3—2—7　满足多种活动需求的城市广场效果图

图3—2—8　将艺术性、历史性、文化性、休闲性融为一体的西安大雁塔北广场

6. 步行化原则

步行化是现代城市广场的主要特征之一，也是城市广场的共享性和良好环境形成的必要前提。广场空间和各因素的组织应该支持人的行为，保证广场活动与周边建筑及城市设施使用的连续性，如图3—2—9所示。大型广场还可根据不同使用功能和主题，考虑步行分区问题。机动车日益占据城市交通的主导地位，广场设计的步行化原则更显示出其重要性。此外，在设计时应当注意人在广场上徒步行走的耐疲劳程度和步行距离极限。这些与环境的氛围、景物布置以及当时的心境等因素有关。

7. 文化性原则

城市广场作为城市开放空间体系中艺术处理的精华，通常是城市历史风貌、文化内涵集中体现的场所。其设计既要尊重传统、延续历史、文脉相承，又要有所创新、有所发展，这就是继承和创新有机结合的文化性原则，如图 3—2—10 所示。城市广场文化性的展现或以浓郁的历史背景为依托，使人在闲暇徜徉中获得知识，了解城市过去曾有过的辉煌。

图 3—2—9　城市广场的步行化原则

图 3—2—10　体现地域文化特色的城市广场景观小品设计

8. 特色性原则

现代城市广场应通过特定的使用功能、场地条件、人文主题及景观艺术处理来塑造特色。广场的特色不是设计师的凭空创造，更不能套用现成特色广场的模式，而是对广场的功能、地形、环境、人文、区位等方面做全面的分析，不断地提炼，才能创造出与市民生活紧密结合和独具地方、时代特色的现代城市广场，如图 3—2—11 所示。一个有个性的城市广场应该与城市整体空间环境风格相协调。违背了整体空间环境的和谐，城市广场的个性特色也就失去了意义。

二、城市广场规划设计的原理

广场设计既是建造实质空间环境的过程，也是一种艺术创造过程。它既要考虑人们的物质生活需要，又要考虑人们精神生活需求。总体来讲，好的广场设计必须有好的总体布局、独特的广场构思和创意、良好的广场功能，解决好广场的风格、特色的艺术处理以及建造广场所需要的技术设计等问题。

图 3—2—11　特色鲜明的城市广场雕塑

1. 广场的布局

广场的总体布局应有全局观点，综合考虑，预想广场实质空间形态的各个因素，完成总体设计。广场的功能和艺术处理与城市规划等各个因素应彼此协调，使之形成一个有机的整体。在广场总体设计构思中，既要考虑使用的功能性、经济性、艺术性以及坚固性等内在因素，同时还要考虑当地的历史文化背景、城市规划要求、周围环境、基地条件等外界因素。如图 3—2—12 所示。

图 3—2—12　广场总体布局效果图

2. 广场的功能

广场的功能是随着社会的发展和生活方式的变化而发展变化的。广场设计的基本出发点是充分满足人们的习惯、爱好、心理和生理等需求，这些需求影响广场的功能设计。

（1）广场的功能分区　一般广场由许多部分组成，设计广场是要根据各部分功能要求的相互关系，把它们组成若干个相对独立的单元，使广场布局分区明确、使用方便。图 3—2—13 是一个综合性的城市广场，广场中心利用大面积的铺装形成了一个供市民集会和开展公共活动的空间，四周采用自然式的植物栽植形成各具特色的小活动空间，可以满足不同人群的休闲活动需要。

图 3—2—13　功能分区明确的城市广场效果图

（2）**广场的流线设计**　广场设计要安排交通流线，合理的交通流线使广场各个部分的相互联系变得方便、简捷。如图 3—2—14 所示。

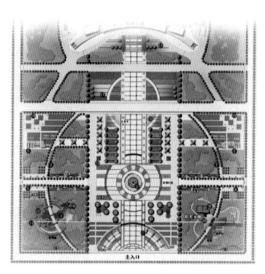

图 3—2—14　构图与道路系统设计相结合的广场设计效果图

3. 广场的艺术处理

广场具有实用和美观的双重作用。实用性比较强的交通广场等，它的实际作用效果是首要的，艺术处理处于次要地位。政治广场、文化广场、纪念性广场等的艺术处理就居于比较重要的地位，尤其是政治广场、纪念性广场，其艺术设计要求更加突出。广场艺术设计不仅是广场的美观问题，而且有着更深刻的内涵。广场可以反映出它所处的时代的精神面貌，反映特定的城市一定历史时期的文化传统积淀。

（1）**广场的造型**　比较完美的广场艺术设计，首先要有良好的比例和合适的尺度，要有良好的总体布局、平面布置、空间组合，还要有细部设计与之配合，并要充分考虑到材料、色彩和建筑艺术之间的相互关系，形成比较统一的具有艺术特色和艺术个性的广场。图 3—2—15 是以圆为构图要素的城市广场设计。

图 3—2—15　以圆为构图要素的城市广场设计效果图

（2）广场的性格　广场的性格主要取决于广场的性质和内容，广场的功能要求很大程度上取决于广场形象的基本特征，广场形式要有意识地表现广场性质和内容所决定的形象特征。政治性、纪念性广场要求布局严整、庄重，休闲性广场的形式应自由、轻松、优雅。

4. 广场的特色

广场的特色是广场设计成功与否的重要标志。广场特色是一个国家、一个民族在特定的城市、特定的环境中的体现。特色就是与众不同，它只能出现在某一处，具有不可代替的形态和形式。广场特色还反映在当地人民的社会生活和精神生活之中，体现在当地人民的习俗和情趣之中。图 3—2—16 是陕西某广场中体现陕西民俗风情的秦腔脸谱和皮影戏的小品。

图 3—2—16　广场小品体现陕西民俗风情的秦腔脸谱和皮影戏

广场不仅要具有特色，它还是一个反映时代特征的重要载体。广场设计必须要有时代精神和风格。为了更好地表现出广场的时代特征，必须要运用最新的设计思想和理论，追求新的创意，利用新技术、新工艺、新材料、新的艺术手法，反映时代水平。如图 3—2—17所示。

图3—2—17　西安大雁塔北广场设备先进的直饮水设备与美轮美奂的夜景设计

5. 广场的设计手法

（1）**轴线控制设计手法**　轴线是不可见的虚存线，但它有支配广场全局，按一定规则和要求将广场空间要素形成空间序列，依据轴线对称设计关系使广场空间组合构成更具有条理性的作用。如图3—2—18所示，在西安大雁塔北广场入口，大型铜雕史书、水景景观带、大雁塔等景观构成了清晰的广场轴线。图3—2—19是西安大雁塔南广场的轴线表现图，玄奘雕塑与大雁塔等景观构成了南广场的主轴线。

图3—2—18　西安大雁塔北广场上的轴线效果　　　图3—2—19　西安大雁塔
　　　　　　　　　　　　　　　　　　　　　　　　　　南广场上的轴线效果

（2）**特异变换设计手法**　指广场在一定形式、结构以及关联的要素中，加入不同的局部形状、组合方式的编译、变换，以形成较为丰富的、灵活的和新奇的表现力。

（3）**母体设计手法**　广场形式的母体设计手法使用最为普遍。它通常运用一个或两个基本形作为母体的基本形，在此基础上进行排列组合、变化，使广场形式具有整体感，也易于统一。

（4）隐喻、象征设计手法　运用人们所熟悉的历史典故和传说的某些形态要素，重新加以提炼处理，使其与广场形式融为一体，以此来隐喻或象征，表现某种文化传统意味，使人产生视觉的、心理上的联想。最具代表性的作品是美国新奥尔良的意大利广场。

任务实施

在学习和掌握了城市广场规划设计的相关知识后，根据规划设计程序，来分步完成本课题文化广场的规划设计。

一、广场设计的准备阶段

该阶段的主要任务是对本课题广场的社会环境、人文环境、自然条件及周边环境进行调查，并收集有关的图文资料。资料主要包括自然条件，如地形、气候、地质、自然环境、分期建设情况等；城市规划对广场的要求，包括广场用地范围的红线、广场周围建筑高度和密度的控制等；城市的交通、供水、供电等条件和情况；使用者对广场的设计要求，特别是对广场所应具备的各项使用功能的要求；其他可能影响工程的客观因素。

通过现场踏勘、调查相关资料等可知，基地现状植被分布图如图3—2—20所示，基地现状植被良好，有540株左右的树木，以樟树和雪松居多，其中有一条以樟树形成的林荫道，景观效果好，有一定的保留价值；基地现状建筑分布图如图3—2—21所示；基地现状效果图如图3—2—22所示。

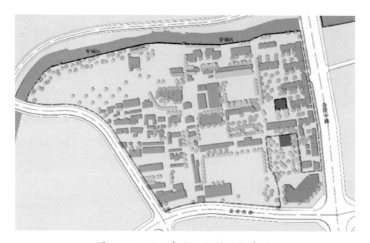

图3—2—20　基地现状植被分布图

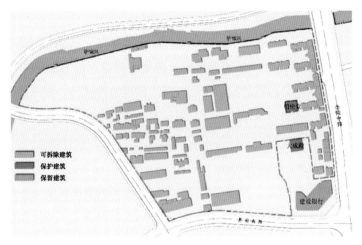

图 3—2—21　基地现状建筑分布图

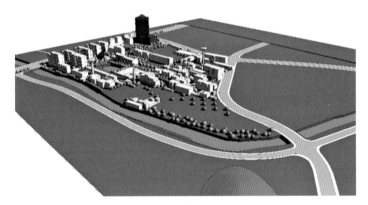

图 3—2—22　基地现状效果图

二、广场总体规划阶段

在上述调查分析的基础上，根据广场规划设计的程序，首先应该解决以下问题：

1.广场设计定位

（1）突出体现该地人文特征。

（2）提供多功能交融的、充满生机与活力的文化休闲娱乐场所。

（3）整合区域景观要素，增强景观美感。

（4）创建制度适宜、环境优美的城市公共空间。

2.广场规划设计原则

（1）可操作性原则　充分考虑分期实施的条件。

（2）经济性原则　尽可能减少工程量，考虑广场的经济效益。同时也要注重本地树种的应用，在保持景观具有地方特色的前提下，尽可能地降低建造成本。

（3）特色性原则　彰显地域文化特色。

（4）延续性原则　广场为重建广场，规划时应该尊重和延续居民的感情与记忆。

（5）功能性原则　满足市民休闲、娱乐、游览的需求。该古城作为体育百强县，要特别突出健身功能。同时，在植物配置方面，灵活运用植物材料，尤其是选用本地植物种类，无论是周边围合，还是零星小块区域，利用多种植物配置形式，提高广场的绿地覆盖率，增强广场的生态美化功能。

3. 广场的布局形式和出入口的规划

（1）广场布局形式的确定　考虑到本课题广场的设计既要体现文化主题又要满足周围市民的休闲娱乐活动，因此确定该广场的总体布局形式为混合式，整体规划布局为"一主一副一带"的景观结构。一主指的是南北向广场空间主轴，贯穿南部入口广场、中心旱地喷泉广场和滨水台阶广场，成为主体景观空间；一副指的是东西向广场空间副轴为人文历史轴；一带指的是沿护城河形成的滨水景观带。如图3—2—23所示。

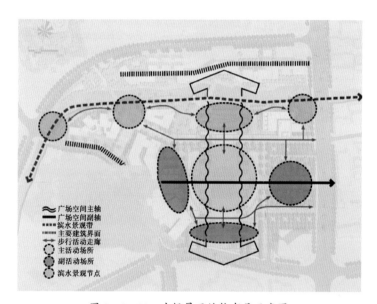

图3—2—23　广场景观结构布局示意图

（2）广场出入口设计　根据广场周围环境以及人流量的需求，安排广场的道路和主、次要出入口，如图3—2—24所示。

4. 广场功能分区的规划设计

根据分期实施的可操作性和功能布局要求，规划将场地自西向东分为幼儿活动区、步行街商业游览区、中心广场区和古建筑文化广场区四个区，而北部的滨水休闲区贯穿四个区，形成"一横四纵"的格局，使功能上既相互独立，又彼此联系。如图3—2—25所示。

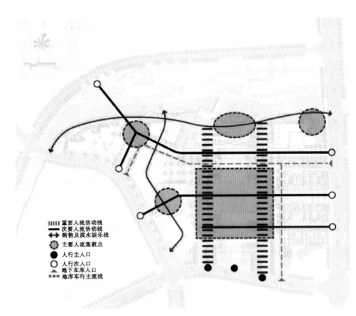

图 3—2—24 广场交通情况分析图

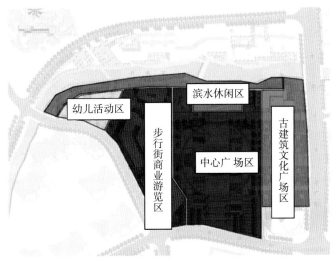

图 3—2—25 广场功能分区图

　　中心广场区设置在主入口附近，贯穿南北向广场空间主轴，是主体景观空间。步行街商业游览区在广场的西北方向，建有商业建筑、活动广场及配套设施，是为群众提供小型集会、娱乐的场所。古建筑文化广场区位于中心广场的东侧，为一长方形地块，面积较大，其主题建筑是文化馆。古建筑文化广场区在向游人展示该地区名胜古迹、地方民俗等的同时，也为游人提供了一定的休闲、娱乐、健身场地。幼儿活动区在广场西北侧，有幼儿园，周边安放有儿童游戏器具，以满足儿童的游戏、健身、科普需求为主。滨水休闲区位于整个场地的北侧，为带状绿地，是居民们悠闲漫步和晨练的好去处。

三、广场详细设计阶段

作出广场的总体规划方案后，要邀请有关的专家对方案进行讨论和修改，甚至还可就方案的有关内容征求附近居民的意见，让居民从规划阶段就开始参与广场建设。

在总体规划方案确定后，就可以进入广场的详细设计阶段。该阶段就是将广场规划方案具体化，形成广场设计的总平面布置图、详细设计图及施工设计图等。

1. 详细设计内容

（1）依据周边环境、人流量以及广场设计的要求确定广场的主、次要入口的具体位置点和道路的分级以及具体走向线，确定各功能分区的具体位置以及范围，协调好需要保留的景观和新设计景观的各种关系。

（2）具体确定河边的处理方式，以及周边景物的配合，如图3—2—26所示。

（3）确定拟建商业建筑、文化馆和幼儿园的形式、位置、范围大小及配套设施。

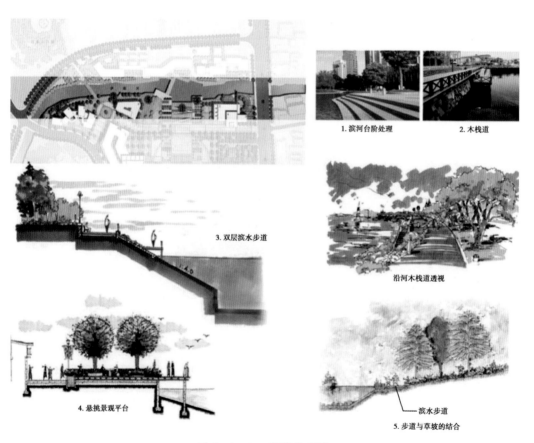

图3—2—26 河岸处理图

（4）设计儿童活动场地以及休闲区域、健身区域和其他区域的具体位置、范围、设施及其他景观的配合。

（5）根据广场的总体设计，提出绿地规划设计的原则和景观要求（绿地规划设计详见本模块课题三）。

2.技术设计内容

在完成广场详细设计平面图后，工程设计人员需要对平面图上所有园林要素作技术设计，如绘制某些商业建筑、文化馆、幼儿园等的具体设计图纸。

（1）建筑物设计。广场上所有建筑物需要设计具体尺寸、造型、材质结构等，如图3—2—27所示为幼儿活动区建筑效果图。

图3—2—27　幼儿活动区建筑效果图

（2）水景设计。设计水景样式的具体尺寸，岸线的材质及处理，池底结构的处理，溪流的具体尺寸，桥梁等景物的配合，等等。

（3）广场铺装设计。设计广场铺装的材质、纹样图案、具体尺寸等，如图3—2—28所示。

（4）植物景观设计（详见本模块课题三）。

四、广场规划设计文本编制阶段

根据详细设计方案编制详细设计说明书，包括设计背景、设计依据、设计原则、功能分区、景观设计、单项设计等内容。根据详细设计方案和相关施工图样，分别按建筑、水景、铺装、植物等不同的园林要素，列出各自的工程量清单，以便参照不同的定额进行投资预算。

图 3—2—28　广场材料选择示意图

思考与练习

　　1. 简述城市广场规划设计的原则。

　　2. 简述城市广场规划设计的原理。

课题三

城市广场绿地规划设计

任务目标

◇了解城市广场绿地规划设计的原则

◇了解城市广场绿地规划设计的一般程序

◇掌握城市广场绿地规划树种选择的原则

◇了解城市广场植物配置的常见形式

任务提出

　　图 3—3—1 为课题二浙江某古城文化广场的规划设计图。现要求在文化广场已有的

规划设计的基础上，根据文化广场的特点和相关绿地设计规范等要求，对该广场进行绿地设计。

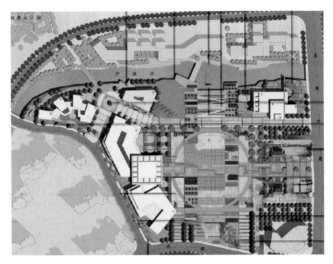

图 3—3—1 某古城文化广场总体规划图

 任务分析

通过对图样和设计要求的分析，该文化广场绿地设计的任务需要分为三个阶段进行。

第一阶段，调查研究阶段。调查城市文化广场规划特点及绿地现状，确定绿地规划设计的基本原则。第二阶段，总体规划设计阶段。根据广场各功能区的功能要求、景观主题、文化氛围、环境特点等，明确各绿地的功能和植物景观规划的设计理念。第三阶段，详细设计阶段。根据文化广场的景观要求，结合当地自然条件和植被类型，确定各区绿地规划景观的骨干树种和种植形式；根据详细设计的内容，完成文化广场绿地各组成部分的详细设计图样的绘制。

✤ 相关知识

一、城市广场绿地规划设计原则

1. 广场绿地布局应与城市广场总体布局统一，使绿地成为广场的有机组成部分，从而更好地发挥其主要功能，符合其主要性质要求。

2. 广场绿地的功能与广场内各功能区相一致，更好地配合和加强该区功能的实现。例如在入口区植物配置应强调绿地的景观效果，休闲区规划则应以落叶乔木为主，冬季的阳光、夏季的遮阳都是人们户外活动所需要的。

3.广场绿地规划应具有清晰的空间层次，独立或配合广场周边建筑、地形等形成良好、多元、优美的广场空间体系。

4.广场绿地规划设计应考虑到与该城市绿地规划总体风格协调一致，结合地理区位特征，物种选择应符合植物的生长规律，突出地方特色。

5.结合城市广场环境和广场的竖向特点，以提高环境质量和改善小气候为目的，协调好风向、交通、人流等诸多因素。

6.对城市广场上的原有大树应加强保护，保留原有大树有利于广场景观的形成，有利于体现对自然、历史的尊重，有利于人们对广场的认同。

二、城市广场绿地种植设计形式

城市广场绿地种植主要有四种基本形式，即行列式种植、集团式种植、自然式种植和花坛式（即图案式）种植。

1.行列式种植

行列式种植属于整形式种植，主要用于广场周围或者长条形地带，用于隔离或遮挡，或作背景，如图3—3—2所示。单排的绿化栽植，可在乔木中间加种灌木，灌木丛中间再加种草本花卉，但株间要有适当的距离，以保证有充足的阳光和营养面积。在株间排列上短期可以密一些，几年以后可以考虑间移，这样既能使短期绿化效果好，又能培育一部分大规格苗木。乔木下面的灌木和草本花卉要选择耐阴品种。并排种植的各种乔灌木在色彩和体形上要注意协调。

图3—3—2　行列式种植的城市广场绿地规划效果图

2.集团式种植

集团式种植也是整形式种植的一种，是为避免成排种植的单调感，把几种树组成一个树丛，有规律地排列在一定的地段上，如图 3—3—3 所示。这种形式有丰富浑厚的效果，排列整齐远看很壮观，近看又很细腻。可用草本花卉和灌木组成树丛，也可用不同的灌木或乔木和灌木组成树丛。

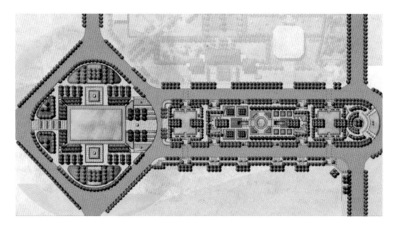

图 3—3—3　集团式种植的城市广场绿地规划效果图

3. 自然式种植

自然式种植是指在一定地段内，花木种植不受统一的株、行距限制，而是疏密有序地布置，从不同的角度望去有不同的景致，生动、活泼，如图 3—3—4 所示。这种布置不受地块大小和形状限制，可以巧妙地解决与地下管线的矛盾。自然式树丛布置要密切结合环境，才能使每一种植物茁壮生长。同时，此方式对管理工作的要求较高。

图 3—3—4　自然式种植的城市广场绿地规划效果图

4. 花坛式（图案式）种植

花坛式种植即图案式种植，是一种规则式种植形式，装饰性极强，材料可选择花草，也可选择修剪整齐的木本树木，如图 3—3—5 所示。它是城市广场最常用的种植形式之一。

图3—3—5　花坛式种植的城市广场绿地规划效果

花坛或花坛群的位置及平面轮廓应该与广场的平面布局相协调。如果广场是长方形的，那么花坛或花坛群的外形轮廓也以长方形为宜。当然也不排除细节上的变化，变化的目的只是为了更活泼一些，过分类似或呆板会失去花坛所渲染的艺术效果。

在人流、车流量很大的广场，或是游人集散量很大的公共建筑前，为了保证车辆交通的通畅及游人的集散，花坛的外形并不强求与广场一致。如正方形的街道交叉口广场上、三角形的街道交叉口广场中央，都可以布置圆形花坛，长方形的广场可以布置椭圆形的花坛。

花坛与花坛群的面积占城市广场面积的比例，一般最大不超过1/3，最小不小于1/15。华丽的花坛，面积的比例要小些；简洁的花坛，面积比例要大些。

花坛还可以作为城市广场中建筑物、水池、喷泉、雕像等的配景。作为配景处理的花坛，总是以花坛群的形式出现的。花坛的装饰与纹样，应当与城市广场或周围建筑的风格取得一致。

花坛表现的是平面图案，由于人的视觉关系，花坛不能离地面太高。为了突出主体，利于排水，同时不被行人践踏，花坛的种植床位应该稍稍高出地面。通常种植床中土面应高出平地7~10 cm。为了利于排水，花坛的中央拱起，四面呈倾斜的缓坡面。种植床内土层厚度在50 cm以上，以肥沃疏松的沙壤土、腐殖质土为好。

为了使花坛的边缘有明显的轮廓，并使植床内的泥土不因水土流失而污染路面和广场，也为了不使游人因拥挤而践踏花坛，花坛往往利用缘石和栏杆保护起来，缘石和栏杆的高度通常为10~15 cm；也可以在周边用植物材料做矮篱，以替代缘石或栏杆。

三、城市广场树种选择原则

1. 广场的土壤与环境

城市广场树种的选择要适应当地的土壤与环境条件。城市广场的土壤、空气、温度、日照、湿度及空中、地下设施等，各城市各地区差别很大。

（1）土壤　城市长期建设的结果是土壤的自然结构已完全被破坏，土壤情况比较复杂。行道树下面经常是城市地下管道、城市旧建筑基础或废渣土。因此，城市土壤的土层不仅较薄，而且成分较为复杂。

城市土壤由于人为的因素（人踩、车压或曾做地基而被夯实），致使土壤板结，孔隙度较小，透气性差，经常由于不透气、不透水，使植物根系窒息或腐烂。土壤板结还会产生机械抗阻，使植物的根系延伸受阻。

另外，由于各城镇的地理位置不同，土壤情况也有差异。一般南方城市的土壤相对偏酸性，土壤含水量较高；而北方城市的土壤多呈碱性，孔隙度相对偏大，保水能力差。沿海城市的土壤一般土层较薄，盐碱量大，而且土壤含水量低。因此，各个城市的土壤条件各有特点，需要综合考虑。

（2）空气　工厂、居住区及汽车排放的有害气体和烟尘，直接影响着城市空气质量。有害气体和烟尘的主要成分有二氧化硫、一氧化碳、氟化氢、氯气、氮氧化物、光化学气体、烟雾和粉尘等。这些有害气体和粉尘一方面直接危害植物，破坏植物的正常生长发育；另一方面，飘浮在城市的上空降低了光照强度，减少了光照时间，改变了空气的物理化学结构，影响植物的光合作用，降低植物抵抗病虫害的能力。

（3）光照和温度　城市的地理位置不同，光照强度、光照时间及温度也各有差异。影响光照和温度的主要因素有纬度、海拔高度、季节变化以及城市污染状况等。街道广场的光照还受建筑和街道方向的影响。

城市中的建筑表面和铺装路面反射热，以及市内工厂、居民区和车辆等散发的热量，致使城市内的温度一般要比郊区高。在北方城市，城区早春树木的萌动一般比郊区要早一个星期左右，而在夏季市内温度要比郊区温度偏高 2～5℃。

（4）空中、地下设施　城市的空中、地下设施交织成网，对树木生长影响极大。空中管线常抑制和破坏行道树的生长，地下管线常限制树木根系的生长。另外，人流和来往车辆繁多，往往会碰破树皮，折断树枝，摇动树干，甚至撞断树干。

总之，城市道路广场的环境条件是很复杂的，有时是单一因素的影响，有时是综合因素在起作用。每个季节起作用的因素也有差异。因此，在解决具体问题时，要进行具体分析。

2. 树种的选择

（1）冠大荫浓　枝叶茂密且冠大的树种夏季可形成大片绿荫，能降低温度、避免行人曝晒。如槐树中年期时冠幅可达 5 m 多，悬铃木更是冠大荫浓。

（2）耐瘠薄土壤　城市中土壤瘠薄，且树木多种植在道旁、路肩、广场周边，受各种管线或建筑物基础的限制、影响，树体营养面积很少，补充有限。因此，选择耐瘠薄土壤习性的树种尤为重要。

（3）**深根性**　根系生长很强的树种，根向较深的土层伸展，可以汲取较多的营养，使植物根深叶茂，且根深则不会因践踏造成表面根系破坏而影响植物的正常生长。特别是在一些沿海城市，选择深根性的树种能抵御暴风袭击，且树体本身不易受损害。而浅根性树种，根系的生长和穿插会拱破场地的铺装。

（4）**耐修剪**　广场树木的枝条要求有一定高度的分枝点（一般在 2.5 m 左右），侧枝不能刮、碰过往车辆，并具有整齐美观的形象。因此，树木每年要修剪侧枝，这就要求树种有很强的萌芽能力，修剪以后能很快萌发出新枝。

（5）**抗病虫害与污染**　病虫害多的树种不仅管理上投资大、费工多，而且落下的枝叶、虫子排出的粪便、虫体和喷洒的各种灭虫剂等，都会污染环境，影响卫生。所以，要选择能抗病虫害，且易控制病虫害发展和有特效药防治的树种。选择抗污染、消化污染物的树种，有利于改善环境。

（6）**落果少，无飞毛、飞絮**　经常落果或有飞毛、飞絮的树种，容易污染行人的衣物，尤其污染空气环境，并容易引起呼吸道疾病。所以，应选择一些落果少、无飞毛的树种。用无性繁殖的方法培育雄性不孕系是目前解决这个问题的一条途径。

（7）**发芽早、落叶晚且落叶期整齐**　选择发芽早、落叶晚的阔叶树种。另外，落叶期整齐的树种有利于保持城市的环境卫生。

（8）**耐旱、耐寒**　选择耐旱、耐寒的树种可以保证树木的正常生长发育，减少管理上财力、人力和物力的投入。北方大陆性气候，冬季严寒，春季干旱，致使一些树种不能正常越冬，必须予以适当防寒保护。

（9）**寿命长**　树种的寿命长短影响城市的绿化效果和管理工作。寿命短的树种一般在30～40 年后就要出现发芽晚、落叶早和枯梢等衰老现象，而不得不砍伐更新。所以，要延长树的更新周期，必须选择寿命长的树种。

❀ 任务实施

在掌握了必要的基本理论知识之后，根据园林规划设计的程序以及文化广场绿地规划设计的特点，来完成该城市文化广场的绿地规划设计任务。

一、调查研究阶段（参见模块三课题二"广场设计的准备阶段"）

二、总体规划设计阶段

根据文化广场各功能区的功能要求、景观主题、文化氛围、环境特点等，结合广场绿地规划设计的基本原则，进一步明确各功能区绿地的功能和植物景观规划的设计理念。

1. 中心广场区

该区作为广场的核心区，绿地规划要美观、整齐、大方、庄重、典雅，还要方便游人观赏和人流集散。植物景观以规则式为主，采用对植、行列式栽植、时令花坛、模纹图案等种植形式，以体现该景观的氛围。

2. 步行街商业游览区

该区广场铺装面积较大，绿地规划植物的比例尺度要与广场空间相协调。在满足其功能要求的前提下，绿地规划以装饰美化为主，力求形成清洁、舒适的娱乐空间。

3. 古建筑文化广场区

该区绿地规划设计在满足夏季遮阴的同时也要体现植物的季相变化，适当种植花灌木、宿根花卉、草坪等。植物配置要高低错落、层次分明、三季有花、四季有景，也要考虑植物与建筑文化馆的尺度关系。

4. 幼儿活动区

该区绿地规划设计要符合儿童的心理需求，以多花多果、色彩艳丽的植物为主，同时忌种有毒、有刺、有刺激性的植物，以免造成意外伤害。

5. 滨水休闲区

该区植物主要考虑遮阴功能、景观功能和生态效益。

广场景观最终植物规划如图 3—3—6 所示。

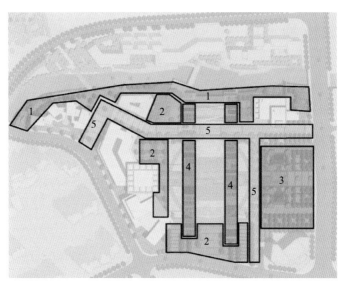

图 3—3—6　广场景观植物规划图

1—滨水植物景观区　2—树林草地景观区　3—文化植物景观区

4—四季植物景观区　5—香樟林荫道

三、详细设计阶段

1. 文化广场绿地规划设计

根据文化广场各功能区的景观要求，以突出文化主题、营造景观氛围为目的，结合当地自然条件和植被类型，提出以下各区植物配置的设计构想。

（1）中心广场区　该区植物配置以规则式为主，采用对植、行列式栽植，强调入口空间。为突出传统植物文化，选择高大、形美、荫浓、又具有地方特色的香樟树沿着主轴两侧列植，不仅整齐统一有导向作用，炎热的夏季也能为行人遮阴。在中心广场上大量栽植时令花卉，突出主轴方向的景观。

（2）步行街商业游览区　该区植物配置以规则式或混合式为主，绿地规划以装饰美化为主，绿化植物有合欢、紫薇、碧桃、山杏等，适当点缀花卉、地被等植物，以营造清洁舒适的娱乐空间为主。

（3）古建筑文化广场区　该区植物配置以自然式或混合式为主，绿地规划以体现植物景观、营造生态环境为重点，绿化植物以雪松、银杏等为主，适当点缀竹子、牡丹、月季及宿根花卉等植物，以形成三季有花、四季有景的花园景观。

（4）幼儿活动区　该区植物配置以自然式为主，多选择多花多果、色彩艳丽的植物，主要配置有花石榴、枇杷、苹果、百日红、红枫、月季等植物。

（5）滨水休闲区　该区植物配置以自然式为主，植物主要以垂柳为主，点缀碧桃、迎春等，营造桃红柳绿的景观，适当布置游憩设施，方便游人。

2. 完成相关图样绘制

根据文化广场绿地规划设计的内容和园林制图规范，完成该城市文化广场的绿地规划设计。设计成果应包括以下内容：

（1）设计平面图　设计平面图中应包括所有设计范围内的绿地规划设计，要求能够准确地表达设计思想，图面整洁，图例使用规范。平面图主要表达植物配置形式、植物种类选择等平面设计，如图3—3—7所示。

（2）植物设施表　植物设施表以图表的形式列出所用植物材料的名称、图例、规格、数量及备注说明等。

（3）设计说明书　设计说明书（文本）主要包括项目概况、规划设计依据、设计原则、艺术理念、植物配置等内容，以及补充说明图样无法表现的相关内容。

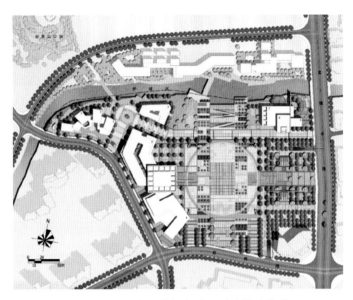

图 3—3—7 文化广场绿地规划种植设计图

思考与练习

1.结合实例，谈一谈城市广场绿地规划设计的原则。

2.如何进行城市广场绿地规划设计？广场绿化树种在选择时应注意哪些问题？

模块四

居住区绿地规划设计

课题一

居住区绿地规划设计基础

任务目标

◇熟练掌握居住区的组织结构模式

◇能够准确地指出居住区的建筑布局形式，并掌握其绿地规划设计要求

◇熟练掌握居住区各类绿地的功能及特点

任务提出

图4—1—1是某居住小区的绿化设计鸟瞰图，认真分析此图，判断其属于哪种建筑布局形式的居住区，并指出此居住区中处于不同位置的绿地的名称，了解不同类型绿地应满足的功能要求及设计时应注意的问题。

图4—1—1　某居住小区绿地规划设计鸟瞰图

任务分析

通过对图 4—1—1 分析可知：在建筑与道路的分割下，该居住小区中形成了位置不同、面积不等几块绿地，其中在居住区中部入口处有一块面积最大的绿地，居住区两侧有相对较为独立的绿地，而在建筑的周围还有部分分散的绿地。要掌握居住区绿地的组成及作用，需要先了解居住区的组织结构模式及居住区用地的组成。

相关知识

一、居住区概述

1. 居住区概念

居住区从广义上讲就是人类聚居的区域，在这里指由城市主要道路所包围的独立的生活居住地段。一般在居住区内应设置比较完善的生活服务性设施，以满足人们基本物质和文化生活的需求。

2. 居住区组织结构模式

居住区规划结构受城市规模、自然条件、公共服务设施服务半径和道路系统的影响。居住区常用的组织结构模式是：6~8 幢住宅楼构成居住组团，若干个居住组团又构成居住小区，再由若干居住小区构成居住区，如图 4—1—2 所示。

居住区的规模应与服务半径、管理体制、道路系统和自然条件因素相适应，以 5 万~6 万人为宜，小的居住区约 3 万人。

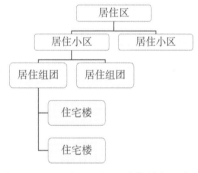

图 4—1—2 居住区组织结构模式示意图

3. 居住区用地组成

居住区用地按功能分类，可分为居住区建筑用地、公共建筑和公共设施用地、道路及广场用地、居住区绿地等。

（1）居住区建筑用地 由住宅的基底占有的土地和住宅前后左右必要留出的空地，包括通向住宅人口的小路、宅旁绿地、家务院落用地等组成。它一般要占整个居住区用地的50%左右，是居住区用地中占有比例最大的用地。

（2）公共建筑和公共设施用地 指居住区中各类公共建筑和公用设施建筑物基底占有的用地及周围的专用土地。

（3）道路及广场用地 以城市道路红线为界，在居住区范围内不属于以上两项的道路、广场、停车场等。

（4）居住区绿地　包括居住区公共绿地、公共建筑及设施专用绿地、宅旁绿地、道路绿地及防护绿地等。

此外，还有在居住区范围内但又不属于居住区的其他用地。如大范围的公共建筑与设施用地、居住区公共用地、单位用地及不适宜建筑的用地等。

二、居住区建筑布局形式

1. 行列式

在居住区中，行列式布局的建筑一般依照一定的朝向成行、成列的布局，如图 4—1—3 所示。这种布局形式的优点是绝大多数的居民能够得到一个比较好的朝向；缺点是绿化空间比较小，容易产生单调感。

2. 周边式

周边式布局的居住区建筑一般沿道路或院落呈周边式安排，如图 4—1—4 所示。这种布局形式的优点是可形成较大的绿化空间，绿地规划容易，有利于公共绿地的布置；缺点是较多的居室朝向差或通风不良。

图 4—1—3　采用行列式建筑布局形式的
居住区效果图

图 4—1—4　采用周边式建筑布局形式的
居住区效果图

3. 混合式

混合式的建筑布局形式一般是周边式和行列式结合起来布置。这种布局形式一般沿街采取周边式，内部使用行列式，如图 4—1—5 所示。

4. 自由式

这种布局形式通常是结合地形或受地形地貌的限制，充分考虑日照、通风等条件灵活布置，如图 4—1—6 所示。

图4—1—5　采用混合式建筑布局形式的
居住区效果图

图4—1—6　采用自由式建筑布局形式的
居住区平面图

5. 散点式

散点式的建筑布局形式常应用于别墅区或以高层建筑为主的小区，在散点式建筑布局的小区里，建筑常围绕公共绿地、公共设施、水体等散点布置。如图4—1—7所示。

图4—1—7　采用散点式建筑布局形式的居住区效果图

6. 庭园式

庭园式的建筑布局形式一般建筑底层的住户有院落，也常应用于别墅区。这种布局有利于保护住户的隐私和安全，绿地规划条件、生态条件均较好。

三、居住区绿地作用

居住区绿地的特殊之处在于与人的关系最密切，服务对象最广泛，服务时间最长。居住区绿地的作用具体体现在以下几个方面。

1. 营造绿色空间

居住区中较高的绿地标准以及对屋顶、阳台、墙体、架空层等闲置或零星空间的绿地规划应用，为居民多接近自然的绿化环境创造了条件。同时，绿地规划所用的植物材料本身就具有多种功能，它能改善居住区内的小环境，净化空气，减缓西晒，对居民的身心健康都起着很大的促进作用。如图4—1—8所示。

图4—1—8　景色宜人的居住区绿色空间

2. 塑造景观空间

进入21世纪，人们对居住区绿化环境的要求已不仅仅是多栽几排树、多植几片草等单纯"量"方面的增加，而且在"质"的方面也提出了"因园定性，因园定位，因园定景"的要求。绿化环境所塑造的景观空间具有"共生、共存、共荣、共乐、共雅"等基本特征，给人以美的享受，它不仅有利于城市整体景观空间的创造，而且大大提高了居民的生活质量和生活品位。另外，良好的绿化环境景观空间还有助于保持住宅的长远效益，增加房地产开发企业的经济回报，提高市场竞争力。如图4—1—9所示。

图 4—1—9　有生活品位的景观小品提升了居住区的文化内涵

3. 创造交往空间

社会交往是人的精神需求的重要组成部分。通过社会交往，使人的身心得到健康发展，这对于当今处于信息时代的人们显得尤为重要。居住区绿地是居民社会交往的重要场所，通过各种绿化空间以及适当设施的塑造，为居民的社会交往创造了便利条件，如图4—1—10 所示。

图 4—1—10　居住区中的活动、休闲场所

同时，居住区绿地所提供的设施和场所，还能满足居民休闲时间室外体育、娱乐、游憩活动的需要。如广州市金道苑、同德花园等居住区均在绿地中开辟了长 200 m、设置了 10 个运动项目的"健身路径"，每个运动项目设指示牌，标明运动名称、主要功能、锻炼方法和评分标准，居民只需要用 15 ~ 30 min 就可完成这 10 个运动项目，使身体的各部分器官和各项身体机能得到锻炼，并可以在路径终端的指示牌上根据不同年龄人士运动后的适宜心率和总评分表对自身的体能、体质作出评价，实现运动负荷的自我监控，如图 4—1—11 所示。

四、居住区绿地组成

居住区绿地是城市园林绿地系统中的重要组成部分，是改善城市生态环境中的重要环节，同时也是城市居民使用最多的室外活动空间，是衡量居住环境质量的一项重要指标。居住区绿地由居住区公共绿地、宅旁绿地和居民区道路绿地组成。

图4—1—11　设置在居住区内的健身活动场地效果图

1. 居住区公共绿地

居住区公共绿地是全区居民公共使用的绿地，其位置适中，并靠近小区主路，适宜于各年龄段的居民使用。居住区公共绿地集中反映了小区绿地质量水平，一般要求有较高的规划设计水平和一定的艺术效果。根据公共绿地大小的不同，居住区公共绿地又可分为居住区级公园、居住小区游园和组团绿地。

（1）居住区级公园，其服务对象是居住区居民。一般情况下，居住区级公园的规模相当于城市小型公园，如图4—1—12所示。

图4—1—12　居住区级公园效果图

（2）居住小区游园，其服务对象是居住小区居民，如图4—1—13所示。

（3）组团绿地，其服务对象是组团内居民，如图4—1—14所示。

图4—1—13　某居住小区游园

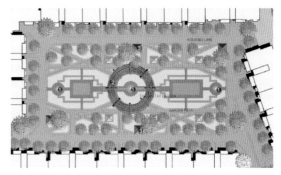

图 4—1—14　某居住区组团绿地

2. 宅旁绿地

宅旁绿地，也称宅间绿地，是居住区中最基本的绿地类型，多指在行列式建筑前后两排住宅之间的绿地。其大小和宽度取决于楼间距，一般包括宅前、宅后以及建筑物本身的绿地规划，它只供本幢居民使用。宅旁绿地是居住区绿地内总面积最大，居民尤其是学龄前儿童和老人最经常使用的一种绿地形式。图 4—1—15 是某宅旁绿地设计的三个方案。

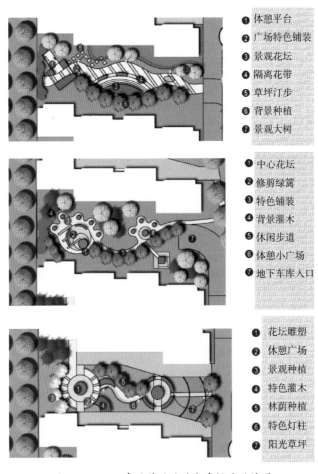

图 4—1—15　有游憩设施的宅旁绿地设计图

3. 居民区道路绿地

居住区道路绿地是居住区内道路红线以内的绿地，其靠近城市干道，具有遮阴、防护、丰富道路景观等功能。居民区道路绿地根据道路的分级、地形、交通情况等进行布置。

居住区的组织结构模式、绿地组成及服务对象之间的关系见表4—1—1。

表4—1—1　　居住区的组织结构模式、绿地组成及服务对象之间的关系

居住区绿地结构	对应绿地	服务对象
居住区	居住区级公园	居住区内所有居民
居住小区	居住小区游园	小区内居民
居住组团	组团绿地	组团内居民
住宅楼	宅旁绿地	住宅楼内居民

任务实施

一、居住区的建筑布局形式

对图4—1—1进行分析可知，该居住区采用的是行列式建筑布局形式，图中包括居住小区游园、组团绿地、宅旁绿地、居民区道路绿地等几种基本形式。

二、居住区不同位置的绿地名称

1. 居住小区游园位于小区主入口附近，在7、8与13、14号住宅楼之间通过扩大宅间距布置的绿地属于居住小区游园，它的服务对象是整个小区内的居民，属于居住区公共绿地，绿地内各类设施完善，功能齐全，景观丰富，艺术性强。

2. 1、2号楼旁以及11、12号楼旁的绿地属于组团绿地，组团绿地也属于居住区公共绿地的一种，但是其面积相对于居住小区游园来讲要小一些，设施、功能也比较简单，从图4—1—1中可以看到，小区内的三块组团绿地均布置为开放式。

3. 住宅楼四周的绿地均属于宅旁绿地，宅旁绿地是离居民最近的绿地。在整个小区中7、8号楼右侧的宅旁绿地，由于面积相对较大，因此布置为开放式，并设置了简单的园路和场地；其余宅旁绿地均布置为封闭式，且以植物造景为主。

思考与练习

1. 居住区的概念是什么？居住区绿地有哪些作用？
2. 谈一谈居住区的组织结构模式、居住区绿地组成与服务对象之间的对应关系。

3.居住区绿地由哪些类型组成？

4.居住区内的建筑布局形式包括哪些类型？

课题二
居住区绿地规划设计

任务目标

◇掌握居住区绿地规划设计的方法和程序

◇能够根据设计要求准确、合理地进行居住区绿地的方案设计

◇能够根据规范准确地完成相关图样的绘制

任务提出

图4—2—1是某县城一个较大规模的经济适用房居住区的现状图，现需要完成其绿地规划设计。甲方的要求是居住区绿地规划做到经济、实用、美观，并具有一定的文化内涵。

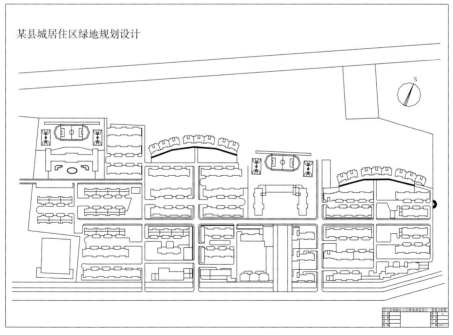

图4—2—1　某县城居住区绿地规划设计图

 任务分析

分析图 4—2—1 可知：该居住区的建筑布局属于行列式布局，居住区内的绿地以宅旁绿地为主，居住区公共绿地的面积较小。结合甲方的设计要求和调查研究结果，在进行总体规划设计时，需要解决的问题包括：①大型居住区绿地规划设计的思路问题；②如何在以宅旁绿地为主的小区内，通过绿地规划体现小区的文化内涵；③在设计中如何体现"多样统一"的原则。

相关知识

一、居住小区游园绿地规划设计

居住小区游园的位置一般要求居中，方便居民使用，如图 4—2—2 所示。居住小区游园规划时要注意充分利用原有的绿地规划基础，尽可能与小区公共活动中心结合起来布置，形成一个完整的居民生活中心。这样不仅可以节约用地，而且能满足小区建筑艺术的需要。

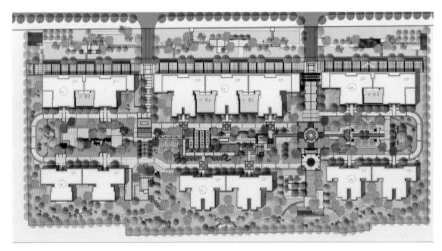

图 4—2—2　位于中央的居住小区游园平面图

居住小区游园的服务半径以不超过 300 m 为宜。在规模较小的小区中，居住小区游园可在小区的一侧沿街布置或在道路的转弯处两侧沿街布置。当居住小区游园沿街布置时，可以形成绿化隔离带，能减弱干道的噪声对临街建筑的影响，还可以美化街景，如图 4—2—3 所示。可以利用道路转弯处空出的地段建设居住小区游园，这样，路口处局部加宽后使建筑取得前后错落的艺术效果，同时还可以美化街景。在较大规模的居住小区中，也可布置成几片绿地贯穿整个居住小区。

图 4—2—3 临街布置的居住小区游园效果图

居住小区游园的用地规模是根据其功能要求来确定的。目前新建居住小区公共绿地面积采用人均 1～2 m² 的指标。居住小区游园用地分配比例可按建筑用地占 30% 以下，道路、广场、用地占 10%～25%，绿地规划用地占 60% 以上来考虑。

居住小区游园的内容安排如下：

1. 入口

入口应设在居民的主要来源方向，数量 2～4 个，与周围道路、建筑结合起来考虑具体的位置。入口处应适当放宽道路或设小型内外广场以便集散，内可设花坛、假山石、景墙、雕塑、植物等作对景。入口两侧植物以对植为好，这样有利于强调并衬托入口设施。图 4—2—4 是与居住小区入口结合布置的游园设计实例。图 4—2—5 是居住小区游园的入口设计实例。

图 4—2—4 与居住小区入口结合布置的游园设计实例

图4—2—5　居住小区游园出入口设计实例

2. 场地

居住小区游园内可设儿童游戏场、青少年运动场和成人（老年人）休息活动场，场地之间可利用植物、道路、地形等分隔。

儿童游戏场的位置要便于儿童前往和家长照顾，也要避免干扰居民，一般设在入口附近稍靠边缘的独立地段上。儿童游戏场不需要很大，活动场地应选择柔性铺装形式。活动设施可根据资金情况、管理情况而设，一般应设供幼儿活动的沙坑，旁边应设座凳供家长休息用。儿童游戏场地上应种高大乔木以供遮阳，周围可设栏杆、绿篱与其他场地分隔开。如图4—2—6所示。

图4—2—6　居住区中的儿童游戏场实例

青少年运动场设在公共绿地的深处或靠近边缘独立设置，以避免干扰附近居民。该场地主要是供青少年进行体育活动的地方，应以铺装地面为主，适当安排运动器械及休息设施。另外，在进行场地设计时也可考虑竖向上的变化，形成下沉式场地或上升式场地。如图4—2—7、图4—2—8所示。

成人（老年人）休息活动场可单独设立，也可靠近儿童游戏场。在老年人活动场内应多设些桌、椅、座凳，便于下棋、打牌、聊天等。老年人活动场一定要做铺装地面，以便

开展多种活动，铺装地面要预留种植池，种植高大乔木以遮阳。如图4—2—9、图4—2—10
所示。

图4—2—7　下沉式场地效果图

图4—2—8　上升式场地形成的表演台效果图

图4—2—9　结合水景的休闲
场地效果图

图4—2—10　生态型铺装的老年人
活动场地效果图

3.园路

　　居住小区游园的园路能把各种活动场地和景点联系起来，同时园路也是居民散步游憩
的地方，所以园路设计的好坏直接影响绿地的利用率和景观效果。

　　（1）园路的宽度与绿地的规模和所处的地位、功能有关。绿地面积在 5 000 m² 以上、
5 万 m² 以下者，主路宽 2~3 m，可兼作成人活动场所，次路宽 2 m 左右；绿地面积在
5 000 m² 以下者，主路宽 2~3 m，次路宽 1.2 m 左右。

　　（2）根据景观要求，园路宽窄可稍作变化，使其活泼。

　　（3）园路的走向、弯曲、转折、起伏应随着地形自然地进行，如图4—2—11、图
4—2—12 所示。

　　（4）通常园路也是绿地排除雨水的渠道，因此必须保持一定的坡度。横坡一般为
1.5%~2.0%，纵坡为 1.0% 左右。当园路的纵坡超过 8% 时，需做成台阶。

　　（5）居住小区游园中一定要考虑设置残疾人通道，如图4—2—13 所示。

图4—2—11 沿水边自然布置的园路效果图

图4—2—12 草坪中自然式步石　　图4—2—13 居住小区游园中的残疾人通道

扩大的园路就是广场，广场有三种类型：集散、交通和休息。广场的平面形状可规则、自然，也可以是直线与曲线的组合，但无论选择什么形式，都必须与周围环境协调。广场的标高一般与园路的标高相同，但有时为了迁就原地形或为了取得更好的艺术效果，也可高于或低于园路。广场上为造景多设有花坛、雕塑、喷水池等装饰小品，四周多设椅、座凳、棚架、亭廊等供游人休息、赏景。

4. 地形

居住小区游园的地形应因地制宜地处理，因高堆山，就低挖池，或根据场地分区、造景需要适当创造地形。地形的设计要有利于排水，以便雨后及早恢复使用。

5. 园林建筑及设施

园林建筑及设施能丰富绿地的内容、增添景致，应给予充分的重视。由于居住小区游园面积有限，因此居住小区内的园林建筑和设施的体量都应与之相适应，不能过大。

（1）桌、椅、座凳　桌、椅、座凳宜设在水边、铺装场地边及建筑物附近的树荫下，应既有景可观，又不影响其他居民活动。如图4—2—14、图4—2—15所示。

（2）花坛　花坛宜设在广场上、建筑旁、道路端头的对景处，一般抬高30~45 cm，这样既可当座凳，又可保持水土不流失。花坛可做成各种形状，既可栽花，也可植灌木、小乔木及草本植物，还可摆花盆或做成大盆景。图4—2—16是一组居住区中的花坛设计效果。

（3）水池、喷泉 水池的形状可自然、可规则，一般自然形的水池较大，常结合地形与山体配合在一起；规则形的水池常与广场、建筑配合应用，喷泉与水池结合可增加景观效果并具有一定的趣味性。水池内还可以种植水生植物。无论哪种水池，水面都应尽量与池岸接近，以满足人们的亲水感。如图 4—2—17 所示。

图 4—2—14 人性化的座凳　　图 4—2—15 结合绿地规
划设计的座椅

图 4—2—16 居住区中的花坛设计效果

图 4—2—17　居住小区创意水景设计实例

（4）景墙　景墙可增添园景并可分隔空间，常与花架、花坛、座凳等组合，也可单独设置。其上既可开设窗洞，又可以实墙的形式出现。如图 4—2—18 所示。

图 4—2—18　居住小区创意景墙设计实例

（5）花架　花架常设在铺装场地边，既可供人休息，又可分隔空间。花架可单独设置，也可与亭、廊、墙体组合。如图 4—2—19 所示。

图 4—2—19　居住小区创意花架设计实例

（6）亭、廊、榭　亭一般设在广场上、园路的对景处和地势较高处。榭设在水边，常作为休息或服务设施用。廊用来连接园中建筑物，既可供游人休息，又可防晒、防雨。亭与廊有时单独建造，有时结合在一起。亭、廊、榭均是绿地中的点景、休息建筑。如图4—2—20 所示。

图 4—2—20　居住小区创意亭与水榭

（7）山石　在绿地内适当的地方，如建筑边角、道路转折处、水边、广场上、大树下等处可点缀些山石。山石的设置可不拘一格，但要尽量自然美观，不露人工痕迹。如图4—2—21所示。

图4—2—21　风格各异的居住小区山石造景

（8）栏杆、围墙　栏杆、围墙设在绿地边界及分区地带，宜低矮、通透，不宜高大、密实，也可用绿篱代替。如图4—2—22所示。

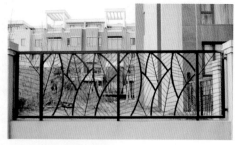

图4—2—22　栏杆围墙在居住小区中的应用实例

（9）挡土墙　在有地形起伏的绿地内可设挡土墙。高度在 45 cm 以下时，可当座凳用。若高度超过视线，则应做成几层，以减小高度。还有一些设施如园灯、宣传栏等，应按具体情况配置。如图 4—2—23 所示。

图 4—2—23　挡土墙的装饰效果

6. 植物配置

在满足居住小区游园游憩功能的前提下，要尽可能地运用植物的姿态、体形、叶色、高度、花期、花色以及四季的景观变化等因素，来提高居住小区游园的园林艺术效果，创造一个优美的环境。绿地规划的配置一定要做到四季都有较好的景致，适当配置乔灌木、花卉和地被植物，做到黄土不露天。如图 4—2—24 所示。

图 4—2—24　居住小区中的植物景观

二、居住区组团绿地规划设计

组团绿地是离居民最近的公共绿地，为组团内的居民提供了一个户外活动、邻里交往、儿童游戏、老人聚集等良好的室外条件。

1. 组团绿地的特点

（1）用地小、投资少，易于建设即见效快。

（2）服务半径小，使用频率高。

（3）易形成"家家开窗能见绿，人人出门可踏青"的富有生活情趣的居住环境。

2. 组团绿地的位置

（1）**周边式住宅之间**　周边式住宅之间的绿地环境安静有封闭感，大部分居民都可以从窗内看到绿地，有利于家长照看幼儿玩耍，但噪声对居民的影响较大。由于将楼与楼之间的庭园绿地集中组织在一起，所以建筑密度相同时，可以获得较大面积的绿地。如图4—2—25所示。

图4—2—25　位于周边式住宅之间的组团绿地平面图

（2）**行列式住宅山墙间**　行列式布置的住宅，对居民干扰少，但空间缺少变化，容易产生单调感。适当拉开山墙距离，开辟为绿地，不仅为居民提供了一个有充足阳光的公共活动空间，而且从构图上打破了行列式山墙间所形成的胡同的感觉。组团绿地的空间又与住宅间绿地相互渗透，产生较为丰富的空间变化。如图4—2—26所示。

图4—2—26　位于行列式住宅山墙之间的组团绿地实例

（3）扩大住宅的间距　在行列式布置中，如果将适当位置的住宅间距扩大到原间距的1.5~2倍，就可以在扩大的住宅间距中布置组团绿地，这样可使连续单调的行列式狭长空间产生变化。如图4—2—27所示。

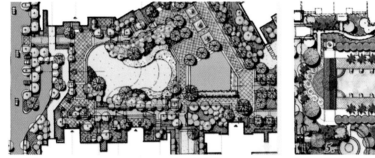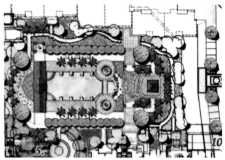

图4—2—27　扩大住宅间距后形成的组团绿地效果图

（4）住宅组团的一角　在地形不规则的地段，利用不便于布置住宅的角隅空地安排绿地，能起到充分利用土地的作用，而且服务半径较大。如图4—2—28所示。

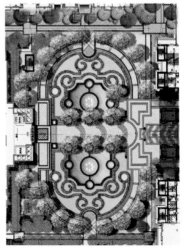

图4—2—28　位于住宅组团一角的组团绿地效果图

（5）**两组团之间**　由于受组团内用地限制而采用的一种布置手法，在相同的用地指标下绿地面积较大，有利于布置更多的设施和活动内容。如图4—2—29所示。

图4—2—29　两组团之间的绿地效果图

（6）**一面或两面临街**　绿化空间与建筑产生虚实、高低的对比，可以打破建筑线连续过长的感觉，还可以使过往群众有歇脚之地。如图4—2—30所示。

图4—2—30　临街布置的组团绿地效果图

（7）**在住宅组团呈自由式布置**　组团绿地穿插配合其间，空间活泼多变，组团绿地与宅旁绿地配合，使整个住宅群面貌显得活泼。

由于组团绿地所在的位置不同，它们的使用效果也不同，对住宅组团的环境影响也有很大区别。从组团绿地本身的使用效果来看，位于山墙和临街的绿地效果较好。

3. 布置方式

（1）**开敞式**　组团绿地可供游人进入绿地内开展活动。

（2）**半封闭式**　绿地内除留出游步道、小广场、出入口外，其余均用花卉、绿篱、稠密树丛隔开。

（3）**封闭式**　一般只供观赏，不能入内活动。

从使用与管理两方面看，半封闭式效果较好。

4. 内容安排

组团绿地的内容设置可有绿化种植部分、安静休息部分、游戏活动部分等，还可附一些建筑小品或活动设施，其具体内容要根据居民活动的需要来安排。

（1）绿化种植部分　此部分常在周边及场地间的分隔地带，其内可种植乔木、灌木和花卉，铺设草坪，还可设置花坛，亦可设棚架种植藤本植物、置水池植水生植物。植物配置要考虑造景及使用上的需要，形成有特色的不同季相的景观变化及满足植物生长的生态要求。如铺装场地上及其周边，可适当种植落叶乔木；入口、道路、休息设施的对景处，可丛植开花灌木或常绿植物、花卉；周边需障景或创造相对安静空间地段，则可密植乔、灌木，或设置中高绿篱。组团绿地内应尽量选用抗性强、病虫害少的植物种类。

（2）安静休息部分　此部分一般也作老人闲谈、阅读、下棋、打牌及练拳等设施场地。该部分应设在绿地中远离周围道路的地方，内可设桌、椅、座凳及棚架、亭、廊等园林建筑作为休息设施，亦可设小型雕塑及布置大型盆景等供人观赏。

（3）游戏活动部分　此部分应设在远离住宅的地段。在组团绿地中可分别设幼儿和少年儿童的活动场地，供少年儿童进行游戏性活动和体育性活动。其内可选设沙坑、滑梯、攀爬等游戏设施，还可安排打乒乓球的球台等。

三、居住区宅旁绿地规划设计

宅旁绿地的主要功能是美化生活环境，阻挡噪声、灰尘和外界视线，为居民创造一个安静、舒适、卫生的生活环境。宅旁绿地布置应与住宅的类型、层数、间距及组合形式密切配合，既要注意整体风格的协调，又要保持各幢住宅之间的绿化特色。宅旁绿地规划的重点在宅前，主要包括住户小院的绿地规划、宅间活动场地的绿地规划和住宅建筑本身的绿地规划。

1. 住户小院的绿地规划

住户小院可分为底层住户小院（见图4—2—31）和独户庭园（见图4—2—32）两种形式。为了不影响居住区绿地规划设计的整体效果，底层住户小院的绿地规划一般会留出一定宽度的绿地作为居住区公共绿地规划范围。独户庭园的绿地规划设计可统一规划，也可由住户自行设计。

2. 宅间活动场地的绿地规划

宅间活动场地属于半公共空间，主要用于幼儿活动和老人休息。其绿地规划的好坏，直接影响到居民的日常生活。宅间活动场地的绿地规划类型主要有以下几种形式。

（1）树林型　树林型的宅旁绿地规划一般适用于面积较大的宅旁绿地，但在设计时一定要保证满足室内通风、采光良好的要求。如图4—2—33所示。

图 4—2—31　底层住户小院绿地规划设计示例

图 4—2—32　独户庭园绿地规划设计效果图

图 4—2—33　树林型的宅旁绿地

（2）游园型　当宅旁绿地面积较大时，也可以将其设计为小游园的形式，但在设计时活动场地一定要与建筑保持一定的距离，既要保证室内有良好的通风、采光，又要保证室内安静。如图 4—2—34、图 4—2—35 所示。

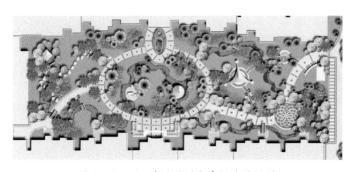

图 4—2—34　某游园型宅旁绿地平面图

图4—2—35 游园型的宅旁绿地实例

（3）棚架型 宅旁绿地还可以考虑设置棚架。如图4—2—36所示。

图4—2—36 棚架型的宅旁绿地实例

（4）草坪型 当楼间距较小时，为了保障室内的通风、采光良好，宅旁绿地一般设计为草坪型。如图4—2—37所示。

图4—2—37 点缀景观小品的草坪型宅旁绿地

3. 住宅建筑本身的绿地规划

（1）架空层绿化 在近些年新建的居住区中，常将部分住宅的首层架空，形成架空层，并通过绿化向架空层的渗透，形成半开放的绿化休闲活动区，如图4—2—38所示。这种半开放的空间与周围较开放的室外绿化空间形成鲜明对比，增加了园林空间的多重性和可变性，既为居民提供了可遮风挡雨的活动场所，也使居住环境更富有透气感。

（2）屋基绿化 屋基绿化是指墙基、墙角、窗前和入口等围绕住宅周围的基础栽植，如图4—2—39所示。

图4—2—38　架空层绿化设计效果

1）墙基绿化。使建筑物与地面之间增添一点绿色，一般多选用灌木作规则式配置，亦可种上爬墙虎、络石等攀缘植物将墙面（主要是山墙面）进行垂直绿化。

2）墙角绿化。墙角种小乔木、竹或灌木丛，形成墙角的"绿柱""绿球"，打破建筑线条的生硬感。

图4—2—39　屋基绿化设计效果

（3）窗台、阳台绿化（见图4—2—40）　如在距窗前1~2 m处种一排花灌木，高度以可遮挡窗户的一小半为宜。窗前灌木形成一条窄的绿带，既不影响采光，又可防止视线干扰，开花时节还能获得五彩缤纷的效果；再如有的窗前设花坛、花池，使路上行人不会临窗而过。

图4—2—40　窗台、阳台绿化设计效果

（4）墙面、屋顶绿化（见图4—2—41） 在城市用地十分紧张的今天，进行墙面和屋顶的绿化，即垂直绿化，无疑是增加城市绿量的有效途径。墙面绿化和屋顶绿化不仅能美化环境、净化空气、改善局部小气候，还能丰富城市的俯视景观和立面景观。住宅建筑本身是宅旁绿地规划的重要组成部分，它必须与整个宅旁绿地规划的风格相协调。

图4—2—41　墙面、屋顶绿化设计效果

四、居住区道路绿地规划设计

居住区道路绿地规划与城市街道绿地规划有不少共同之处，但是居住区内的道路，由于车辆交通、人流量不大，所以宽度较窄，类型也较少。居住区道路主要包括居住区主干道、居住区次干道和宅前小路三种。

1. 居住区主干道

居住区主干道是联系居住区内外的主要通道，除了人行外，有的还通行公共汽车。

在道路交叉口及转弯处的绿化不能影响行驶车辆驾驶员的视线；街道树不能妨碍车辆通行，同时要考虑行人的遮阳；道路与居住建筑之间可考虑利用绿化防尘和阻挡噪声；在公共汽车的停靠站点，绿化时可考虑乘客候车时遮阳的需求。

2. 居住区次干道

居住区次干道是联系住宅组团之间的道路，次干道上行驶的车辆虽较主干道要少，但绿化布置时仍要考虑交通的要求。

当道路与居住建筑距离较近时，要注意防尘、隔声。次干道还应满足救护、消防、运货、清除垃圾及搬运家具等车辆的通行要求。当车道为尽端式道路时，绿地规划还需与回车场地结合，使活动空间自然优美。图4—2—42为某居住区道路系统示意图。

3. 宅前小路

居住区宅前小路是联系各住户或各居住单元门前的小路，主要供行人使用。

绿化布置时，道路两侧的种植宜适当后退，以便必要时急救车和搬运车等可驶入住宅。有的步行道路及交叉口可适当放宽，与休息活动场地结合。路旁植树不必都按行道树的方式排列种植，可以断续、成丛地灵活配置，与宅旁绿地、公共绿地布置配合起来，形成一个相互关联的整体。如图4—2—43所示。

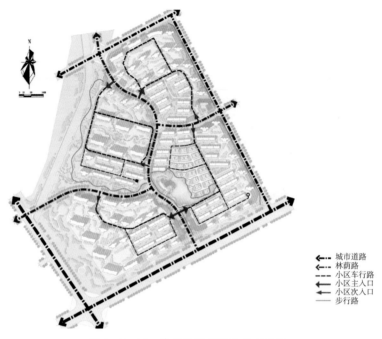

图4—2—42　某居住区道路系统示意图

图4—2—43　宅前小路

任务实施

在掌握必要的理论知识之后，根据园林规划设计的程序以及居住区绿地规划设计的原则与方法，来完成本居住区的绿地规划设计。

一、调查研究阶段

1. 自然环境

调查居住区所在地的水文、气候、土壤、植被等自然条件。完成这部分任务的目的是了解当地自然条件，为下一步的植物种植设计做准备。一般可以通过网络查询来完成本任务。

2.社会环境

调查居住区所在地的历史、人文、风俗传统。完成这部分任务的原因是小区文化内涵的表达必须取自于当地的历史、人文、风俗习惯等内容。

3.绿地现状

通过现场踏查，明确规划设计范围、收集设计资料、掌握绿地现状、绘制相关现状图等。完成这部分任务的目的是进一步了解设计条件和设计现状条件，并对绿地规划用地范围内现有的植物资源作详细的调查，对于可利用的部分应在现状图中标注出来，在设计时将其考虑进去。

二、编制设计任务书阶段

根据调查研究的实际情况，结合甲方的设计要求和相关设计规范，编制设计任务书如下：

1.绿地规划设计目标

居住区绿地规划是城市园林绿地规划的重要组成部分，是改善城市生态环境中的重要环节，是城市点、线、面相结合中的"面"上的一环。随着生活水平的提高，人们不仅对居住建筑本身的要求越来越高，而且对居住环境的要求也越来越高。因此，把居民的日常生活与园林的观赏、游憩结合起来，使建筑艺术、园林艺术、文化艺术三者相结合体现到居住区建设当中，有着极其重要的意义。本设计以植物造景为主，突出生态效益，力求营造一个"四季常青，三季有花，两季挂果，整体美化，局部香化"的绿色居住空间，并适当体现文化内涵。

2.绿地规划设计内容

居住区绿地应结合其他用地统一规划，全面设计，形成和谐统一的整体，满足多种功能需要。具体设计内容如下：

（1）**总体规划设计**　根据总体规划设计原则，依据居住区建筑布局、周边环境和功能要求，确定合理的景观分区和功能分区，并依据绿地实际大小进行绿地规划设计，以满足各居住空间不同的功能要求。

（2）**景观规划设计**　在整体规划的前提下，进行景观空间序列的规划，确定不同的景观内容，以植物造景为主，合理设置硬质景观，以形成美观整洁的居住区环境，并根据景观特征为各景区、景点命名。

（3）**植物种植设计**　以本地树种为主，适当引进景观树种。要求乔、灌木结合，最大限度地提高三维绿量，做到季相分明、四季有景可观。

3. 绿地规划设计原则

结合居住区的现状以及相关设计规范，提出以下设计原则：

（1）严格按照居住区总体规划布局，在设计时坚持局部服从整体。

（2）现代园林与传统园林相结合，环境风格与居民特点相结合，以达到雅俗共赏的境界。

（3）以植物造景为主，创造出"四季常绿，三季有花，两季挂果，整体美化，局部香化"的景观效果，并注重突出四季景观的持久性和多样性。

三、绿地总体规划设计阶段

根据设计任务书中明确的规划设计目标、内容、原则等具体要求，着手进行总体规划设计。主要有以下三个方面的工作：

1. 功能分区

居住区绿地必须结合居住区的规模、建筑布局形式等具体情况进行功能区划，从而形成独特的规划设计布局。根据居住区的建筑布局特点，本设计按照居住区绿地规划用地的现状，将居住区绿地划分为五种绿地类型。

（1）**居住区小游园**　在居住区北侧设计以自然式为主的休闲绿地，自然配置各种乔、灌木，满足居民休息、交谈、晨练、夏日纳凉的要求。图4—2—44为居住区小游园绿地规划设计。

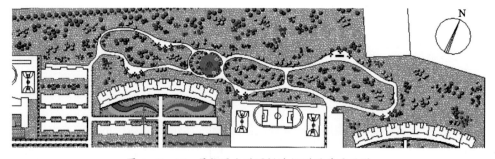

图4—2—44　居住区小游园绿地规划设计平面图

（2）**组团绿地**　该设计按照居住区道路的自然划分，将整个居住区分为五个组团。图4—2—45为居住区组团绿地规划设计。

（3）**宅旁绿地**　在设计时充分考虑室内通风、采光要求，并在植物配置时注重植物生长的生态要求，根据方位不同，适当选择耐阴树种，以保证绿地规划设计的可实施性。另外，由于居住区内的建筑采用行列式的布局，整个居住区的绿地以宅旁绿地为主，因此在设计时，均采用草坪型的宅旁绿地布局形式，以草坪加灌木拼图的形式为主，但在树种选择和拼图造型上尽量多样化。图4—2—46为居住区宅旁绿地规划设计。

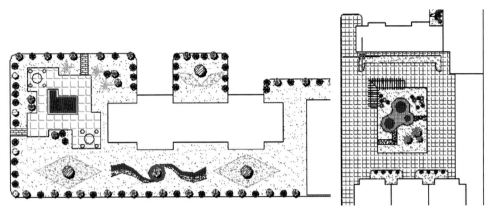

图 4—2—45 居住区组团绿地规划设计平面图

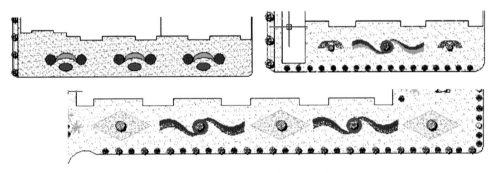

图 4—2—46 草坪型的居住区宅旁绿地规划设计平面图

（4）居住区道路绿地 在进行道路绿地设计时，根据居住区道路的等级不同，充分考虑到行车要求和居民的日常生活的需求，以本地树种为主，保证道路绿地的功能性和景观性。

本居住区的道路绿地规划重点为主入口的景观大道与临街的道路设计，在进行这两处道路的设计时，在满足功能要求的前提下，要特别注重道路的景观性与装饰效果。图4—2—47为居住区道路绿地规划设计。

（5）居住区公共设施绿地。居住区内的公共设施绿地主要包括位于居住区内的中学和小学校园的绿地规划设计，此内容将在模块五"单位附属绿地规划设计"中详细讲述。

2. 景观规划

本居住区在设计中运用了拟自然的混合布局手法，力求创造出既有时代气息又有自然情调的环境氛围，为居民营造一处集休息、活动、观赏于一体的户外活动空间。

根据居住区的建筑布局形式、绿地组成、现状条件等实际情况，通过认真分析可知，本居住区的绿地规划设计最重要的部分在于如何做好宅旁绿地与组团绿地的设计。

这类绿地规划设计的难点在于绿地以宅旁绿地为主，且面积都不大，因此，在设计时必须以植物造景为主，不便于体现小区的文化内涵。另外，由于宅旁绿地数量很多，若追求变化，则会增大设计难度，且把握不好容易显得杂乱；若运用同种模式，又显得单调且可识别性差。

　　针对以上情况，本设计按照居住区道路的自然划分，将整个居住区分为五个组团，在设计时对五个居住组团分别运用特色植物进行命名，这样使整个绿地既形成了统一风格，又通过植物的变化增强了环境的可"识别性"。具体的做法如图4—2—48所示。

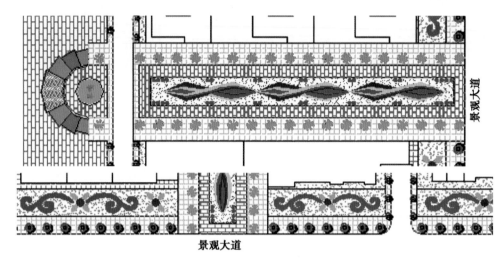

图4—2—47　景观大道与临街道路绿地规划设计平面图

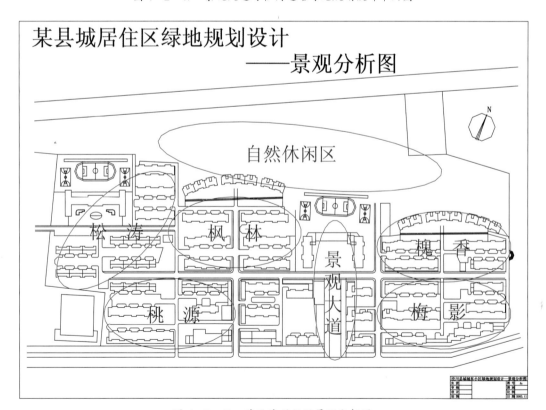

图4—2—48　某县城居住区景观分析图

（1）"桃源"组团 以碧桃、寿桃、樱花、连翘等春季观花的植物为主，适当配置大叶黄杨球、小龙柏球、金叶女贞、紫薇等植物，使整个绿地四季有景，并形成以"山花烂漫"的春景为特色的"桃源胜境"。

（2）"枫林"组团 以红枫、紫叶李等色叶植物为主，适当配置大叶黄杨球、小龙柏球、紫薇、白三叶等植物，使整个绿地四季有景，并形成"霜叶红于二月花"的秋季景观。

（3）"松涛"组团 以白皮松、油松等常绿植物为主，适当配置紫薇、樱花、栾树等植物，形成"松柏竞翠"的四季景观。

（4）"槐香"组团 以国槐、龙爪槐为主，适当配置小叶女贞球、洒金柏、紫叶李、栾树、龙柏球等植物，使整个绿地四季有景，并形成"槐香四溢"的夏季景观。

（5）"梅影"组团 以蜡梅、榆叶梅为主，适当配置月季、金叶女贞、洒金柏等植物，使整个绿地四季有景，并形成既有春景，又有"踏雪寻梅"之趣的冬季景观。

3.植物规划

在进行植物规划时，一定要结合在调查研究阶段所获取的有关自然条件方面的信息和资料进行植物种类的选择。本设计根据景观设计需要，植物规划拟定如下：

组团绿地的骨干树种为大雪松、白皮松、栾树、国槐。

组团绿地的基调树种为银杏、白玉兰、红叶李、蜡梅、紫薇、桂花、广玉兰、棕榈。

组团绿地的景观树种为国槐、龙爪槐、碧桃、连翘、红瑞木、棣棠、迎春、火棘、金银木、紫藤、凌霄、牡丹、月季、寿星桃、麦冬、玉簪等。

四、完成图样绘制

1.设计平面图

设计平面图中应包括所有设计范围内的绿地规划设计，要求能够准确地表达设计思想，图面整洁，图例使用规范。平面图主要表达功能区划、道路广场规划、植物种植设计等平面设计。该居住区绿地规划设计平面图如图4—2—49所示。

2.景观分析图

为了更好地表达设计意图，清晰地表达景观设计布局，要求绘制景观分析图。

3.重点景观立面图

为了更好地表达设计思想，在居住区绿地规划设计中要求绘制出主要景观、主要观赏面的立面图。在绘制立面图时应严格按照比例表现硬质景观、植物以及两者间的相互关系，植物景观按照成年后最佳观赏效果时期来表现。立面图主要表达地形、建筑物、构筑物、植物等立面设计。

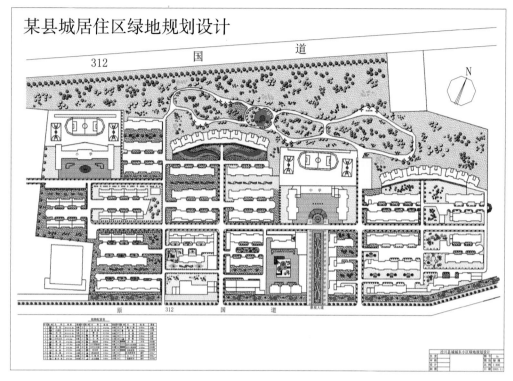

图 4—2—49　居住区绿地规划设计平面图

4. 效果图

效果图是为了能够更直观地体现规划理念和设计主题，一般分为全局的鸟瞰图和局部景观效果图。学习绿地规划设计时常要求绘制效果图，在绘制时应注意选择合适的视角，真实地反映设计效果。

5. 植物设施表

植物设施表以图表的形式列出所用植物材料、建筑设施的名称、图例、规格、数量及备注说明等。图 4—2—50 为该居住区绿地规划设计植物配置表。

植物配置表

序号	图例	名称	规格	数量	序号	图例	名称	规格	数量	序号	图例	名称	规格	数量
1		雪松	H=2.0~2.5 m	38棵	13		白玉兰	d=4.0 cm	60棵	25		榆叶梅	G=80 cm	83棵
2		白皮松	H=2.0~2.5 m	78棵	14		金丝柳	d=4.0 cm	41棵	26		碧桃	G=80 cm	141棵
3		油松	H=2.0~2.5 m	72棵	15		樱花	d=3.0 cm	56棵	27		寿桃	G=80 cm	20棵
4		蜀桧	H=2.0~2.5 m	108棵	16		紫薇	d=3.0 cm	76棵	28		连翘	G=80 cm	85棵
5		大叶女贞	d=4.0 cm	63棵	17		红枫		111棵	29		蜡梅	G=80 cm	28棵
6		银杏	d=4.0 cm	127棵	18		龙柏球	G=60 cm	35棵	30		月季	二年生	1 600棵
7		国槐	d=5.0 cm	127棵	19		大叶黄杨球	G=80 cm	60棵	31		金叶女贞拼图	G=25 cm	14 400棵
8		合欢	d=4.0 cm	18棵	20		小叶女贞球	G=80 cm	551棵	32		红叶小檗拼图	G=25 cm	12 500棵
9		栾树	d=6.0 cm	430棵	21		桂花球	G=60 cm	36棵	33		龙柏拼图	G=25 cm	44 200棵
10		法桐	d=6.0 cm	110棵	22		洒金柏球	G=60 cm	51棵	34		红花酢浆草	播种	1 250 m²
11		龙爪槐	d=4.0 cm	29棵	23		石楠球	G=80 cm	140棵	35		白三叶	播种	1 600 m²
12		紫叶李	d=4.0 cm	286棵	24		丛生紫薇	G=80 cm	123棵	36		混播草坪	播种	28 300 m²

图 4—2—50　居住区绿化设计植物配置表

6.设计说明书

设计说明书（文本）主要包括项目概况、规划设计依据、设计原则、艺术理念、景观设计、植物配置等内容，以及补充说明图纸无法表现的相关内容。

 思考与练习

1.简述居住区绿地规划设计的程序。

2.居住小区游园在设计时都可安排哪些内容？

3.如何通过植物造景来体现小区的景观？

模块五

单位附属绿地规划设计

课题一
校园绿地规划设计

 任务目标

◇掌握校园绿地的用地组成及环境特点

◇掌握校园绿地规划设计的基本原则

◇能够准确进行服务对象的特点分析

◇能够根据设计要求及学校特点完成校园绿地总体规划

◇能够结合各功能区的特点合理进行景观设计和植物种植规划

◇能够按照规范完成设计图样的绘制

◇掌握设计说明书的编制方法

 任务提出

如图 5—1—1 所示是河南林业职业学院西区平面图。现根据学校绿地现状、学院特色和相关绿地设计规范等，在充分满足功能要求、安全要求和景观要求的前提下完成该校园绿地规划设计。

任务分析

完成该校园绿地规划设计任务，要分为四个阶段进行。

第一阶段，调查研究阶段。了解当地自然环境、社会环境、学校特色、绿地现状等设计条件，通过与甲方座谈，深入了解甲方的规划目的、设计要求等，以便于设计者把握设计思路，为编制设计任务书提供依据。第二阶段，编制设计任务书阶段。根据调查研究的

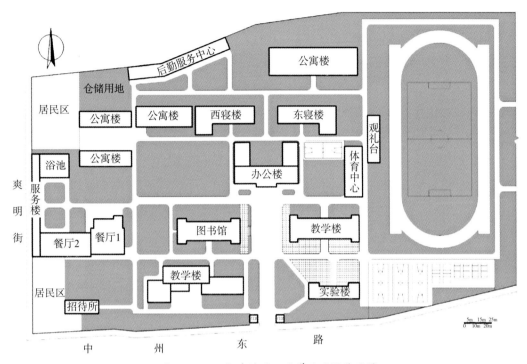

图 5—1—1 河南林业职业学院西区平面图

实际情况，结合甲方的设计要求，编制设计任务书。第三阶段，总体规划设计阶段。根据任务书中明确的规划设计目标、内容、原则等具体要求，着手进行总体规划设计。总体规划设计主要有功能分区、景观规划和植物规划。第四阶段，局部详细设计阶段。根据确定后的总体规划设计方案，对各绿地局部进行详细设计。局部详细设计工作主要包括各功能区绿地景观规划设计和植物种植设计。

 相关知识

一、高校园林绿地组成

高校一般面积较大，总体布局形式多样。由于学校规模、专业特点、办学方式以及周围社会条件的不同，其功能分区的设置也不尽相同，一般可分为教学科研区、学生生活区、体育运动区、后勤服务区及教工生活区等。图 5—1—2 为某大学功能分区图。

根据功能分区，高校校园绿地由以下几部分组成：

1. 教学科研区绿地

教学科研区是学校的主体，包括教学楼、实验楼、图书馆以及行政办公楼等建筑。该区也常常与学校大门主出入口综合布置，体现学校的办学理念和特色。教学科研区要保持

安静的学习与研究环境，其绿地多沿建筑周围、道路两侧呈条带状或团块状分布。如图 5—1—3 所示。

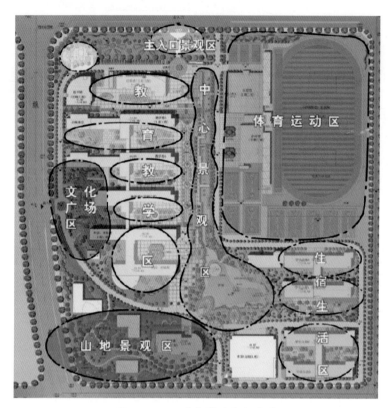

图 5—1—2   某大学功能分区图

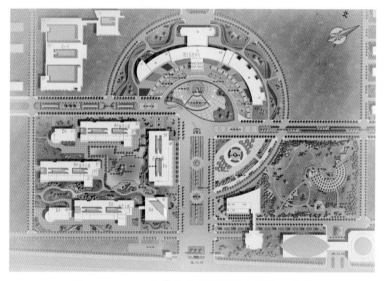

图 5—1—3   某大学教学科研区绿地设计效果图

2. 学生生活区绿地

该区是学生生活、活动区域，分布有学生宿舍、学生餐厅、浴室、商店等生活服务设施及部分体育活动器械。有的学校也将学生体育活动中心设在学生生活区内或附近。该区与教学科研区、体育运动区、校园文化景区、城市交通及商业服务有密切联系。该区绿地沿建筑、道路分布，比较零碎、分散。

3. 体育运动区绿地

高校的体育活动场所是校园的重要组成部分，是培养学生德、智、体、美、劳全面发展的重要场所之一，其内容包括大型体育场馆和操场，游泳池、馆，各类球场及器械运动场等。除足球场草坪外，该区绿地沿道路两侧和场馆周边呈条带状分布。

4. 后勤服务区绿地

后勤服务区分布着为全校提供水、电、热的设备及各种仓库、维修车间等设施，占地面积大，管线设施多。该区既要有便捷的对外交通联系，又要离教学科研区较远，避免相互干扰。其绿地也是沿道路两侧及建筑场院周边呈条带状分布。

5. 教工生活区绿地

该区是教工生活、居住、活动区域，主要由居住建筑和道路组成，一般单独布置在校园一隅或分区设置，以求安静、清幽。其绿地分布同居住区。

6. 校园道路绿地

分布于校园中的道路系统，具有分隔各功能区和交通运输的功能。道路绿地位于道路两侧，除行道树外，道路外侧绿地与相邻的功能区绿地融合。

7. 休息游览区绿地

在校园的重要地段设置的集中绿化区或景区，质高境幽，创造出优美的校园环境，供师生休息、散步、学习、交往。该区绿地呈团块状分布，是校园绿地规划的重点部分。

二、高校园林绿地规划设计原则

1. 以人为本，创造良好的校园人文环境

校园环境生活的主体是人，即师生和员工。园林绿地作为校园的重要组成部分之一，其规划设计应树立营造人文空间的规划思想，处处体现以人为主体的规划形态。在校园园林绿地设计中根据不同部位、不同功能，因地制宜地创造多层次、多功能的园林绿地空间，供师生和员工工作、学习、交往、休息、观赏、娱乐、运动和居住。

2. 以自然为本，创造良好的校园生态环境

校园应是一个富有自然生机的、绿色的、良好生态状态的环境。校园绿地规划设计要结合其总体规划进行，强调绿色环境与人的活动及建筑环境的整合，体现人与自然共存的

理念，形成人的活动融入自然的有机运行的生态机制，充分尊重和利用自然环境，尽可能地保护原有的生态环境。

校园园林绿地应以植物绿化美化为主，园林建筑小品辅之。在植物选择配置上要充分体现生物多样性原则，以乔木为主，乔、灌木与花草结合，使常绿与落叶树种，速生与慢生树种，观叶、观花与观果树木，地被植物与草坪草地保持适当的比例，如图5—1—4所示。农、林院校还要把树木标本园的建设与校园园林绿化结合起来。例如，南京林业大学、山东农业大学、河南林业职业学院等校园中的树木花草，既是校园景观和生态环境的组成部分，又是教学实习的活标本。

图5—1—4　优美的高校校园生态环境

3. 把美写入校园，创造符合高校文化内涵的校园艺术环境

美的环境令人身心愉悦。高校校园是高文化环境，是社会文明的橱窗，校园的形象环境理应具有更深层次的美学内涵和艺术品位。校园环境既要传承文脉，显示出历史久远的印痕，又要体现新的时代特色。因此校园环境中不同院系的建筑、道路、绿地，在总体环境协调的前提下，也应具有各自的特点和个性。如图5—1—5所示。

图5—1—5　高校校园中突出育人氛围的景观小品

三、高校各区绿地规划设计要点

1. 校前区绿地规划

学校大门、出入口与办公楼、教学主楼组成校前区或前庭，是行人、车辆的出入之处，具有交通集散功能和展示校园文化、校容校貌及形象的作用。因此，校前区往往形成广场和集中绿化区，为校园重点绿化美化地段之一。

学校大门的绿地规划要与大门建筑形式、风格相协调，以装饰观赏为主，衬托大门及立体建筑，突出庄重典雅、朴素大方、简洁明快、安静优美的高等学府的文化氛围。

学校大门绿化设计以规则式绿地为主，以校门、办公楼或教学楼为轴线，大门外使用常绿花灌木形成活泼而开朗的入口景观，两侧花墙用藤本植物进行装饰配置。在学校四周围墙处，选用常绿乔灌木自然式带状布置，或以速生树种形成校园外围林带。大门外面的绿地规划要与街景一致，但又要体现学校特色。大门内在轴线上布置广场、花坛、水池、喷泉、雕塑和主干道，轴线两侧对称布置装饰或休息性绿地。在开阔的草地上种植树丛，点缀花灌木，自然活泼；或种植草坪及修剪整型的绿篱、花灌木，低矮开朗，富有图案装饰效果。在主干道两侧种植高大挺拔的行道树，外侧适当种植绿篱、花灌木，形成开阔的林荫大道，图5—1—6为某职业学院入口景观效果图。

图5—1—6　某职业学院入口景观效果图

2. 教学科研区绿地规划

教学科研区绿地规划主要满足全校师生教学、科研的需要，提供安静、优美的环境，也为学生的课间活动提供了绿色室外空间。教学科研主楼前的广场设计以大面积铺装为主，结合花坛、草坪，布置喷泉、雕塑、花架、园灯等园林小品，体现简洁、开阔的景观特色。

教学楼周围的基础绿带在不影响楼内通风、采光的条件下，多种植落叶乔、灌木。为满足学生休息、集会、交流等活动的需要，教学楼之间的广场空间应注意体现其开放性、综合性的特点，并具有良好的尺度和景观，以乔木为主，用花灌木点缀。绿地平面布局上要注意其图案构成和线形设计，以丰富的植物及色彩形成适合师生在楼上俯视的鸟瞰画面，立面要与建筑主体相协调，并衬托、美化建筑，使绿地成为该区空间的休闲主体和景观的重要组成部分。如图5—1—7、图5—1—8所示。

图5—1—7　某大学校园中教学科研区效果图　　图5—1—8　某大学教学科研区环境设计

　　大礼堂是集会的场所，正面入口前设置集散广场，绿地规划同校前区，空间较小，内容相应简单。礼堂周围基础栽植，以绿篱和装饰树种为主。礼堂外围可根据道路和场地大小，布置草坪、树林或花坛，以便人流集散（见图5—1—9）。实验楼的绿地规划同教学楼，还要根据不同实验室的特殊要求，在选择树种时综合考虑防火、防爆及空气洁净程度等因素。图书馆是图书资料的储藏之处，为师生教学、科学活动服务，也是学校标志性建筑，其周围的布局和绿地规划与大礼堂相似。

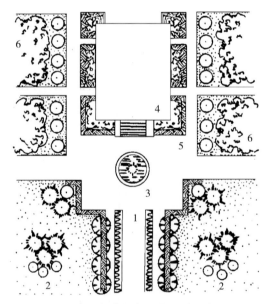

图5—1—9　大学礼堂绿地规划设计示例

1—花带　2—装饰性绿地　3—水池雕像　4—礼堂　5—基础种植　6—树林

3. 学生、教工生活区和后勤服务区生活区绿地规划

　　高校为方便师生工作、学习和生活，校园内设置有学生生活区、教工生活区、后勤服务区和各种服务设施。该区是丰富多彩、生动活泼的区域。生活区绿地规划应以校园绿地规划基调为前提，根据场地大小，兼顾交通、休息、活动、观赏诸多功能，因地制宜地进

行设计。食堂、浴室、商店、银行前要留有一定的交通集散及活动场地，周围可留基础绿带，种植花草树木，活动场地中心或周边可设置花坛或种植庭荫树。

学生生活区绿地规划可根据楼间距大小，结合楼前道路进行设计。楼间距较小时，在楼与楼之间只进行基础栽植或硬化铺装。场地较大时，可结合行道树，形成封闭式的观赏性绿地（见图5—1—10）；或布置成庭园式休闲性绿地，铺装地面、花坛、花架、基础绿带和庭荫树池结合，形成良好的学习、休闲场地（见图5—1—11）。

教工生活区绿地规划可参阅居住区绿地中的宅旁绿地设计。

后勤服务区绿地规划同生活区，同时还要根据水、电、热力及各种仓库、维修车间等管线和设施的特殊要求，在选择配置树种时，综合考虑防火、防爆等因素。

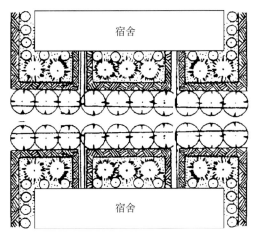
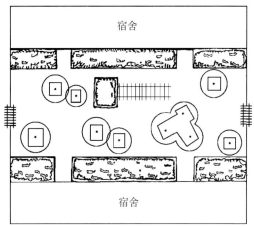

图5—1—10　宿舍楼周边封闭式绿地规划平面图　　图5—1—11　宿舍楼周边庭园式绿地规划平面图

4. 体育运动区绿地规划

体育运动区在场地四周栽植高大乔木，下层配置耐阴的花灌木，形成一定层次和密度的绿荫，能有效地遮挡夏季阳光的照射和冬季寒风的侵袭，减弱噪声对外界的干扰（见图5—1—12）。为保证运动员及其他人员的安全，运动场四周可设围栏。在适当之处设置座凳等休息设施，供人们观看比赛。设座凳处可植乔木造荫。室外运动场的绿地规划不能影响体育活动和比赛以及观众的观赏视线，应严格按照

图5—1—12　某大学体育运动区绿地规划效果图

体育场地及设施的有关规范进行。体育馆建筑周围应因地制宜地进行基础绿带绿化。

5. 道路绿地规划

校园道路两侧行道树应以落叶乔木为主，构成道路绿地的主体和骨架，浓荫覆盖，有利于师生们工作、学习和生活。在行道树外侧种植草坪或点缀花灌木，形成色彩多样、层次丰富的道路景观。如图5—1—13所示。

图 5—1—13　校园内优美的道路景观

6. 休息游览区绿化

一般在校园的重要地段设置花园式或公园式绿地，供师生休闲、观赏、游览和读书。另外，高校中的花圃、苗圃、气象观测站等科学实验园地，以及植物园、树木园也可以以园林形式布置成休息游览绿地。

休息游览绿地规划设计的构图形式、内容及设施，要根据场地的地形地势、周围道路、建筑等环境综合考虑，因地制宜地进行（见图5—1—14、图5—1—15）。具体设计可参阅本书其他模块中小游园设计的有关内容。

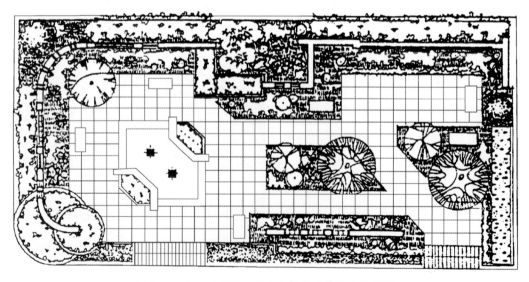

图 5—1—14　多样统一的校园休息游览绿地平面图

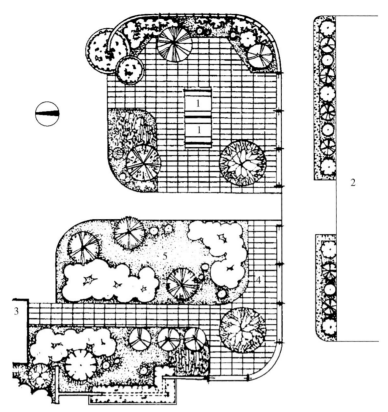

图 5—1—15　以学为主题的校园休息游览绿地平面图

1—书亭　2—办公室　3—传达室　4—铺装地面　5—草地

任务实施

在掌握了必要的理论知识之后，根据园林规划设计的程序以及校园绿地规划设计的特点，完成河南林业职业学院西区的绿地规划设计。

一、调查研究阶段

1. 自然环境

调查学校所在地的水文、气候、土壤、植被等自然条件。例如，该学院坐落在河南省洛阳市，地处豫西北丘陵干热少雨区，年平均气温 14℃，最高气温 44.2℃，最低气温 –18.2℃，无霜期 220～230 天，年降水量为 600～800 mm，校园内地势平坦，土壤为沙壤土，略偏碱，较肥沃。

2. 社会环境

调查学校所在地的历史、人文、风俗传统、学校性质、校史校训、行业特色等。例如，该学院主要承担着河南省的林业、园林、生态环境的高等职业教育任务。学院于 1951

年建校，办学历史悠久，全日制在校生6 000余人。洛阳为十三朝古都，市花是牡丹，每年4月至5月举办中国洛阳牡丹文化节。

3. 绿地现状的调查

通过现场踏查，明确规划设计范围，收集设计资料，掌握绿地现状，绘制相关现状图等。例如，该学院占地面积约22.7万 m²，本次规划设计范围约15.3万 m²，学校东区为树木标本园和苗圃。

二、编制设计任务书阶段

根据调查研究的实际情况，结合甲方的设计要求和相关设计规范，编制设计任务书如下：

1. 绿地规划设计目标

为绿化美化校园大环境，加强校园文化建设，创造浓荫覆盖、花团锦簇、清洁卫生、安静清幽的校园环境，提供良好的环境景观和场所，满足师生文化、娱乐、休憩的需要，学院决定对校园西区重新进行绿地规划设计。设计要求新颖别致，美观大方，充分展现校园文化，满足师生日常的活动与游憩，以植物造景为主，适当设置硬质景观，并在合适位置设置一处水景，校园景观规划要与原有景观融为一体。

2. 绿地规划设计内容

学校绿地应结合其他用地统一规划、全面设计，形成和谐统一的整体，满足多种功能需要。具体设计内容如下：

（1）总体规划设计　根据总体规划设计原则，依据建筑布局、周边环境和功能要求，确定合理的功能分区。根据各功能区的特点，依据绿地实际大小，规划设计不同的活动场地，以满足各空间和区域的功能要求。

（2）景观规划设计　在整体规划的前提下，进行景观空间序列的规划，确定不同的景观内容，以植物造景为主，合理设置硬质景观，以形成美观整洁的校园环境，并根据景观特征为各景区、景点命名。

（3）植物种植设计　以本地树种为主，适当引进景观树种。要求乔灌结合，疏密变化有致。要体现孤植、丛植、群植等种植形式的景观效果，展现丰富多变的林缘线和林冠线，做到季相分明，四季有景可观。通过植物造景为师生营造一个休憩、学习的环境。

三、绿地总体规划设计阶段

根据任务书中明确的规划设计目标、内容、原则等具体要求，着手进行绿地总体规划设计。主要有以下三个方面的工作。

1. 功能分区

根据该学院原有建筑布局的特点和各建筑的功能定位，将校园西区绿地划分为行政办公区绿地、教学科研区绿地、学生生活区绿地、体育运动区绿地和休息游览区绿地（见图5—1—16）。具体功能分区和功能定位情况如下：行政办公区绿地包括学院大门、中心广场和办公楼等建筑，该区是学院的门户和标志。教学科研区绿地包括教学楼、实验楼、图书馆等建筑，该区绿地主要为教学科研区服务。学生生活区绿地包括学生公寓、餐厅、浴室、后勤服务楼等建筑，该区占地面积大，绿地分散。体育运动区绿地包括体育中心、观礼台、田径运动场和各类球场及器械运动场等。休息游览区绿地在校园中心位置，对原有绿地重新进行规划设计，形成中心花园。道路绿地位于道路两侧，除行道树外，道路外侧绿地要与相邻的功能区绿地融合。

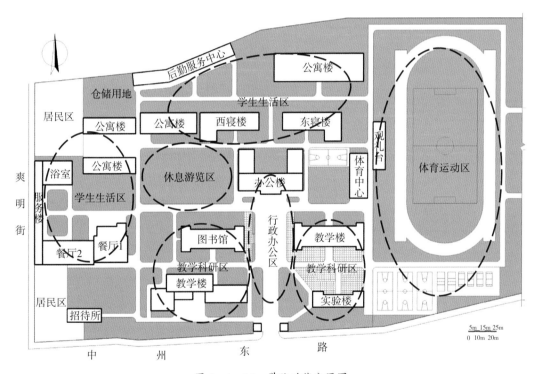

图 5—1—16 学院功能分区图

2. 景观规划

根据总体布局、功能分区、教学特点等实际，结合洛阳地域文化、校园文化等理念，形成以下景观规划设计的总体构思（见图5—1—17）。

景观轴：一横一纵，通过道路、广场、种植等形成景观轴线。

景观视线：呈放射状分布，包括各个建筑形成的对视，以及由建筑向绿地形成的透景线。

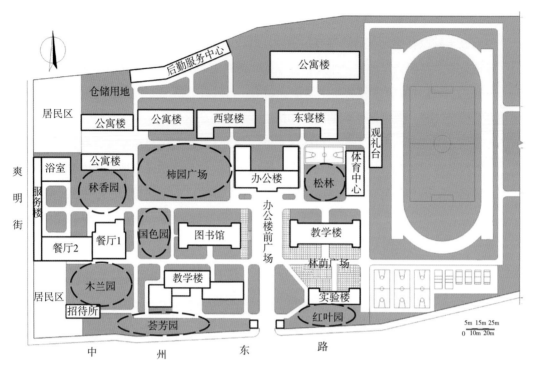

图 5—1—17　学院景观规划图

景观节点：办公楼前广场、红叶园、荟芳园、国色园、柿园广场、秾香园、松林、木兰园、林荫广场等组成各景观节点，形成不同主题和季相的景观空间。例如，国色园以种植牡丹为主，体现洛阳牡丹文化；柿园广场谐音"师缘"，寓意师生同心，缘定林业之意；秾香园谐音"书香"，种植林果植物，象征林业学子桃李满天下。

3. 植物规划

洛阳市地处北亚热带与暖温带的过渡地带，兼有南北气候之长，气候温和，雨量充沛，光照充足，适合大部分华北地区和华中地区植物生长，可应用的植物资源兼具南北特色。同时考虑到林业院校的教学特点，植物选择要兼顾景观和教学的双重性。特拟订规划如下：

校园的骨干树种为大叶女贞、雪松、栾树、悬铃木。

校园的基调树种为银杏、白玉兰、柿树、红叶李、蜡梅、紫薇、桂花、广玉兰、棕榈。

校园的景观植物为国槐、龙爪槐、碧桃、连翘、红瑞木、棣棠、迎春、火棘、金银木、紫藤、凌霄、牡丹、月季、寿星桃等。

四、绿地局部详细设计阶段

1. 各功能区绿地设计

（1）行政办公区绿地　该区布局多采用规则而开朗的手法，以装饰性绿地为主，规划

设计要形成宁静、美丽、庄重、大方的校园氛围。办公楼前广场位于办公楼前面，通过对现状的分析，规划有标志雕塑、组合喷泉、景观墙等，取名"希望之星"广场（见图5—1—18）。标志雕塑采用不锈钢材料制成，取名"腾飞"（见图5—1—19）。学生是祖国的未来和希望，把这一主题设置在整个空间的中心，并通过喷泉来表现当代学生无限的原动力，周边用不同颜色的花带组成一个光环，寓意"希望之星"就像冉冉升起的太阳，照亮了未来。

图5—1—18 "希望之星"广场效果图　　图5—1—19 "腾飞"雕塑

在主入口设机动车停车场和自行车停车场。停车场地设计为绿荫停车场，在车位周围种植大乔木，停车位设计为嵌草铺装，如图5—1—20、图5—1—21所示。

图5—1—20 嵌草铺装停车场　　　　图5—1—21 简洁明快的存车处

（2）教学科研区绿地　教学科研区作为一个学校的主体，应力求从文化内涵上反映学校的特征，给人以教育和启迪。该区绿地沿建筑周围布置，植物配置要保证室内的通风、采光等基本要求，营造安静的学习与研究环境。

空间布局结合实际进行合理的规划设计，最大限度地为学生、教师提供读书及各种活动的场所和设施。规划在实验楼北侧形成较大型的铺装场地，设计为绿荫广场，效果如图5—1—22所示。

在教学楼南侧荟芳园中设计游憩性道路广场，内设花坛、景石等以突出主题，供学生课间休息使用。

图5—1—22　绿荫广场效果图

（3）学生生活区绿地　该区力求通过绿地规划设计和景观营造，形成生活便利、温馨舒适、功能完备的生活空间。如图5—1—23所示。

图5—1—23　学生生活区绿地规划

（4）体育运动区绿地　该区利用地形设计为下沉式运动场，如图5—1—24所示。除足球场草坪外，绿地沿道路两侧和场馆周边呈条带状分布，在保证不影响运动项目开展的前提下，根据绿地现状进行装饰性绿化，如图5—1—25所示。

（5）休息游览区绿地　该区绿化景观要质高境幽，满足师生休息散步、文化娱乐、陶冶情操等需求。

柿园广场位于办公楼西侧，规划有景观雕塑——"生命无限"（见图5—1—26）、旱喷泉（见图5—1—27）、景题式置石（见图5—1—28）和卵石地饰铺装。

图5—1—24 利用地形设计为下沉式运动场　图5—1—25 运动场周边装饰绿地

图5—1—26 "生命无限"主题雕塑效果图

图5—1—27 旱喷泉　　　　　　　图5—1—28 景题式置石

2. 植物种植设计

植物配置上紧扣设计思想，既多样变化，又整齐统一，利用植物材料本身的树形、花果色彩的差异和变化划分不同景区。本次规划相对集中地选用了能够体现基本特色的树种，或垂柳，或红枫，或绿杨，以突出每个景区的特色，形成和谐完美的艺术形象。

绿地规划中应突出自然的特色，着重配置观花的乔木、灌木、草和地被植物。规划时，保留了现有大乔木，在近期成为绿化景观的主体形象；植物主要选择洛阳地区的本地

树种；沿步道以竹径、花径为主要特色景观。

各游憩绿地的植物配置力求群落式栽植，植物选择枝形优美，冠大，病虫害少，无毒、无刺激性、易长、易管的本地树种，满足丰实度要求。

所有的车行道和人行步道两侧均种植冠大、遮阴好的落叶乔木。林荫道、中心绿地及楼前绿地种植50%的成树，使人们提前10~20年享受成熟绿地的环境。除平面种植外，重视垂直绿化，增加绿地覆盖率。精心选择植物材料，使四季景观变化丰富。

行道树按花园式林荫大道布置，把过路的行人与休息、运动的学生分开，避免了相互干扰，有利于为学生创造一个良好的休息和运动的室外空间。成行成排的行道树强化了校园的景观轴线，成为视觉走廊，是校园的主要透景线。

植物配置季相明确，春天赏花，秋季观叶，夏季行走于林荫道，冬季植物不遮蔽阳光，形成四季有景可观的植物景观，详细设计如下：

（1）春季景观

1）荟芳园。位于教学楼南侧花园，广植金丝垂柳和春花灌木碧桃、紫叶李、樱花、连翘、迎春等，春季桃花、李花开满枝头，寓意"桃李满天下"。

2）国色园。位于图书馆西侧，主景以牡丹为主，配以春花小乔木和春花灌木，如西府海棠、芍药、月季等。牡丹国色天香，雍容华贵，以展示洛阳地域文化。

3）木兰园。位于餐厅南侧，自然式栽植白玉兰、广玉兰、二乔玉兰等，形成"春色满园关不住"之景，将春天的信息传递给人们，"一年之计在于春"，鼓励学生抓住大好时机，努力学习。

（2）夏季景观

1）柿园广场。位于办公楼西侧，以柿树为主，种植夏花乔灌木，如大叶女贞、银杏、合欢、紫薇、石榴等。入夏后，繁花杂陈，林木浓郁，苍翠之中尽显校园环境的安逸与静谧。

2）林荫广场。位于实验楼北侧，种植核桃树、合欢等形成林荫，夏季浓荫匝地，营造成学生读书休憩的安静空间。

（3）秋季景观

1）红叶园。位于实验楼南侧，种植红叶及秋叶、秋花植物，如红叶李、红枫、银杏、乌桕等树种，间植桂花、红瑞木、棣棠、龙爪槐等形成围合空间，处处生趣盎然。银杏的苍劲枝干，红瑞木的红枝，棣棠的绿枝，以及龙爪槐的虬枝，给校园平添了几分情趣。

2）秋香园。位于餐厅北侧，以观果树种为主，表现果实挂满枝头的景象，寓意教师和学生在这里都能取得成果。桃、李、金银木、海棠、枸骨、板栗、枣等植物配置高低错落，相映成趣。

（4）**冬季景观**　松林位于办公楼东侧，以雪松、云杉、沙地柏等为主，四季常青，冬季在白雪的映衬下，别具一格。

五、图样绘制阶段

根据学校绿地规划设计的相关知识和设计要求，完成该学院绿地规划设计。设计图纸应包括内容如下：

1. 设计平面图

设计平面图中应包括所有设计范围内的绿地规划设计，要求能够准确地表达设计思想，图面整洁，图例使用规范。平面图主要表达功能区划、道路广场规划（见图5—1—29）、景点景观布局、植物种植设计（见图5—1—30）等平面设计。

2. 立面图

为了更好地表达设计思想，在学校绿地规划设计中要求绘制出主要景观、主要观赏面的立面图。在绘制立面图时应严格按照比例表现硬质景观、植物以及两者间的相互关系，植物景观按照成年后最佳观赏效果时期来表现。立面图主要表达地形、建筑物、构筑物、植物等立面设计。

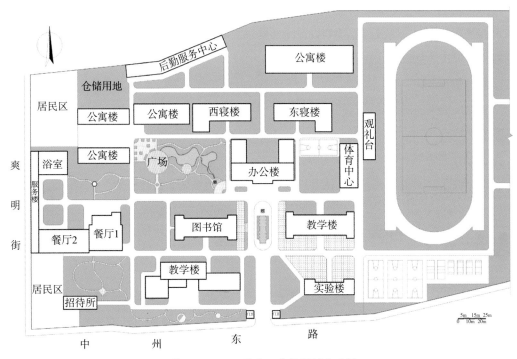

图5—1—29　道路、广场规划平面图

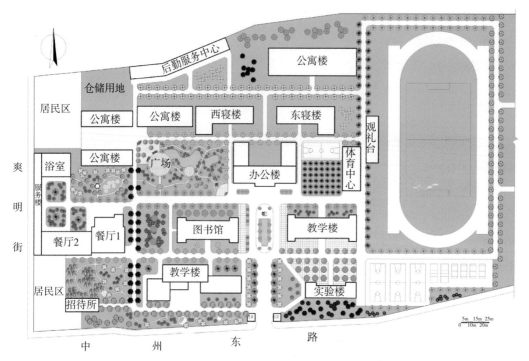

图 5—1—30　植物种植设计图

3. 效果图

效果图是为了能够更直观地体现规划理念和设计主题而绘制，一般分为全局的鸟瞰图和局部景观效果图。学校绿地规划设计时常要求绘制出效果图，在绘制时应注意选择合适的视角，真实地反映设计效果。

4. 植物设施表

植物设施表以图表的形式列出所用植物材料、建筑设施的名称、图例、规格、数量及备注说明等。

5. 设计说明书

设计说明书（文本）主要包括项目概况、规划设计依据、设计原则、艺术理念、景观设计、植物配置等内容，以及补充说明图纸无法表现的相关内容。

知识链接

一、幼儿园绿地设计

一般正规的幼儿园包括室内活动和室外活动两部分，根据活动要求，室外活动场地又分为公共活动场地、自然科学基地和生活杂务用地，如图 5—1—31、图 5—1—32 所示。

图 5—1—31　某幼儿园规划设计鸟瞰图

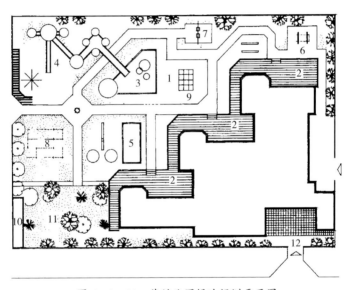

图 5—1—32　某幼儿园绿地规划平面图

1—公共活动场地　2—班组活动场地　3—涉水池　4—综合游戏设施　5—沙坑　6—浪船
7—秋千　8—尼龙绳网迷宫　9—攀登架　10—动物房　11—植物园　12—杂物院

　　公共活动场地是儿童游戏活动场地，也是幼儿园重点绿化区。该区绿地规划应根据场地大小，结合各种游戏活动器械的布置，适当设置小亭、花架、涉水池、沙坑。在活动器械附近，以遮阳的落叶乔木为主，角隅处适当点缀花灌木，场地应开阔通畅，不能影响儿童活动。

　　菜园、果园及小动物饲养地，是培养儿童热爱劳动、热爱科学的基地。有条件的幼儿园可将其设置在全园一角，用绿篱隔离，里面种植少量果树等经济植物或饲养少量家畜家禽。

　　整个室外活动场地应尽量铺设耐践踏的草坪，在周围种植成行的乔灌木，形成浓密的防护带，起防风、防尘和隔离噪声的作用。幼儿园绿地植物的选择，要考虑儿童的心理特点和身心健康，要选择形态优美、色彩鲜艳、适应性强、便于管理的植物，禁用有飞毛、毒、刺及引起过敏的植物，如花椒、黄刺玫、漆树、凤尾兰等。同时，建筑周围注意通风采光，5 m 内不能种植高大乔木。

二、中小学绿地设计

中小学用地分为建筑用地（包括办公楼、教学及实验楼、广场道路及生活杂务场院）、体育场地和自然科学实验用地等，如图 5—1—33 所示。

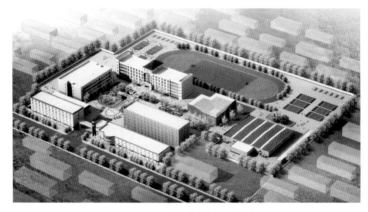

图 5—1—33　某中学校园鸟瞰图

中小学建筑用地绿化往往沿道路两侧、广场、建筑周边和围墙边呈条带状分布，以建筑为主体，绿化起衬托、美化作用。因此绿地规划设计既要考虑建筑物的使用功能，如通风采光、遮阳、交通集散，又要考虑建筑物的形状、体量、色彩和广场、道路的空间大小。大门出入口、建筑门厅及庭园，可作为校园绿地规划的重点，结合建筑、广场及主要道路进行绿地规划布置，注意色彩、层次的对比变化，建花坛，铺草坪，植绿篱，配置四季花木，衬托大门及建筑物入口空间和正立面景观，丰富校园景色。建筑物前后做低矮的基础栽植，5 m 内不种植高大乔木。两山墙外植高大乔木，以防日晒。庭园中也可植乔木，形成庭荫环境，设置乒乓球台、阅报栏等文体设施，供学生课余活动之用。校园道路绿化，以遮阳为主，植乔灌木。

体育场地主要供学生开展各种体育活动时使用。一般小学操场较小，或以楼前后的庭园代替。中学单独设立较大的操场，可划分标准运动跑道、足球场、篮球场及其他体育活动用地。运动场周围植高大遮阳落叶乔木，少种花灌木。地面铺草坪（除道路外），尽量不硬化。运动场要留出较大空地供活动用，空间通视，保证学生安全和体育比赛的进行。

学校周围沿围墙植绿篱或乔灌木林带，与外界环境相隔离，避免相互干扰。中小学绿地规划树种选择与幼儿园相同。树木应挂牌，标明树种名称，便于学生学习科学知识。

 思考与练习

1. 根据功能分区，高校校园绿地一般由哪几部分组成？
2. 对所在学校的校园绿地进行功能区划，总结所在学校的绿地规划特点。
3. 结合学校实际，讨论教学科研区的规划设计要点。
4. 简述学生生活区规划设计的形式。

课题二

工厂绿地规划设计

 任务目标

◇掌握工厂绿地的用地组成及环境特点

◇熟练掌握工厂绿地规划设计的基本原则

◇熟练掌握工厂绿地规划设计的程序与特点

◇能够根据工厂现状条件，准确、合理地进行树种选择

◇能够根据设计要求及环境特点，完成工厂各分区的绿地规划设计

◇重点掌握厂前区的景观构思与生产区的种植规划

◇能够按照规范完成设计图纸的绘制

任务提出

如图5—2—1所示为北方某市新建成的东城热电厂平面布置图。该热电厂占地约60 000 m²，设计总装机容量为4.9万 kW。现要求根据热电厂的生产特点和相关绿地设计规范等要求，在充分满足环境保护、卫生防护、生产安全等要求的前提下，结合绿地现状完成厂区绿地规划设计。

任务分析

通过对图纸和设计要求的分析，要完成该厂区绿地规划设计任务，需要分为三个阶段进行。

第一阶段：调查研究阶段。调查企业生产特点及主要污染物、绿地现状等，确定绿地规划设计的基本原则。第二阶段：总体规划设计阶段。总体规划包括分区规划和树种规划。分区规划是指根据企业生产流程、工艺要求、环境特点等确定功能分区，并明确各绿地的功能和景观规划的设计理念等。树种规划是指根据企业污染特点，结合当地自然条件和植被类型，确定绿地规划的骨干树种和景观树种。第三阶段：局部详细设计阶段。完成工厂绿地各组成部分的设计及设计图纸的绘制。

 相关知识

一、工厂绿地规划特点

工厂绿地与其他园林绿地相比，环境条件有其相同的部分，也有其特殊的部分。认识工厂绿地环境条件的特殊性，有助于正确选择绿地规划植物，合理进行规划设计，满足功能和服务对象的需要。

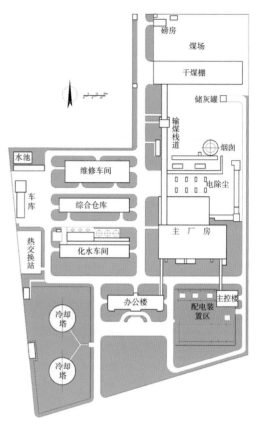

图 5—2—1　北方某市东城热电厂平面图

1. 环境恶劣

工厂企业在生产过程中常常排放各种有害于人体健康和植物生长的气体、粉尘、烟尘和其他物质，使空气、水、土壤受到不同程度的污染。虽然人们采取各种环保措施进行治理，但由于经济条件、科学技术和管理水平的限制，污染还不能被完全杜绝。另外，由于工业用地尽量不占耕地良田，加之工程建设及生产过程中材料堆放、废物排放等，使土壤结构、化学性能和肥力都较差。因而，工厂绿地的气候、土壤等环境条件对植物生长发育是不利的，在有些污染性大的厂矿甚至是恶劣的，这也相应增加了绿地规划的难度。这就要求在规划时根据不同类型、不同性质的企业，慎重选择适应性强、抗性强、耐恶劣环境的花草树木，并采取措施加强管理和保护，否则会出现植物死亡、事倍功半的结果。

2. 用地紧张

工厂企业内建筑密度大，道路、管线及各种设施纵横交错，尤其是城镇中小型工厂，绿地规划用地往往很少。因此，工厂绿地规划要"见缝插绿""找缝插绿""寸土必争"，

灵活运用绿化布置手法，争取较多的绿化用地。如在混凝土地面上砌台栽花，挖坑植树，墙边栽植攀缘植物垂直绿化，开辟屋顶花园空中绿化等，都是增加工厂绿地面积行之有效的办法。

3. 保证生产安全

工厂的中心任务是发展生产，为社会提供质优量多的产品。工厂企业的绿地规划要有利于生产正常运行，有利于产品质量提高。厂区地上、地下管线密布，可谓"天罗地网"，建筑物、构筑物、铁道、道路交叉如织，厂内外运输繁忙。有些精密仪器厂、仪表厂、电子厂的设备和产品对环境质量有较高的要求。因此，工厂绿地规划首先要处理好与建筑物、构筑物、道路、管线的关系，保证生产运行的安全，既要满足设备和产品对环境的特殊要求，又要使植物能有较正常的生长发育条件。

一般情况下，车间周围的绿地设计，首先要考虑有利于生产和室内通风采光，距车间 6~8 m 内不宜栽植高大乔木，其次要把车间出入口两侧绿地作为重点绿化美化地段。各类车间生产性质不同，各具特点，必须根据车间具体情况因地制宜地进行绿地规划设计。各类生产车间周围绿化特点及设计要点见表 5—2—1。

表 5—2—1　　　各类生产车间周围绿地规划特点及设计要点

车间类型	绿地规划特点	设计要点
精密仪器车间、食品车间、医药卫生车间、供水车间	对空气质量要求较高	以栽植藤本、常绿树木为主，铺设大块草坪，选用无飞絮、种毛、落果及不易掉叶的乔灌木和杀菌能力强的树种
化工车间、粉尘车间	有利于有害气体、粉尘的扩散、稀释或吸附，起隔离、分区、遮蔽作用	栽植抗污、吸污、滞尘能力强的树种，以草坪、乔灌木形成一定空间和立体层次的屏障
恒温车间、高温车间	有利于调节和改善小气候环境	以草坪、地被物、乔灌木混交，形成自然式绿地。以常绿树种为主，花灌木色淡味香，可配置园林小品
噪声车间	有利于减弱噪声	选择枝叶茂密、分枝低的乔灌木，以常绿落叶树木组成复层混交林带
易燃易爆车间	有利于防火、防爆	栽植防火树种，以草坪和乔木为主，不栽或少栽花灌木，以利于可燃性气体稀释、扩散，并留出消防通道和场地
露天作业区	起隔音、分区、遮阴作用	栽植大树冠的乔木混交林带
暗室作业车间	形成幽静、荫蔽的环境	搭荫棚，或栽植枝叶密的乔木，以常绿乔木、灌木为主

仓库区的绿地规划设计，要考虑消防、交通运输和装卸方便等要求，选用防火树种，禁用易燃树种，疏植高大乔木，间距7~10 m，绿地规划布置宜简洁。在仓库周围留出5~7 m宽的消防通道。装有易燃物的储罐，周围应以草坪为主，防护堤内不种植物。露天堆物场绿地规划，在不影响物品堆放、车辆进出、装卸的条件下，周边栽植高大、防火、隔尘效果好的落叶阔叶树，以利夏季工人遮阴休息，外围加以隔离。

二、工厂绿地组成

1. 厂前区绿地

厂前区由道路广场、出入口、门卫收发、办公楼、科研实验楼、食堂等组成，它既是全厂行政、生产、科研、技术、生活的中心，也是职工活动和上、下班集散的中心，同时还是连接市区与厂区的纽带。厂前区绿地为广场绿地、建筑周围绿地等。厂前区面貌体现了工厂的形象和特色。

厂前区的绿地规划要美观、整齐、大方、开朗明快，给人以深刻印象，还要方便车辆通行和人流集散。绿地设置应与广场、道路、周围建筑及有关设施（如光荣榜、画廊、阅报栏、黑板报、宣传牌等）相协调，一般多采用规则式或混合式。植物配置要和建筑立面、形体、色彩相协调，与城市道路相联系。种植类型多用对植和行列式，因地制宜地设置林荫道、行道树、绿篱、花坛、草坪、喷泉、水池、假山、雕塑等。入口处的布置要富于装饰性和观赏性，强调入口空间。建筑周围的绿地规划还要处理好空间艺术效果、通风、采光、各种管线等的关系。广场周边、道路两侧的行道树，选用冠大荫浓、耐修剪、生长快的乔木或树姿优美、高大雄伟的常绿乔木，形成外围景观或林荫道。花坛、草坪及建筑周围的基础绿带，或用修剪整齐的常绿绿篱围边，点缀色彩鲜艳的花灌木、宿根花卉，或植草坪，用低矮的色叶灌木形成模纹图案。如图5—2—2、图5—2—3所示。

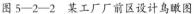

图5—2—2 某工厂厂前区设计鸟瞰图　　　图5—2—3 某工厂入口设计效果图

2. 生产区绿地

生产区分布着车间、道路、各种生产装置和管线，是工厂的核心，也是工人生产劳动的区域。

生产区周围的绿地规划比较复杂，绿地大小差异较大，多为条带状和团片状分布在道路两侧或车间周围。由于车间生产特点不同，绿地也不一样。有的车间对周围环境产生不良影响和严重污染，如散发有害气体、烟尘、噪声等。有的车间则对周围环境有一定的要求，如空气洁净程度、防火、防爆、温度、湿度、安静程度等。因此生产车间周围的绿地规划要根据生产特点，职工视觉、心理和情绪特点，为车间创造生产所需要的环境条件，防止和减轻车间污染物对周围环境的影响和危害，满足车间生产安全、检修、运输等方面对环境的要求，为工人提供良好的工作短暂休息用地。如图5—2—4、图5—2—5所示为工厂生产区绿化示例。

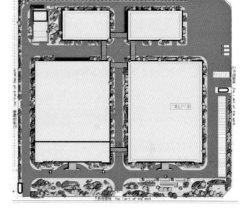

图5—2—4　某工厂生产区绿地规划效果　　　　图5—2—5　某工厂生产区绿地规划
　　　　　　　　　　　　　　　　　　　　　　　　　　　　　　　　设计平面图

3.仓库区绿地

该区是原料和产品堆放、保管和储运区域，分布着仓库和露天堆场。绿地与生产区基本相同，多为边角地带。为保证生产，绿地规划不能占据较多的用地。

4.绿化美化地段

工厂绿化美化地段包括厂区周围的防护林带，厂内的小游园、花园等，如图5—2—6所示。

三、工厂绿地规划设计原则

工厂绿地规划，既要重视厂前区和厂内绿化美化地段，以提高园林艺术水平，体现绿化美化和游憩观赏功能，也不能忽视生产区和仓库区绿地规划，以改善和保护环境，兼顾美化、观赏功能。工厂绿地规划关系到全厂各区、各车间内外生产环境和厂区容貌的好坏，在规划设计时应遵循以下几项基本原则。

图5—2—6 位于厂区内的小游园绿地规划设计效果图

1. 体现工厂的特色和风格

工厂绿地规划是指以厂内建筑为主体的环境净化、绿化和美化。工厂绿地规划要体现本厂的特色和风格，充分发挥绿地规划的整体效果，以植物与工厂特有建筑的形态、体量、色彩相衬托、对比、协调，形成别具一格的工业景观（远观）和独特优美的厂区环境（近观）。同时，工厂绿地规划还应根据本厂实际，在植物的选择配置、绿地的形式和内容、布置风格和意境等方面，体现出厂区宽敞明朗、洁净清新、整齐一致、宏伟壮观、简洁明快的时代气息和精神风貌。如图5—2—7所示为青岛海尔集团厂区内的环境设计。

图5—2—7 青岛海尔集团厂区内的环境设计

2. 为生产服务，为职工服务

绿地规划设计要充分了解工厂及其车间、仓库、料场等区域的特点，综合考虑生产工艺流程、防火、防爆、通风、采光以及产品对环境的要求，使绿地规划为生产服务，有利于生产和安全。此外，绿地规划设计要创造出有利于职工劳动、工作和休息的环境，为职工服务。尤其是生产区和仓库区，占地面积大，又是职工生产劳动的场所，绿地规划的好坏直接影响厂容、厂貌和工人的身体健康，因此应作为工厂绿地规划的重点之一。根据实际情况，从树种选择、布置形式，到栽植管理上多下功夫，充分发挥绿地规划在净化空气、美化环境、消除疲劳、振奋精神、增进健康等方面的作用。

3. 合理布局，联合系统

工厂绿地规划要纳入厂区总体规划中。在工厂建筑、道路、管线等总体布局时，要把绿地规划结合进去，做到全面规划，合理布局，形成点、线、面相结合的厂区园林绿地系统。点的绿化是指厂前区和游憩性游园，线的绿化是指厂内道路、铁路、河渠及防护林带，面的绿化是指车间、仓库、料场等生产性建筑、场地的周边绿地规划。同时，也要使厂区绿地规划与市区街道绿地规划联系衔接，过渡自然。

4. 增加绿地面积，提高绿地率

工厂绿地面积的大小，直接影响到绿地规划的功能和厂区景观。各类工厂为保证文明生产和环境质量，必须保证一定的绿地率：重工业20%，化学工业20%～25%，轻纺工业40%～45%，精密仪器工业50%，其他工业25%。对于绿地率不达标的工厂，要想方设法通过多种途径、多种形式增加绿地面积，提高绿地率。

 任务实施

在掌握了必要的基本理论知识之后，根据园林规划设计的程序以及工厂绿地规划设计的特点，来完成该热电厂的绿地规划设计任务。

一、调查研究阶段

1. 企业生产特点及主要污染物的调查

该厂总体布局以生产为轴线，建筑布置紧密，功能合理，设有主入口和专用出入口。该厂主要以发电和城市生活供热为主，在发电过程中煤的燃烧产生大量二氧化硫等有害气体，充分燃烧后形成大量粉煤灰，同时在煤场周边及转运过程中有一定的煤粉扬尘。

2. 绿地现状的调查

该厂为新建厂区，绿地规划基本合理，除局部绿地内有少量建筑垃圾外，绿地内土质良好，适宜作绿地规划用，但由于新建厂受用地面积限制，煤场、生产区等周边防护绿地较少或没有。因受生产流程限制，地上地下管线较多，如特别配电装置区，除主入口处绿地面积较大外，其余建筑周边绿地多呈条带状布局。

3. 确定绿地规划设计的基本原则

根据热电厂的生产特点及主要污染物情况，结合绿地现状，确定以下规划设计原则：

（1）以人为本，生态优先。

（2）功能明确，因地制宜。

（3）植物选择针对性强，植物群落稳定持久。

二、总体规划设计阶段

1. 分区规划

结合本厂的生产布局以及道路区划等特点，将厂区绿地分为厂前区绿地、生产区绿地和生产辅助区绿地三部分。具体规划如下：

（1）**厂前区绿地**　厂前区绿地主要包括办公楼周边绿地、主入口右侧绿地等。办公楼前绿地面积较大，可设计为小游园，利用冷却水、发电余热等构成水景，以体现工厂的形象和特色为主，兼顾游憩活动之用。

（2）**生产区绿地**　生产区主要包括主厂房、煤场、干煤棚、输煤栈道、电除尘、化水车间、综合仓库、维修车间等。该区是工厂的核心，也是工人生产劳动的主要区域，同时也是热电厂污染最重的地段，绿地设计以保障生产安全、防治环境污染为主。

（3）**生产辅助区绿地**　生产辅助区主要包括主控楼、配电装置区、冷却塔等，该区是生产控制、散热、电能和热能对外输出的核心，污染相对较轻。绿地设计在保证生产的前提下，以装饰美化为主，力求形成清洁、舒适的工作环境。

2. 树种规划

要使工厂绿地树种生长良好，植物群落稳定持久，取得较好的绿地规划效果，必须认真选择绿地规划树种，原则上应注意以下几点。

（1）**识地识树，适地适树**　识地识树就是要对拟绿地规划的工厂绿地的环境条件有清晰的认识和了解，包括温度、湿度、光照等气候条件和土层厚度、土壤结构和肥力、pH值等土壤条件，也要对各种园林植物的生物学和生态学特征了如指掌。适地适树就是根据绿地规划地段的环境条件选择园林植物，使环境适合植物生长，也使植物能适应栽植地环境。在识地识树的前提下，适地适树地选择树木花草，以使植物成活率高，生长茁壮，抗性和耐性强，绿地规划效果好。

（2）**注意抗污植物的选择**　工厂企业是污染源，要在调查研究和测定的基础上，选择抗污能力较强的植物，尽快取得良好的绿地规划效果，避免失败和浪费，发挥工厂绿地改善和保护环境的功能。

（3）**满足生产工艺的要求**　不同工厂、车间、仓库、料场，其生产工艺流程和产品质量对环境的要求也不同。因此，选择绿地规划植物时，要充分了解和考虑这些对环境条件的限制因素。

（4）**易于繁殖，便于管理**　工厂绿化管理人员有限，为省工节支，宜选择繁殖、栽培容易和管理粗放的树种，尤其要注意选择本地树种。美化厂容，要选择繁衍能力强的多年生宿根花卉。

根据以上几条绿地规划树种选择的原则，同时针对热电厂主要污染物为二氧化硫和粉尘的特点，结合北方自然条件和植被类型，确定绿地规划的骨干树种和景观树种如下：

骨干树种：悬铃木、白皮松、大叶女贞、臭椿、国槐、白蜡、银杏、侧柏、泡桐、五角枫等。

景观树种：黄杨、海桐、小叶女贞、棕榈、凤尾兰、枸骨、枸杞、紫穗槐、夹竹桃、石榴、龙柏、桧柏、珊瑚树、石楠、紫薇、月季、桂花、樱花等。

三、局部详细设计阶段

根据总体规划，结合各绿地现状，在以滞尘防噪、减轻污染、绿化美化为目的的前提下，各区详细设计如下：

1. 厂前区绿地规划设计

该区绿地规划设计主要包括办公楼周边绿地规划和厂内小游园绿地规划设计。办公楼周边绿地以绿篱围边，混播草坪铺底，种植高大常绿乔木，形成简洁明快的办公环境。主入口两侧以绿篱植物构成图案，对植高大桂花，强调入口空间。

办公楼前绿地设计为厂内小游园，以雕塑广场、道路系统、水体景观组成。雕塑广场正对办公楼入口，形成对景，设喷泉雕塑构成广场主题，以展示企业文化和精神为主。道路自然流畅，曲径通幽。利用冷却水形成湖面。根据地形设计为上下两层，落差处形成跌水，构成上动下静、对比强烈的水体景观。植物配置以人为本，沿道路种植高大乔木形成庭荫，如银杏、合欢、栾树等，绿地内点缀玉兰、樱花、紫薇、桂花等四季花木，构成季相鲜明、色彩丰富的植物景观。整个游园活泼自然，形成厂区绿地规划主景，为职工营造美观、舒适的工作环境。如图5—2—8所示为该热电厂厂前区绿地设计平面图。

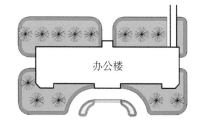

2. 生产区绿地规划设计

该区绿地规划设计主要包括主厂房、输煤栈道、化水车间、综合仓库、维修车间等建筑周边绿地规划。建筑周围绿地多为条带状，绿地以绿篱围边，整齐美观，植物配置以抗污染树种为主，如法桐、大叶女贞、国槐等，采用行列式种植，高低错落，层次分明，简

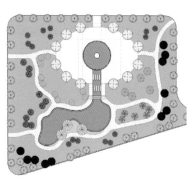

图5—2—8　东城热电厂厂前区
绿地设计平面图

洁明快，美观大方。如图5—2—9所示为该厂生产区绿地。

图5—2—9　东城热电厂生产区绿地

主厂房和配电装置区之间有架空的高压电缆，不能种植高大乔灌木，以绿篱植物形成图案，象征电火飞腾之意。

3. 生产辅助区绿地规划设计

该区绿地规划设计主要包括主控楼、配电装置区、冷却塔、热交换站等建筑周边绿地的规划设计。配电装置区多架空线路，冷却塔周边保证通风。因此，绿化以草坪和绿色模纹图案为主，只沿周边种植常绿植物，形成厂区绿色背景。如图5—2—10所示为该厂配电装置区绿地规划，图5—2—11所示为该厂热交换站绿地规划。

图5—2—10　东城热电厂配电装置区绿地规划

图5—2—11　东城热电厂热交换站绿地规划

四、设计图纸绘制阶段

根据厂区绿地规划设计作出平面图、立面图、整体或局部效果图、施工图等图纸。该厂绿地设计整体平面图如图5—2—12所示。

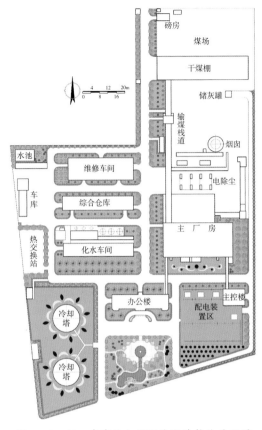

图 5—2—12　东城热电厂绿地设计整体平面图

知识链接

一、工厂绿地规划常用抗污染树种和花卉

1. 抗二氧化硫树种

抗性强的树种：大叶黄杨、雀舌黄杨、瓜子黄杨、海桐、蚊母、山茶、女贞、小叶女贞、枳橙、棕榈、凤尾兰、蟹橙、夹竹桃、枸骨、金橘、构树、无花果、枸杞、青冈栎、白蜡、木麻黄、相思树、榕树、十大功劳、九里香、侧柏、银杏、广玉兰、鹅掌楸、柽柳、梧桐、重阳木、合欢、皂荚、刺槐、国槐、紫穗槐、黄杨等。

抗性较强的树种：华山松、白皮松、云杉、赤杉、杜松、罗汉松、龙柏、桧柏、石榴、月桂、冬青、珊瑚树、柳杉、栀子花、飞鹅槭、青桐、臭椿、桑树、楝树、白榆、榔榆、朴树、黄檀、蜡梅、榉树、毛白杨、丝棉木、木槿、丝兰、桃兰、红背桂、芒果、枣、榛子、椰树、蒲桃、米仔兰、菠萝、石栗、沙枣、印度榕、高山榕、细叶榕、苏铁、厚皮香、扁桃、枫杨、红茴香、凹叶厚朴、含笑、杜仲、细叶油茶、七叶树、八角金盘、日本柳杉、花柏、粗榧、丁香、卫矛、枪木、板栗、无患子、玉兰、八仙花、地锦、梓树、泡桐、香

梓、连翘、金银木、紫荆、黄葛榕、柿树、垂柳、胡颓子、紫藤、三尖杉、杉木、太平花、紫薇、银杉、蓝桉、乌桕、杏树、枫香、加杨、旱柳、小叶朴、木菠萝等。

反应敏感的树种：苹果、梨、羽毛槭、郁李、悬铃木、雪松、油松、马尾松、云南松、湿地松、落地松、白桦、毛樱桃、贴梗海棠、油梨、梅花、玫瑰、月季等。

2. 抗氯气树种

抗性强的树种：龙柏、侧柏、大叶黄杨、海桐、蚊母、山茶、女贞、夹竹桃、凤尾兰、棕榈、构树、木槿、紫藤、无花果、樱花、枸骨、臭椿、榕树、九里香、小叶女贞、丝兰、广玉兰、柽柳、合欢、皂荚、国槐、黄杨、白榆、红棉木、沙枣、椿树、苦楝、白蜡、杜仲、厚皮香、桑树、柳树、枸杞等。

抗性较强的树种：桧柏、珊瑚树、栀子花、青桐、朴树、板栗、无花果、罗汉松、桂花、石榴、紫薇、紫荆、紫穗槐、乌桕、悬铃木、水杉、天目木兰、凹叶厚朴、红花油茶、银杏、桂香柳、枣、丁香、假槟榔、江南红豆树、细叶榕、蒲葵、枳橙、枇杷、瓜子黄杨、山桃、刺槐、铅笔柏、毛白杨、石楠、榉树、泡桐、银桦、云杉、柳杉、太平花、蓝桉、梧桐、重阳木、黄葛榕、小叶榕、木麻黄、梓树、扁桃、杜松、天竺葵、卫矛、接骨木、地锦、人心果、米仔兰、芒果、君迁子、月桂等。

反应敏感的树种：池柏、核桃、木棉、樟子松、紫椴、赤杨等。

3. 抗氟化氢树种

抗性强的树种：大叶黄杨、海桐、蚊母、山茶、凤尾兰、瓜子黄杨、龙柏、构树、朴树、石榴、桑树、香椿、丝棉木、青冈栎、侧柏、皂荚、国槐、柽柳、黄杨、木麻黄、白榆、沙枣、夹竹桃、棕榈、红茴香、细叶香桂、杜仲、红花油茶、厚皮香等。

抗性较强的树种：桧柏、女贞、小叶女贞、白玉兰、珊瑚树、无花果、垂柳、桂花、枣、樟树、青桐、木槿、楝树、枳橙、臭椿、刺槐、合欢、杜松、白皮松、拐枣、柳树、山楂、胡颓子、楠木、垂枝榕、滇朴、紫茉莉、白蜡、云杉、广玉兰、飞蛾槭、榕树、柳杉、丝兰、太平花、银桦、梧桐、乌桕、小叶朴、梓树、泡桐、油茶、鹅掌楸、含笑、紫薇、地锦、柿树、月季、丁香、樱花、凹叶厚朴、黄栌、银杏、天目琼花、金银花等。

反应敏感的树种：葡萄、杏、梅、山桃、榆叶梅、紫荆、金丝桃、慈竹、池柏、白千层、南洋杉等。

4. 抗乙烯树种

抗性强的树种：夹竹桃、棕榈、悬铃木、凤尾兰等。

抗性较强的树种：黑松、女贞、榆树、枫杨、重阳木、乌桕、红叶李、柳树、香樟、罗汉松、白蜡等。

反应敏感的树种：月季、十姐妹、大叶黄杨、苦楝、刺槐、臭椿、合欢、玉兰等。

5. 抗氨气树种

抗性强的树种：女贞、樟树、丝棉木、蜡梅、柳杉、银杏、紫荆、杉木、石楠、石榴、朴树、无花果、皂荚、木槿、紫薇、玉兰、广玉兰等。

反应敏感的树种：紫藤、小叶女贞、杨树、虎杖、悬铃木、核桃、杜仲、珊瑚树、枫杨、芙蓉、栎树、刺槐等。

6. 抗二氧化碳树种

龙柏、黑松、夹竹桃、大叶黄杨、棕榈、女贞、樟树、构树、广玉兰、臭椿、无花果、桑树、栎树、合欢、枫杨、刺槐、丝锦木、乌桕、石榴、酸枣、柳树、糙叶树、蚊母、泡桐等。

7. 抗臭氧树种

枇杷、悬铃木、枫杨、刺槐、银杏、柳杉、扁柏、黑松、樟树、青冈栎、女贞、夹竹桃、海州常山、冬青、连翘、八仙花、鹅掌楸等。

8. 抗烟尘树种

香榧、粗榧、樟树、黄杨、女贞、青冈栎、楠木、冬青、珊瑚树、广玉兰、石楠、枸骨、桂花、大叶黄杨、夹竹桃、栀子花、国槐、厚皮香、银杏、刺楸、榆树、朴树、木槿、重阳木、刺槐、苦楝、臭椿、构树、三角枫、桑树、紫薇、悬铃木、泡桐、五角枫、乌桕、皂荚、榉树、青桐、麻栎、樱花、蜡梅、黄金树、大绣球等。

9. 滞尘能力强树种

臭椿、国槐、栎树、皂荚、刺槐、白榆、杨树、柳树、悬铃木、樟树、榕树、凤凰木、海桐、黄杨、女贞、冬青、广玉兰、珊瑚树、石楠、夹竹桃、厚皮香、枸骨、榉树、朴树、银杏等。

10. 防火树种

山茶、油茶、海桐、冬青、蚊母、八角金盘、女贞、杨梅、厚皮香、交让木、白榄、珊瑚树、枸骨、罗汉松、银杏、槲栎、栓皮栎、榉树等。

11. 抗有害气体花卉

抗二氧化硫花卉：美人蕉、紫茉莉、九里香、唐菖蒲、郁金香、菊、鸢尾、玉簪、仙人掌、雏菊、三色堇、金盏花、福禄考、金鱼草、蜀葵、半支莲、垂盆草、蛇目菊等。

抗氟化氢花卉：金鱼草、菊、百日草、千日红、醉蝶花、紫茉莉、蛇目菊等。

抗氯气花卉：大丽菊、蜀葵、百日草、千日红、醉蝶花、紫茉莉、蛇目菊等。

二、工厂防护林带设计

工厂防护林带是工厂绿地规划的重要组成部分，尤其对那些产生有害排出物或产品要求卫生防护很高的工厂更显得重要。工厂防护林带的主要作用是滤滞粉尘、净化空气、吸收有毒气体、减轻污染、保护改善厂区乃至城市环境。

工厂防护林带首先要根据污染因素、污染程度和绿地规划条件，综合考虑，确立林带的条数、宽度和位置。通常在工厂上风方向设置防护林带，防止风沙侵袭及邻近企业污染。在下风方向设置防护林带，必须根据有害物排放、降落和扩散的特点，选择适当的位置和种植类型。一般情况下，污染物排出但并不立即降落的，在厂房附近地段不必设置林带，而将林带设在污染物开始密集降落和受影响的地段内。防护林带内不宜布置散步休息的小道、广场，在横穿林带的道路两侧加以重点绿化隔离。

烟尘和有害气体的扩散，与其排出量、风速、风向、垂直温差、气压、污染源的距离及排出高度有关，因此设置防护林带也要综合考虑这些因素，才能使其发挥较大的卫生防护效果。在大型工厂中，为了连续降低风速和污染物的扩散程度，有时还要在厂内各区、各车间之间设置防护林带，以起隔离作用。因此，防护林带还应与厂区、车间、仓库、道路绿地规划结合起来，以节约用地。

防护林带应选择生长健壮，病虫害少，抗污染性强，树体高大，枝叶茂密，根系发达的树种。在树种搭配上，要将常绿树与落叶树相结合，乔、灌木相结合，阳性树与耐阴树相结合，速生树与慢生树相结合，净化与绿化相结合。

1. 防护林带的结构（见图 5—2—13）

通透结构：由乔木组成，株行距因树种而异，一般为 3 m×3 m。气流一部分从林带下层树干之间穿过，一部分滑升从林冠上面绕过。在林带背风一侧树高 7 倍处，风速为原风速的 28%，在树高 52 倍处，恢复原风速。

半通透结构：以乔木构成林带主体，在林带两侧各配置一行灌木。少部分气流从林带下层的树干之间穿过，大部分气流则从林冠上部绕过，在背风林缘处形成涡旋和弱风。据测定，在林带两侧树高 30 倍的范围内，风速均低于原风速。

紧密结构：由大小乔木和灌木配置成的

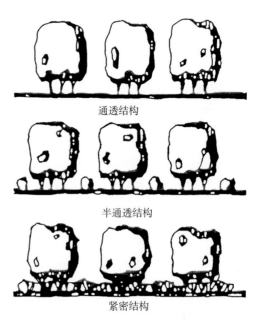

图 5—2—13　防护林带结构示意图

林带，形成复层林相，防护效果好。气流遇到林带，在迎风处上升扩散，由林冠上方绕过，在背风处急剧下沉，形成涡旋，有利于有害气体的扩散和稀释。

复合式结构：如果有足够宽度的地带设置防护林带，可将三种结构结合起来，形成复合式结构。在临近工厂的一侧建立通透结构，临近居住区的一侧建立紧密结构，中间建立通透结构。复合式结构的防护林带可以充分发挥其作用。

2. 防护林带的断面形式

防护林带由于构成的树种不同，而形成不同的林带横断面。防护林带的横断面形式有矩形、凹槽形、梯形、背风面和迎风面垂直的三角形、屋脊形等（见图5—2—14）。矩形横断面的林带防风效果好，屋脊形和背风面垂直的三角形林带有利于气体上升和扩散，凹槽形林带有利于粉尘阻滞和沉降。结合道路设置的防护林带，迎风面和背风面均为垂直三角形断面。

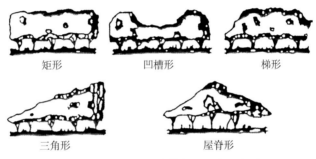

矩形　　　　凹槽形　　　　梯形

三角形　　　　　　屋脊形

图5—2—14　防护林带断面形式示意图

总之，防护林带以乔灌混交的紧密结构和半通透结构为主，外轮廓保持梯形和屋脊形的防护效果较好。

3. 防护林带的位置

防护林带的位置有以下几种：

（1）工厂区与生活区之间的防护林带。

（2）工厂区与农田交界处的防护林带。

（3）工厂内分区、分厂、车间、设备场地之间的隔离防护林带。如厂前区与生产区之间各生产系统为减少相互干扰而设置的防护林带，防火、防爆车间周围起防护隔离作用的林带。

（4）结合厂内、厂际道路绿地规划形成的防护林带。

思考与练习

1. 简述一般工厂用地的组成。

2. 工厂绿地规划有哪些基本原则？

3. 工厂绿地各组成部分的设计要点是什么？

4.结合本地某工厂进行绿地规划树种调查，总结工厂绿地规划树种的规划原则。

课题三

宾馆、饭店绿地规划设计

 **任务目标**

◇掌握宾馆、饭店绿地的用地组成及环境特点

◇熟练掌握宾馆、饭店绿地各组成部分的功能要求

◇熟练掌握宾馆、饭店绿地规划设计的程序与特点

◇重点掌握宾馆、饭店入口区、大厅及小游园的绿地规划设计

◇能够按照规范完成设计图样的绘制

 任务提出

北京香山饭店位于北京西郊香山公园内，饭店建筑由美国贝聿铭建筑师事务所设计，庭园绿地委托北京市园林局规划设计室设计。本课题任务是通过北京香山饭店绿地景观分析和绿地实测，掌握宾馆、饭店绿地设计的一般方法。要求在充分把握宾馆、饭店绿地功能和景观要求的前提下，结合绿地现状、单位性质、地域文化和相关设计规范等，完成该饭店绿地景观分析和绿地实测。

 **任务分析**

根据北京香山饭店的实际情况，结合相关规范和规划设计的一般程序，分两个阶段完成该项任务。

第一阶段：调查研究阶段。通过调查北京香山饭店的建设背景与历史渊源，以及北京香山饭店绿地现状，分析领会设计理念、设计目标、设计立意与构思。第二阶段：总体规划设计阶段。根据调查研究阶段所了解的目标、内容、理念等具体成果，着手进行北京香山饭店庭园绿地各组成部分的景观设计分析和相关实测图样的绘制。

 相关知识

一、宾馆、饭店的性质与组成

宾馆、饭店是向顾客提供住宿、餐饮、会议以及娱乐、健身、购物、商务等服务的公

共建筑。按照规模、建筑、设备、设施、装修、管理水平、服务项目与质量标准，一般将宾馆、饭店划分为五个档次，星级越高，表示它的档次越高。

宾馆、饭店的总体规划，除合理设置出入口，组织主体建筑群外，还应根据功能要求，综合考虑广场、停车场、道路、杂物堆放、运动场地及庭园绿地规划等。一般宾馆、饭店由客房、公共、行政办公及后勤服务三部分组成。客房部分是为顾客提供住宿服务的地方，体现宾馆、饭店的主要功能，是宾馆、饭店的主体建筑，一般临街设置。公共部分是为住宿的客人提供餐饮、会议、商务、娱乐、健身等服务之处，由门厅、会议厅、餐厅、商务中心、商店、康乐设施等组成。行政办公及后勤服务部分包括行政办公及员工生活、后勤服务、机房与工程维修等附属建筑或用房。

二、宾馆、饭店的绿地组成

宾馆、饭店绿地又称为公共建筑庭园绿地。所谓庭园，就是房屋建筑周围及其围合的院落，可以在其中栽植各种花草树木，布置人工山水等景观，供人们欣赏、娱乐、休息，是人们生活空间的一部分。公共建筑所接待的人形形色色，职业、地位、性格爱好各不相同，因而在进行庭园绿地规划时，要根据服务对象的层次，满足各类庭园性质和功能的要求。植物造景尽量做到形式多样，丰富多彩，突出特色，在格调上要与建筑物和环境的性质、风格协调，与庭园绿地规划总体布局一致。

宾馆、饭店绿地根据庭园在建筑中所处的位置及其使用功能划分为前庭绿地、中庭（内庭）绿地和后庭绿地。

1. 前庭绿地

前庭，位于宾馆、饭店主体建筑前，面临道路，供人、车交通出入，也是建筑物与城市道路之间的空间及交通缓冲地带。一般前庭较宽敞，其总体规划要综合考虑交通集散、绿化美化建筑和空间等功能，根据场地大小，布置广场、停车场、喷泉、水池、雕塑、山石、花坛、树坛等，采用规则式构图，严整堂皇，雄伟壮观，也可采用自然式布局，自由活泼，富有生机和野趣。绿地中可用平坦的草坪铺底，修剪整齐的绿篱围边，点缀球形和尖塔形的常绿树木和低矮、耐修剪的花灌木，如图5—3—1、图5—3—2所示。如广州白云宾馆前庭，以山冈、水石、广场、植物等要素有机组合，既解决了人流和车辆出入的交通问题，又利用挖池的土堆山，形成岗阜，作前庭主景和屏障，起观赏和隔离作用，在山后广场与建筑结合处做成自然式水池，从而在主楼与城市街道之间构成清幽、雅致的现代宾馆之园景。

图5—3—1　某宾馆前庭景观效果图

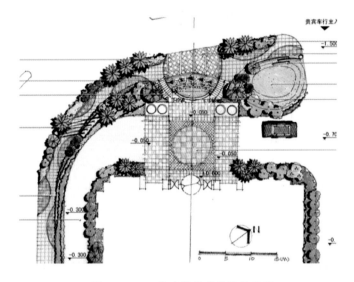

图5—3—2　某宾馆前庭设计平面图

2. 中庭绿地

中庭，又叫内庭。宾馆、饭店等高层建筑为了满足各种使用功能，活跃建筑内的环境气氛，常将建筑内部的局部抽空，形成玻璃屋顶的大厅，或在建筑底层门厅部分形成功能多样、景观变化丰富的共享空间，如图5—3—3所示。中庭的绿化造景部分往往位于门厅内后墙壁前，正对大厅入口，或位于楼梯口两侧的角隅处。中

图5—3—3　设计精巧的某宾馆中庭

庭布置宜少而精，自由灵活。内庭绿化造景可将自然气息引入室内，富有生活情趣。如某温泉酒店中庭园林（见图5—3—4），运用岭南造园手法，根据内庭上、下平台3 m的高差和内庭与室外湖面的连接关系，堆砌英石假山，引水上山形成瀑布，建造卵石滩和跌水池，合理布置石拱桥、喷水柱、汀步、石灯笼和观景台等景观小品，结合热带植物配置，

使狭小空间显得生机盎然。广州白天鹅宾馆中庭（见图5—3—5）布置假山、藏式小亭、瀑布、水池、折桥，加之植物的配置，展现了热带风光特色。

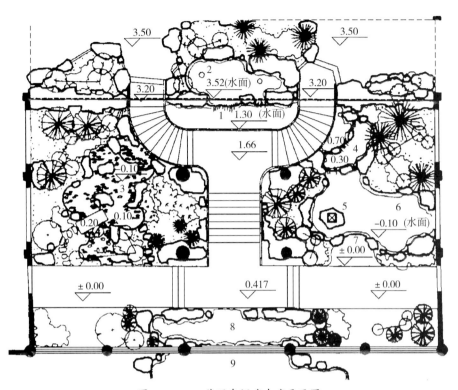

图5—3—4　某温泉酒店中庭平面图

1—英石假山瀑布　2—涌泉　3—卵石滩　4—跌级落水　5—石灯笼　6—水池

7—观鱼平台　8—下级水池　9—湖面

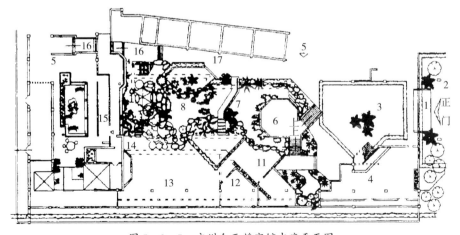

图5—3—5　广州白天鹅宾馆中庭平面图

1—正门　2—停车场　3—门厅　4—酒吧间　5—首层北入口　6—观景台　7—曲桥

8—故乡水　9—英石山　10—藏亭　11—休息厅　12—二楼风味餐厅　13—咖啡厅

14—水帘洞通道　15—三楼中餐厅　16—至后厅过道　17—商场

3. 后庭绿地

后庭位于主体建筑楼后，是由不同建筑围合的庭园，空间相对较大。绿化造景除满足各建筑物之间的交通联系等使用功能外，可以植物绿化、美化为主，综合运用各种造景要素，规划设计成具有休息观赏功能、自然活泼的、开放性的小游园。一般根据宾馆、饭店的建筑风格确定造园手法，既可运用传统造园手法，设计具有中国古典园林意境和风格的游园，也可运用现代景观设计手法，创造富有当前时代气息的游园。游园地势平坦或微起伏，园中挖池堆山，池边、道旁及坡地上堆砌置石，园路蜿蜒曲折，小型休闲广场周围置桌、凳、椅等休息设施。植物配置疏密有致，高低错落，形成优美、清新、幽静的庭园环境。庭园绿地规划一般都是在较小的范围内进行，因而要充分利用可绿化的空间增加庭园的绿量，运用多种植物形成生物多样性的景观环境。如利用攀缘的藤本植物在围栏、墙面及花架上进行垂直绿化，形成绿色走廊；用耐阴的草坪、宿根花卉等地被植物覆盖树池、林下、道旁，使庭园充满绿意；或在建筑角隅处、围墙边栽植花灌木，使庭园生机盎然。如图 5—3—6 所示。

图 5—3—6　某饭店后庭绿地规划设计效果

 任务实施

一、调查研究阶段

1. 调查北京香山饭店的历史渊源及绿地现状

北京香山饭店于 1957 年开设，后又添建了大餐厅和一部分住房。1976 年唐山大地震后经查其原有房屋属危险建筑，1979 年决定全部拆除改建为园林式的高级饭店。

北京香山饭店是一座融中国古典建筑艺术、园林艺术、环境艺术为一体的四星级酒店。饭店整个院落占地 2.8 万 m²，建筑占地 10 799 m²，处在香山最高峰"鬼见愁"（海拔 557 m）的东山坳海拔 140 m 的地带。院内西高东低，高差 10~12 m；南北高差不大，在 1.3 m 之内。西南原有高台高 1m 多；南部有从西南至东北起伏的山丘，长约 60 m，宽 10~20 m，有各种树木 470 棵。北京香山饭店庭园现状如图 5—3—7 所示。

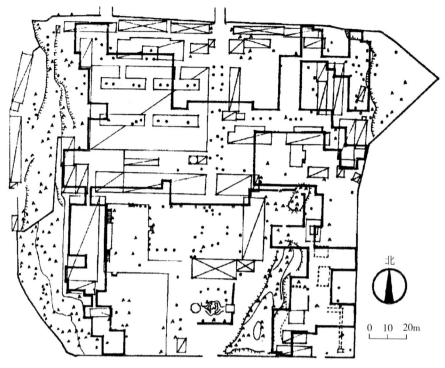

图 5—3—7 北京香山饭店庭园现状图

2. 确定设计目标和设计理念

饭店的设计者、著名建筑师贝聿铭曾提出，希望通过这次创作能在继承与发展中国建筑上有所成就，即"在一个现代化的建筑物上，体现出中国民族建筑艺术的精华"，并且建议把饭店庭园建成为高级庭园。有关方面的人士和贝先生的具体想法是：①中间的主要庭园要有水池；②比较小的庭园是为了从室内往外看的，有的可以仿建江南园林；③植物要成片布置；④整个庭园要自然、素雅；⑤山石从云南石林石中选用一些。

设计的构思要从对环境特点的分析入手。饭店高 2~4 层，全部建筑面积 35 800 m²，体型较大；距离公园主要入口 200 多米，为公园的心脏地带；建筑色彩基调为白色，较为突出。庭园设计力求根据饭店庭园的功能需要，使庭园形式与香山环境协调，为其增色，又要有自己的特点，而且要尽量保留好古迹和原有古树、大树。

二、绿地景观分析和实测阶段

1. 北京香山饭店庭园绿地各组成部分景观分析

北京香山饭店庭园绿地分为前庭绿地、内庭绿地和后庭绿地三部分。后庭绿地面积较大，为绿地规划重点所在。

（1）前庭绿地景观分析　前庭绿地位于饭店主体建筑前广场周边，绿地面积较小，其总体规划要综合考虑交通集散、绿化美化建筑和空间等功能，根据场地大小布置山石、花坛、树坛等，采用自然式布局，自由活泼，富有生机和野趣。

（2）内庭绿地景观分析　北京香山饭店内庭面积较大，为了活跃建筑内的环境气氛，满足各种使用功能，大厅采用玻璃屋顶。内庭的绿化造景部分主要位于门厅内后墙壁前，正对大厅入门，布置少而精，清流滴润，笋石一峰，构成主景。植物主要为盆栽，景窗一扇芭蕉，迴廊转角数株棕竹，时令花卉四季开放，极富有生活情趣。如图5—3—8所示。

图5—3—8　北京香山饭店内庭绿地规划设计效果

（3）后庭绿地景观分析　北京香山饭店后庭绿地面积约7 000 m²，三面建筑围合。庭园中保留古松柏40多棵，还有两棵百年以上树龄的大银杏。为了给这些大树创造合适的生长条件并使周围地形有机地联系起来，湖面呈钟形，东西宽40 m，南北长50 m，面积1 400 m²。原有"流水音"中心线位置与建筑的南北轴线向东偏离3.5 m。为了使建筑构图更稳重、水

图5—3—9　北京香山饭店后庭绿地规划设计效果

面与建筑的关系更紧密，将"流水音"移至中轴线上。这样水面就分成了一大一小，以小衬大，又增加了景深。中心水面平静开阔，与三层的建筑物在体重、横竖线条的比例都达到均衡和协调。白粉墙映在湖中，苍松翠柏回清倒影，几株金色的银杏、红色的枫树幻影摇动，丹黄朱翠，丽而不妖，艳而不俗，胜似金碧辉煌的雕梁画栋。如图5—3—9所示。

北京香山饭店后庭绿地设计以1 400 m²的水池为中心，曲桥和流水音平台将水池分为大小两个水面，环水布置置石、假山、瀑布、溪流，为水池之源泉，自然式配置数十种树木花草，水池周边设置烟霞浩渺、清音泉、金鳞戏波、流水音、海棠花坞、观景台、飞云石等景点（见图5—3—10）。

图 5—3—10 北京香山饭店庭园总平面图

1—冠云落影 2—柯荫庭 3—古木清风 4—松竹杏暖 5—晴云映日 6—云岭芙蓉

7—漫空碧透 8—高阁春绿 9—洞天一色 10—清盘敛翠 11—曲水流觞

12—烟霞浩渺 13—海棠花坞 14—屋顶花园

现将主要景点说明如下：

1）烟霞浩渺。自溢香厅前平台向南眺望，一池清水，周边的古银杏树、元宝枫与远借的山景叠在一起，在色彩上与远山红叶相呼应，利用"借景"的手法，使园内外景色融为一体。入秋自平台遥望南山，万树含烟，红叶如霞，因而得名"烟霞浩渺"。

2）金鳞戏波。西侧小水池，水面较高，设计循环水系统，水满后穿过汀步，溢流到大池中。池中设置数块"影石"，与岸边山石虚实对比，遥相呼应。池中养红鲤鱼数十尾，鲤鱼嬉水游动，因而得名"金鳞戏波"。

3）流水音。设计构思源自晋代王羲之《兰亭集序》中记载的"曲水流觞"。流水音亭座7 m×8 m，花纹粗犷、简洁，外部作台阶和座凳，并有曲桥与岸相连，用淡高粱红花岗石贴面。色彩与线条都与绍兴"兰亭"相仿，可以使人联想到"兰亭"清秀淡雅的景色。

4）清音泉。结合园中西南部较高的地势，布置三跌而下的瀑布，泉水源自流华池西南峭拔雄奇的山石之上，形成悬泉飞瀑的景观。待秋月当空，有"明月松间照，清泉石上流"的幽静意境，溪涧水谷，汀步飞梁，仰视峭壁流泉，有真山高耸惊险之势。山石瀑布立面图如图5—3—11所示。

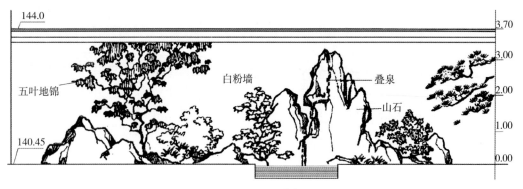

图5—3—11　山石瀑布立面图

5）海棠花坞。流华池西侧有一个恰似船港的河湾，池畔种植中国北方庭园的传统化花木——海棠。每至仲春，海棠花盛开，繁花似锦，隔窗相望犹如片片粉雪，得名"海棠花坞"。

6）观景台。流华池东侧古柏间，有5 m² 的林中空地，砌石形成景台，台上有石桌石凳。登台向西瞭望，可观赏香山主峰——香炉峰之雄伟山势，低头可俯视流华池之风景，给人置身山林的感觉。

7）飞云石。飞云石为溢香厅的对景，此石是云南石林的"大将军石"，山石高约4.5 m，重15.5 t，形似屏障，纹如斧劈，宛若大自然的雕塑艺术。因取自云南，故名"飞云石"。

8）柯荫庭。五区客房南面有两个小院，其中一小院，庭园中保留了一棵百年以上的中国槐，其枝干丰满，铺盖全院，气质古朴。其他花木布置和铺装都以这棵大树为中心。

9）冠云落影。过柯荫庭月亮门见一小院，有水池，池边有巨石独立，形似"冠云峰"。"冠云落影"有两层意思：一层意思是这里的山石略有苏州留园冠云峰的姿态，影子落在水中；另一层意思是"冠云峰"是江南"四大奇石"之一，取其代表江南园林，有"江南园林影子落于此园"之意。

10）古木清风。"古木清风"的三面为建筑物，一面为院墙，采用了"以墙为纸，以石为绘"的手法，在白粉墙前叠石，配置花木，使三面楼对着一面画，有打破小院的闭塞感觉。"高阁春绿"也采取了同样的布置手法。

11）晴云映日。在溢香厅东侧有一组庭园，面积较大。在庭园西侧有一株高约10 m、胸径73 cm的古松，姿态挺拔，枝干遒劲。树下布置了一个石桌，两个石凳。大树的东侧种植了成片的白玉兰，其花晶莹洁白，在阳光下有若朵朵白云，故名"晴云映日"。

12）松竹杏暖。从会见松向东，有古松、竹林，小径回转于竹林间，从窗内望去，正是探幽之所在。竹林旁有数棵杏花，杏花虽比不上梅花的清雅，却可倍增春意，应古人"落梅香断无消息，一树春风属杏花"之说。

13）云岭芙蓉。在四区楼间高岗上可透过芙蓉树看到一组拔地而起的"石林"。苏州留园有石林小院，而香山石林乃真正的云南石林之石，千里之遥运到北京，有再现石林胜境之意，此是香山饭店庭园中一绝景。

14）漫空碧透。香山饭店东北处有一半封闭式庭园，地形高低明显，从建筑向东眺望，透过树梢可看到远处之碧空，令人心胸开阔。

2. 完成相关实测图样的绘制

根据宾馆、饭店绿地规划设计的相关知识和设计要求，完成香山饭店的绿地实测任务。

（1）实测图样　实测图中应包括所有实测范围内的绿地设计，要求能够准确地表达绿地现状和设计理念，图面整洁，图例使用规范。实测图主要包括总体规划设计图、植物配置图、鸟瞰图等（见图5—3—12、图5—3—13、图5—3—14）。

（2）植物设施表　植物设施表以图表的形式列出所用植物材料、建筑设施的名称、图例、规格、数量及备注说明等。

（3）景观分析说明书　景观分析说明书（文本）主要包括项目概况、规划设计依据、设计原则、艺术理念、景观设计、植物配置等内容，以及补充说明图样无法表现的相关内容。

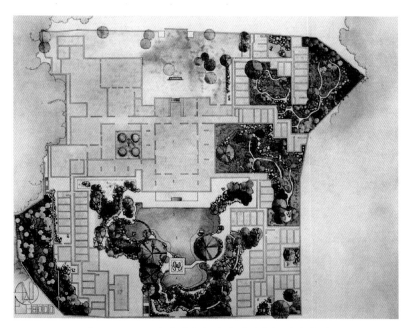

图5—3—12　北京香山饭店庭园总体规划设计图

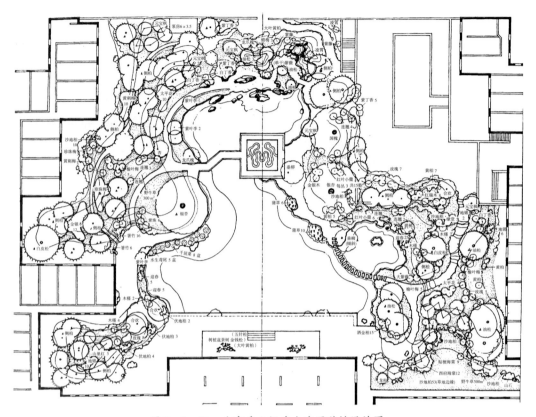

图 5—3—13　北京香山饭店主庭园种植设计图

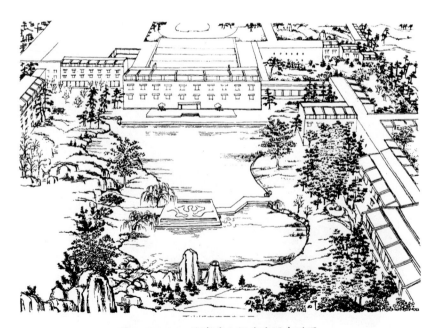

图 5—3—14　北京香山饭店庭园鸟瞰图

 思考与练习

1. 简述宾馆、饭店的用地组成。

2. 简述宾馆、饭店绿地各组成部分的功能要求。

3. 调查实测当地某宾馆（饭店）的小游园，分析其绿地规划设计的成功与不足。

课题四
机关单位绿地规划设计

 任务目标

◇掌握机关单位绿地的环境特点

◇熟练掌握机关单位绿地的组成及各部分的特点

◇掌握机关单位绿地设计的步骤

◇重点掌握大门入口区和办公楼绿地的景观构思

◇能够按照规范完成设计图样的绘制

任务提出

图5—4—1为某市中级人民法院平面布局图。该法院位于两条主干道交叉路口，总体规划包括主体建筑和东侧居住预留用地两部分。为配合园林城市的创建工作，并为工作人员创造良好的户外活动环境，该单位决定对主体建筑周边进行绿地规划设计。请结合单位性质、绿地现状和相关绿地设计规范等要求，在充分满足功能要求和城市景观要求的前提下，完成该单位绿地规划设计。

任务分析

机关单位绿地既是单位附属的内部环境绿地，也是城市园林绿地系统的组成部分，更是城市街道景观的重要载体。其绿地规划设计不仅要考虑单位的性质、功能，也要兼顾城市景观的塑造。要完成该项设计任务，需要调查单位的性质功能及绿地现状，对单位绿地规划形式进行对比分析，规划设计单位绿地各组成部分，完成相关图样绘制。

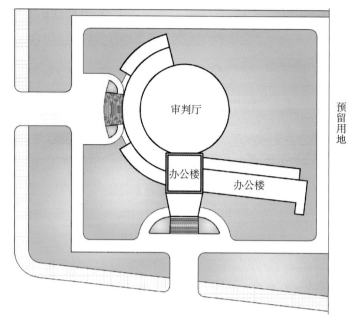

图 5—4—1　某市中级人民法院平面图

相关知识

一、机关单位绿地规划特点

机关单位绿地是指党政机关、行政事业单位、各种团体及部队管界内的环境绿地，也是城市园林绿地系统的重要组成部分。搞好机关单位的园林绿地规划，不仅为工作人员创造良好的户外活动环境，而且会给前来联系公务和办事的居民留下美好印象，如图 5—4—2 所示。同时，搞好机关单位的园林绿地规划也是提高城市绿地覆盖率的一条重要途径，对于绿化美化市容、维持城市生态环境的平衡起着举足轻重的作用。

图 5—4—2　某市政府绿地规划效果图

机关单位绿地与其他类型绿地相比，规模小，较分散。其园林绿地规划需要在"小"字上做文章，在"美"字上下功夫，突出特色及个性化。

机关单位往往位于街道侧旁，其建筑物又是街道景观的组成部分。因此，园林绿地规划要结合文明城市、园林城市、卫生和旅游城市的创建工作，结合城市建设和改造，逐步实施"拆墙透绿"工程，拆除沿街围墙或用透花墙、栏杆墙代替，使单位绿地与街道绿地相互融合、渗透、补充、统一、和谐，办公楼绿地与城市景观融为一体，如图5—4—3所示。新建和改造的机关单位，在规划阶段就进行控制，尽可能扩大绿地面积，提高绿地率。在建设过程中，通过审批、检查、验收等环节，严格把关，确保绿化美化工程得以实施。大力发展垂直绿化和立体绿化，使机关单位在有限的绿地空间内取得较大的绿地规划效果，增加绿量，如图5—4—4所示。

图5—4—3　某机关办公楼前绿地

图5—4—4　垂直绿化与休息设施

二、机关单位绿地组成

机关单位绿地主要包括大门入口处绿地、办公楼绿地（主要建筑物前）、庭园式休息绿地（小游园）、附属建筑绿地等。

1. 大门入口处绿地

大门入口处是单位形象的缩影，入口处绿地也是单位绿地规划的重点之一。绿地的形式、色彩和风格要与入口空间、大门建筑统一协调，设计时应充分考虑，以形成机关单位的特色及风格。一般大门外两侧采用规则式种植，以树冠规整、耐修剪的常绿树种为主，与大门形成强烈对比，或对植于大门两侧，衬托大门建筑，强调入口空间，或在入口对景

位置设计花坛、喷泉、假山、雕塑、树丛、树坛及影壁等，如图5—4—5所示。

大门外两侧绿地，应由规则式过渡到自然式，并与街道绿地中人行道绿带结合。入口处及临街的围墙要通透，也可用攀缘植物绿化。

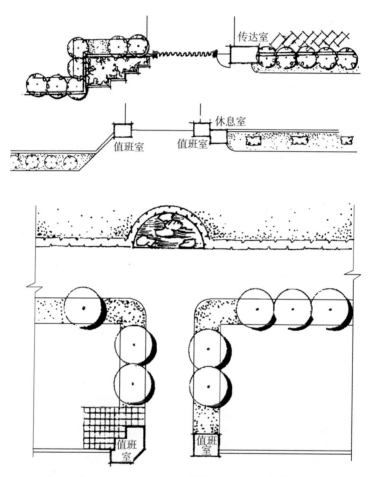

图5—4—5　大门入口处绿地不同处理模式

2.办公楼绿地

办公楼绿地可分为楼前装饰性绿地（此绿地有时与大门内广场绿地合二为一）、办公楼入口处绿地及楼周围基础绿地。

大门入口至办公楼前，根据空间和场地大小，往往规划成广场，供人流交通集散和停车。若空间较大，也可在楼前设置装饰性绿地，两侧为集散和停车广场。办公楼前广场两侧绿地，视场地大小而定。场地小宜设计成封闭型绿地，起绿化美化作用，如图5—4—6所示；场地大可建成开放型绿地，兼休息功能，如图5—4—7所示。

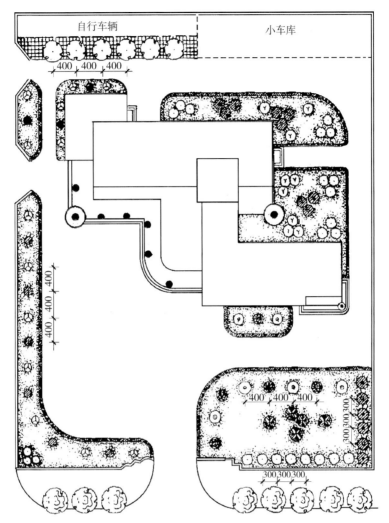

图 5—4—6 办公楼周边封闭式绿地设计平面图

图 5—4—7 单位绿地开放性式设计

办公楼入口处绿地，一般结合台阶或坡道设花台或花坛，用球形或尖塔形的常绿树或耐修剪的花灌木对植于入口两侧，或用盆栽的苏铁、棕榈、南洋杉、鱼尾葵等摆放于大门两侧，如图 5—4—8、图 5—4—9 所示。

图 5—4—8 以对称栽植强调入口空间   图 5—4—9 以图案造型装饰入口空间

办公楼周围基础绿带位于楼与道路之间，呈条带状，如图 5—4—10 所示，既美化衬托建筑，又进行隔离，保证室内安静，同时还是办公楼与楼前绿地的衔接过渡。绿地规划设计应简洁明快，绿篱围边，草坪铺底，栽植常绿树与花灌木，低矮、开敞、整齐，富有装饰性。在建筑物的背阴面，要选择耐阴植物。为保证室内通风采光，高大乔木可栽植在距建筑物 5 m 之外，为防日晒，也可于建筑两山墙处结合行道树栽植高大乔木。

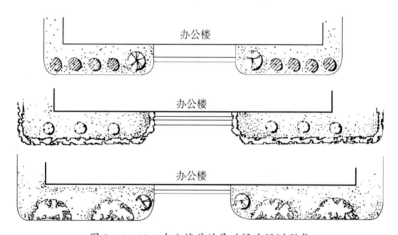

图 5—4—10 办公楼前的基础绿地规划形式

不同机关单位职能性质不同，绿地规划设计时要充分结合单位的性质功能。如外交部中庭绿地设计（见图 5—4—11）以和平鸽造型构成主景，以体现和平外交的主旨。

3. 庭园式休息绿地（小游园）

如果机关单位内有较大面积的绿地，可设计成休息性的小游园。游园中以植物绿化、美化为主，结合道路、休闲广场布置水池、雕塑及花架、亭、桌椅等园林建筑小品和休息设施，满足人们休息、观赏、散步活动之用，如图 5—4—12、图 5—4—13 所示。

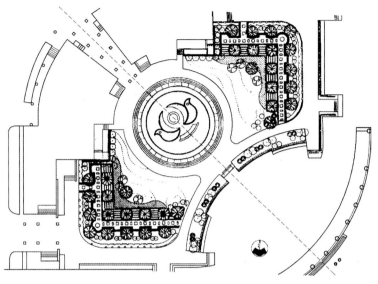

图5—4—11 外交部中庭绿地设计图

图5—4—12 湖北省鄂州市政府庭园绿地设计图

1—喷泉水池 2—壁水景墙 3—雕塑小品 4—休憩岛 5—花架景墙

6—三圆亭 7—单柱花架 8—双柱花架

图5—4—13 某单位中心游园

4. 附属建筑绿地

单位附属建筑绿地指食堂、锅炉房、供变电室、车库、仓库、杂物堆放等建筑及围墙内的绿地。这些地方的绿地规划首先要满足使用功能，如堆放煤及煤渣、堆放垃圾、车辆停放、人流交通、供变电要求等；其次要对杂乱、不卫生、不美观之处进行遮蔽处理，用植物形成隔离带，阻挡视线，起卫生、防护、隔离和美化的作用。

任务实施

在掌握了必要的理论知识之后，根据园林规划设计的程序以及机关单位绿地规划设计的特点，来完成该中级人民法院的绿地规划设计。

一、调查研究阶段

1. 单位性质及绿地现状的调查

该人民法院的绿地分为三部分，即大门入口绿地、办公楼绿地和内部庭园绿地。其中内部庭园绿地面积较大，可设计为小游园，供职工使用。

2. 各单位绿地规划形式对比分析

机关单位往往位于街道侧旁，根据建筑与街道的位置关系常形成以下两种形式：一种是建筑紧贴道路，对外联系紧密，方便员工上下班和办事人员往来，内部形成安静的庭园绿地，但主体建筑前绿地面积小，绿地装饰效果差；另一种是主体建筑后退，建筑与道路之间形成庭园，建筑前绿地面积较大，绿化美化装饰效果显著。在第二种布局形式的基础上，庭园绿地可规划设计为封闭式或开放式等不同模式。封闭式绿地设计内部景观协调，安静稳定，管理方便；开放式绿地设计与城市景观融为一体，成为城市街道景观的组成部分，方便周边群众使用，但管理难度大。

二、规划设计阶段

该法院位于道路交叉口，是城市景观的重要组成部分。为响应城市园林建设，办公楼前绿地结合城市绿化，形成开放型绿地，楼后设计为游憩性小花园。具体设计如下：

1. 大门入口处绿地

该法院设有主、副两个出入口，因来往人员较多，规划设计要实现交通、停车等功能。根据大门内两侧绿地面积大小，设计两处停车场，停车场采用嵌草砖铺装，生态环保。整个布局功能合理、对称严整，以体现法院公正公开、严谨细致的工作作风。

植物配置采用规则式，入口两侧绿地以草坪铺底，绿地两侧行列式栽植梧桐、雪松、银杏、栾树等，伟岸雄奇，以形成规整庄严的绿化氛围；或采用绿篱植物形成对称的模纹

图案，空间开敞明快，如图5—4—14所示。沿围墙绿地呈带状，根据实际宽度，可采用常绿与落叶花木间植、高低错落、色彩丰富，也可配置植物图案，起装饰美化作用，如图5—4—15所示。

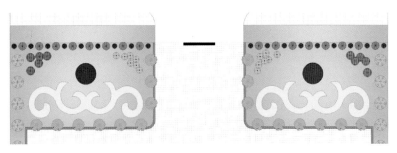

图5—4—14 入口绿地设计图

图5—4—15 沿墙绿地设计效果

2.办公楼绿地

办公楼周围植物配置与办公楼形成形体、色彩、质感、线形等方面对比，设计以典型植物和图案造型强调出入口空间，突出办公楼入口和主体地位，如图5—4—16所示。

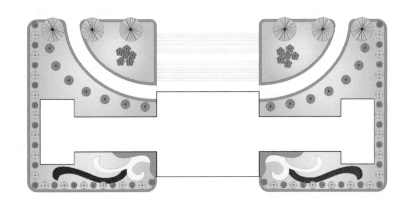

图5—4—16 以植物造型强调办公楼入口空间设计图

3. 内部庭园绿地

办公楼后绿地设计为游憩性小花园，设置广场及游路，满足员工休息、健身等要求。沿游路植合欢形成庭荫，遍植桂花、梅花、杜鹃等花木，体现人性关怀。整个绿地规划设计突出特色树种，体现群体效果，创造一个功能合理、简洁明快、层次分明、四季常绿的游憩环境。建筑背阴处要栽植耐阴植物，以植物造景为主。

三、图样绘制阶段

1. 设计平面图（见图 5—4—17）

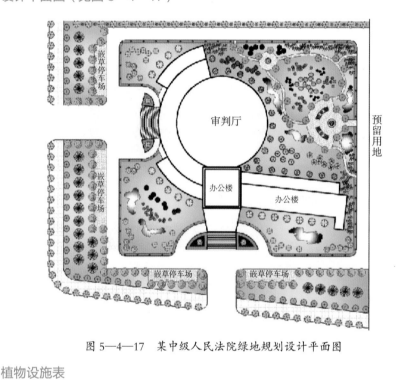

图 5—4—17　某中级人民法院绿地规划设计平面图

2. 植物设施表

（略）

3. 设计说明书

（略）

 知识链接

石家庄市花园式单位评选标准

一、总要求

在实现普遍绿化的基础上，做好有树、有花、有草，植物搭配合理，四季常青，三季

有花，草地覆盖，并配以适当的园林建筑小品，整个单位庭园整齐清洁，环境优美，文明舒适。

二、具体标准

1. 绿化面积

（1）绿地面积：旧城区原有单位绿地面积不少于单位总面积的25%，新建区单位不少于30%。学校、医院、休（疗）养所、机关团体、公共文化设施、部队等单位不少于35%。

（2）绿化覆盖率：达到40%以上。

（3）已绿化面积占应绿化面积的90%以上。

（4）确定无绿化条件的，如垂直绿化和屋顶绿化效果好，也可酌情计算。

2. 绿化规划落实好

有近期规划和长远规划，严格按照规划进行绿化、美化，保证规划正常实现。

3. 绿化效果好

（1）树种配置科学合理，实现了乔木40%、花灌木30%、常绿树30%的比例。

（2）庭园围墙四周、路旁有乔木遮阴，建筑物周围有花木相衬，草皮覆盖地面，墙上有攀缘植物，达到了黄土不露天的绿化景观。

（3）有一定面积可供休息、游览、活动的花园，园内植物和建筑小品配置适宜，确有美感。确实无条件的单位，可摆放盆花、盆景，形式新颖、美观。

（4）实现了四季常青，三季有花，草坪盖地。

4. 管护工作真正做到了"三分种七分管"

（1）管理制度健全，做到管理机构、人员、资金三落实。

（2）树木：无缺株断行，树冠完整，树型美观，长势旺盛，叶色正常，无明显人为损坏，能控制病虫害。

（3）草坪：生长茂盛，修剪平整无杂草，无堆物堆料，无病虫害，干净整洁，草皮覆盖达95%以上。

（4）花卉：管理及时，无杂草，能经常摘除残花败叶，花坛图案清晰，层次分明，高矮有序，三季有花开放，色彩鲜艳，生长茂盛。

思考与练习

1. 机关单位绿地的组成是什么？

2. 如何通过绿地规划设计体现机关单位性质、精神等文化内涵？

课题五
医疗机构绿地规划设计

 任务目标

◇掌握医疗机构绿地的用地组成及环境特点

◇熟练掌握医疗机构绿地规划设计的步骤

◇能够根据医疗机构的类型及各绿地组成部分的功能要求，准确、合理地进行树种选择

◇重点掌握门诊部和住院部的景观构思与种植设计

◇熟练掌握各类特殊性质医院绿地规划设计的特点

◇能够按照规范，完成设计图样的绘制

任务提出

浙江省江山市某综合性医院位于两条主干道交叉路口，占地面积约 2.67 万 m²，总建筑面积约 3 万 m²。该医院总体规划包括四部分，即门诊行政大楼、住院大楼、专家楼和老年保健中心，如图 5—5—1 所示。为了创造优美整洁的医疗环境和良好的户外活动环

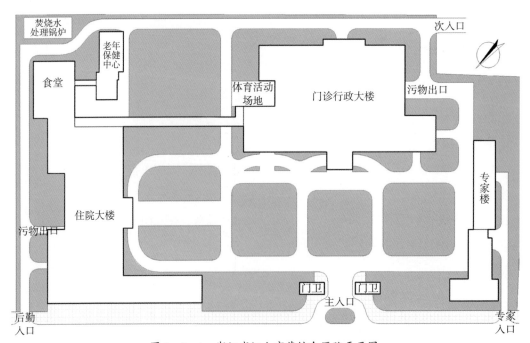

图 5—5—1　浙江省江山市某综合医院平面图

境，该医院决定进行绿地的总体规划设计。结合医院性质和相关绿地设计规范等，在充分满足功能和景观要求的前提下，完成该绿地总体规划设计。

 任务分析

根据该综合性医院绿地实际情况，结合相关规范和规划设计的一般程序，要完成该项设计任务，需要了解医院周边环境、医院特色、绿地现状等设计条件，领会甲方的规划目的、设计要求等，规划设计医院绿地各组成部分，完成相关图样绘制。

 相关知识

一、医疗机构绿地组成

医疗机构一般分为综合性医院、专科医院、小型卫生院（所）、疗养院等类型，以综合性医院最为典型，功能分区最齐全。综合性医院的平面布局分为医务区和总务区，医务区又分为门诊部、住院部和辅助医疗等几部分。如图5—5—2为天津安宁医院环境设计平面图。

综合性医院绿地主要包括门诊部绿地、住院部绿地和其他部分绿地。

1. 门诊部绿地

门诊部是接纳各种病人，对病情进行初步诊断，确定进一步治疗的地方，同时也是进行疾病防治和卫生保健工作的地方。门诊部往往临街设置。门诊楼由于靠近医院大门，空间有限，人流集中，加之大门内外的交通缓冲地带和集散广场等，其绿地较分散，在大门两侧、围墙内外、建筑周围呈条带状分布。

医院大门至门诊楼之间的空间组织和绿化，不仅起到卫生防护隔离作用，还有衬托、美化门诊楼和市容街景作用，体现医院的精神面貌、管理水平和城市文明程度。因此，根据医院条件和场地大小，因地制宜地进行绿化设计，且以美化装饰为主。

2. 住院部绿地

住院部是病人住院治疗的地方，主要由病房构成，是医院的重要组成部分，并有单独的出入口。住院部为保障良好的医疗环境，尽可能地避免一切外来干扰或刺激（如臭味、噪声等），创造出安静、卫生、舒适的治疗和休养环境，其位置在总体布局时往往位于医院中部。住院部与门诊部及其他建筑围合，形成较大的内部庭园。因而住院部绿地空间相对较大，呈团块状和条带状分布于住院楼前及周围。

3. 其他部分绿地

医院其他部分主要包括辅助医疗部门、行政管理部门、总务部门、病理解剖室和太平间等。单独设置的部分，其建筑周围要有一定的绿化带。

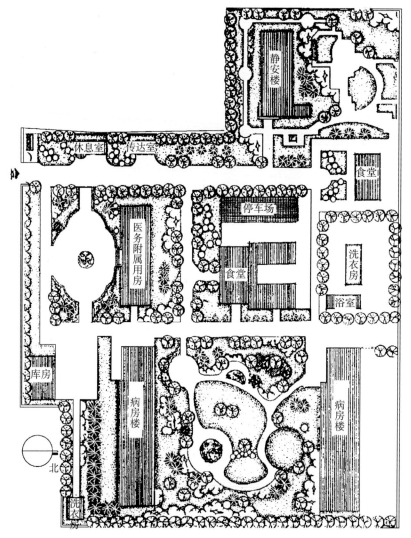

图5—5—2 天津安宁医院环境设计平面图

二、医疗机构绿地功能

1. 改善医院、疗养院的小气候条件

医院、疗养院绿地对保持与创造医疗单位良好的小气候条件的作用，具体表现在：调节气温，使夏季降温，冬季保温，尤其是夏季园林树木阻挡吸收太阳直接辐射热，所起的遮阴作用是十分明显的；调节空气湿度，夏季使人们感到凉爽、湿润；防风并降低风速；防尘和净化空气。

2. 为病人创造良好的户外环境

医疗单位优美的、富有特色的园林绿地可为病人创造良好的户外环境，提供观赏、休息、健身、交往、疗养的多功能的绿色空间，有利于病人早日康复，如图5—5—3所示。

同时，园林绿地作为医疗单位环境的重要组成部分，还可以提高其知名度和美誉度，塑造良好的形象，有效地增加就医量，有利于医疗单位的生存和竞争。

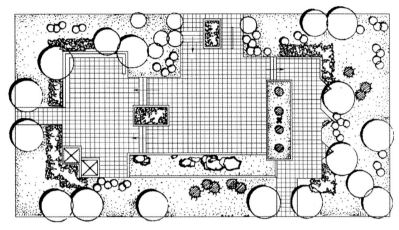

图 5—5—3　某医院休息绿地设计图

3. 对病人心理产生良好的作用

医疗单位优雅、安静的绿化环境对病人的心理、精神状态和情绪起着良好的安定作用。当住院病人置身于绿树花丛中，沐浴明媚的阳光，呼吸清新的空气，感受鸟语花香时，这种自然疗法对稳定病人情绪、放松大脑神经、促进康复都有着十分积极的作用。据测定，在绿色环境中，人的体表温度可降低 1～2.2℃，脉搏减缓 4～8 次 / 分，呼吸均匀，血流舒缓，紧张的神经系统得以放松，对神经衰弱、高血压、心脑疾病和呼吸道疾病等都能起到间接的理疗作用。

4. 在医疗卫生保健方面具有积极的意义

植物可大大降低空气中的含尘量，吸收、稀释地面 3～4 m 高范围内的有害气体。许多植物的芽、叶、花粉分泌大量的杀菌素，可杀死空气中的细菌、真菌和原生动物。科学研究证明，景天科植物的汁液能消灭流感类的病毒，松林放出的臭氧和杀菌素能抑制杀灭结核菌，樟树、桉树的分泌物能杀死蚊子，驱除苍蝇。因此，在医院、疗养院绿地中，选择松柏等多种杀菌力强的树种，其作用就显得尤为重要。

5. 卫生防护隔离作用

医院中，一般病房、传染病房、制药间、解剖室、太平间之间都需要隔离，传染病医院周围也需要隔离。园林绿地中乔灌木植物的合理配置可以起到有效的卫生防护隔离作用。

三、医疗机构绿地树种选择

在医院、疗养院绿地设计中，要根据医疗单位的性质和功能，合理地选择和配置树种，以充分发挥绿地的功能作用。

1. 选择杀菌力强的树种

具有较强杀灭真菌、细菌和原生动物能力的树种主要有侧柏、圆柏、铅笔柏、雪松、杉松、油松、华山松、白皮松、红松、湿地松、火炬松、马尾松、黄山松、黑松、柳杉、黄栌、盐肤木、锦熟黄杨、尖叶冬青、大叶黄杨、桂香柳、核桃、月桂、七叶树、合欢、刺槐、国槐、紫薇、广玉兰、木槿、楝树、大叶桉、蓝桉、柠檬桉、茉莉、女贞、日本女贞、丁香、悬铃木、石榴、枣树、枇杷、石楠、麻叶绣球、枸橘、银白杨、钻天杨、垂柳、栾树、臭椿及蔷薇科的一些植物。

2. 选择经济类树种

医院、疗养院还应尽可能选用果树、药用等经济类植物，如山楂、核桃、海棠、柿、石榴、梨、杜仲、国槐、山茱萸、白芍药、金银花、连翘、丁香、枸杞等。

任务实施

在掌握必要的理论知识后，根据园林规划设计的程序和医疗单位绿地规划设计的特点，结合绿地实际情况来完成该综合性医院绿地的总体规划设计。

一、调查研究阶段

1. 单位性质及绿地现状的调查

该医疗机构为综合性医院，地处浙江省江山市两条主干道交叉路口，占地面积约 2.67 万 m^2，总建筑面积约 3 万 m^2。该医院总体规划包括四部分建筑，即门诊行政大楼、住院大楼、专家楼和老年保健中心。医院设有四个出入口，即主入口、次入口、专家入口和后勤入口。根据医院总体布局和各绿地的位置、面积以及与各建筑物的关系，绿地分为三部分，门诊大楼绿地、住院大楼和老年保健中心绿地以及其他区域绿地。各块绿地地势平坦、土壤理化性质良好，其中门诊大楼前绿地面积较大，在考虑单位性质功能和兼顾城市景观的前提下，可设计为景观广场。

2. 设计目标和设计原则的确定

医疗机构的园林绿地规划设计的目标，一方面是创造优美、安静的疗养和工作环境，发挥隔离和卫生防护功能，有利于患者康复和医务工作人员的身心健康；另一方面是改善医院及城市的气候，保护和美化环境，丰富市容景观。根据设计目标特制定以下设计原则：

（1）生态优先，以植物造景为主，营造良好的小气候环境。

（2）以人为本，以服务病人为主，创造良好的户外活动环境。

二、总体规划设计阶段

1.门诊大楼绿地规划设计

（1）入口广场的绿地规划设计　医院入口广场采用规划对称式布局，在不影响人流、车辆交通的条件下，区划为左、中、右三部分。广场中心绿地设置装饰性花坛、雕塑和草坪，左右两侧设置广场、旱喷泉和花台等，形成开朗、明快的格调。尤其是喷泉，可增加空气湿度，促进空气中负离子的形成，有益于人的健康。喷泉与雕塑、花坛的组合，可形成不同的景观效果。入口广场绿化设计图如图5—5—4所示。

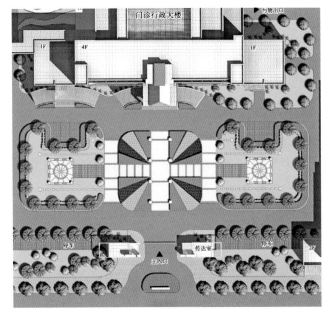

图5—5—4　入口广场绿地规划设计图

广场周围栽植整形绿篱、草坪、四季花灌木。节日期间也可用一、二年生花卉做重点美化装饰。大门两侧结合停车场栽植高大遮阴乔木。医院的临街围墙以通透式为主，使医院内、外绿地交相辉映。

（2）门诊大楼周围绿地规划设计　门诊楼建筑周围的基础绿带，绿地规划风格应与建筑风格协调一致，美化衬托建筑形象。门诊大楼主、次入口以草坪、低矮的花灌木为主，对称式栽植，以美化、强调入口空间。沿道路栽植高大乔木，形成庭荫，但种植点应距建筑5 m以外，以免影响室内通风、采光及日照。门诊楼后常因建设物遮挡，形成阴面，光照不足，要注意耐阴植物的选择配置，保证良好的绿化效果，如可选择天目琼花、金丝桃、珍珠梅、金银木、绣线菊、海桐、大叶黄杨、丁香等树种，以及玉簪、紫萼、书带草、麦冬、白三叶、冷绿型混播草坪等宿根花卉和草坪。

2. 住院大楼和老年保健中心绿地规划设计

住院大楼和老年保健中心位于入口广场和门诊大楼左侧。住院大楼前绿地和老年保健中心前庭园要精心布置，根据场地大小、地形地势、周围环境等情况，确定绿地形式和内容，结合道路、建筑进行绿地规划设计，形成卫生隔离绿地，创造安静、优美的环境，供住院及保健人员室外活动及疗养。

（1）**住院大楼绿地规划设计** 住院大楼主入口前绿地结合中心广场的绿地规划布局，采用规划式构图，结合道路绿地中心设置整形广场，周边放置座椅、桌、凳等休息设施，两侧种植草坪、绿篱、花灌木及少量遮阴乔木。

（2）**老年保健中心绿地规划设计** 老年保健中心前绿地面积较大，可设计为集散广场和小型游园，点缀园林建筑小品，配置花草树木，形成优美的自然式庭园。广场、小径要尽量平缓，并采用无障碍设计，硬质铺装，以方便病人出行活动。绿地种植草坪、绿篱、花灌木及少量遮阴乔木。小游园环境清洁优美，可供病人坐息、赏景、活动，兼作日光浴场，也是亲属探视病人的室外接待处。住院大楼和老年保健中心绿化设计图如图5—5—5所示。

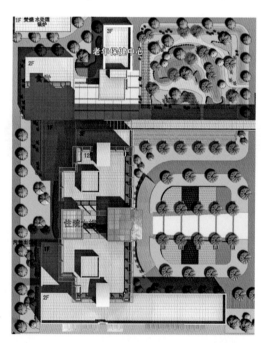

图 5—5—5   住院大楼和老年保健中心绿地规划设计图

3. 其他区域绿地规划设计

其他区域绿地主要包括专家楼绿地、后勤部门绿地、周边绿地等。这些区域位于医院后部和周边，单独设置，绿地以树丛、树群为主，绿地规划要强化隔离作用。

三、相关图样绘制阶段

根据医疗单位绿地规划设计的相关知识和设计要求，完成浙江省江山市某综合医院的绿地规划设计。设计图纸应包括如下内容：

1. 设计平面图（见图5—5—6）

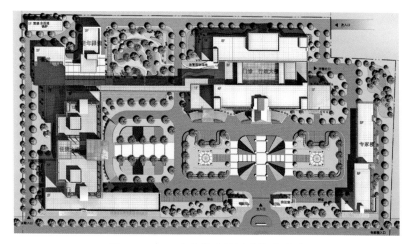

图5—5—6　医院绿地规划设计平面图

2. 设计效果图（见图5—5—7、图5—5—8）

图5—5—7　医院入口广场效果图

图5—5—8　医院绿地规划设计效果图

3. 植物设施表

（略）

4. 设计说明书

（略）

知识链接

一、专科医院绿地规划设计的特殊要求

1. 儿童医院绿地规划设计

儿童医院主要收治 14 周岁以下的儿童患者。其绿地除具有综合性医院的功能外，还要考虑儿童的一些特点。如绿篱高度不超过 80 cm，以免阻挡儿童视线；绿地中适当设置儿童活动场地和游戏设施等。在植物选择上，注意色彩效果，避免选择对儿童有伤害的植物。

儿童医院绿地中设计的儿童活动场地、设施、装饰图案和园林小品，其形式、色彩、尺度都要符合儿童的心理需要，富有童心和童趣，要以优美的布局形式和绿化环境创造活泼、轻松的气氛，减弱医院和疾病对儿童患者的心理压力，如图 5—5—9 所示。

图 5—5—9　某儿童医院绿地规划设计效果图

2. 传染病院绿地规划设计

传染病院收治各种急性传染病患者，因此更应突出绿地防护隔离作用。防护林带要宽于一般医院，同时常绿树的比例要更大，使冬季也具有防护作用。不同病区之间也要相互隔离，避免交叉感染。病人活动能力弱，以散步、下棋、聊天为主，所以各病区绿地不宜太大。休息场地要距离病房近一些，方便利用。

3. 精神病院绿地规划设计

精神病院主要接收有精神病的患者。由于艳丽的色彩容易使病人精神兴奋，神经中枢失控，不利于治病和康复，因此精神病院绿地设计应突出"宁静"的气氛，以白、绿色调为主，多种植常绿树，少种花灌木，并选种如白丁香、白碧桃、白月季、白牡丹等白色花灌木。在病房区周围面积较大的绿地中，可布置休息庭园，让病人在此感受阳光、空气和自然气息。

二、疗养院绿地设计

　　疗养院是具有特殊治疗效果的医疗保健机构，主要治疗各类慢性病，患者疗养期一般较长，一个月到半年左右。疗养院具有休息和医疗保健双重作用，多设于环境优美、空气新鲜，并有一些特殊治疗条件（如温泉）的地段，有的疗养院就设在风景区中，有的单独设置，图5—5—10为某疗养院的休息绿地。

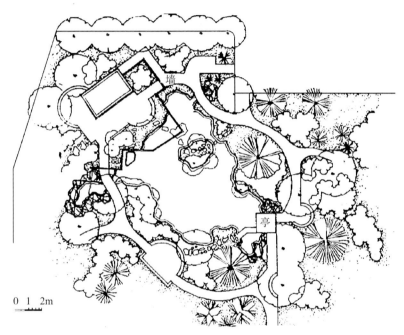

0　1　2m

图5—5—10　某疗养院休息绿地设计图

　　疗养院的疗养手段以自然因素为主，如气候疗法（日光浴、空气浴、海水浴、沙浴等）、矿泉疗法、泥疗、理疗与中医相配合。因此，在进行环境和绿地规划设计时，应结合各种疗养法如日光浴、空气浴、森林浴，布置相应的场地和设施，并与环境相融合。

　　疗养院与综合性医院相比，一般规模和面积更大。疗养院有较大的绿地规划区，因此更应发挥绿地的作用。疗养院内树木花草的布置要衬托美化建筑，使建筑内阳光充足，通风良好，并防止西晒，留有风景透视线，以供病人在室内远眺观景。为了保持安静，在建筑附近不应种植如毛白杨等树叶声大的树木。疗养院内的露天运动场地、舞场、电影场等周围也要进行绿地规划，形成整洁、美观、大方、安静、清新的环境。疗养院内绿地规划在不妨碍卫生防护和疗养人员活动要求的前提下，注意结合生产，开辟苗圃、花圃、菜地、果园，让疗养病人参加适当的劳动，即园艺疗法。

思考与练习

1. 医疗机构的用地组成是什么？

2. 医疗机构绿地规划的基本原则是什么？

3. 结合当地某综合性医疗机构的绿地实测，探讨医疗机构绿地规划树种选择的原则和绿地各组成部分的设计理念。

模块六

屋顶花园设计

课题一
屋顶花园方案设计

 **任务目标**

◇掌握屋顶花园的常见类型及布局形式

◇了解屋顶花园场地生境条件及周围环境，能分析屋面的荷载及雨水收集处理

◇掌握屋顶花园设计的原则及要点

◇能够根据服务对象的要求及环境特点进行屋顶花园方案设计及文案制作

◇能够完成屋顶花园的施工图设计

任务提出

图6—1—1是某高档住宅局部平面图，面积约为1 000 m²，其中中间绿色区域为预留的屋顶花园，即为该任务的设计范围。花园的南北两面与公寓的阳台和窗户相接，东西两面各设有一入口，供住户通行。建设单位要求将该区域营造成一个绿量充足、有现代生活情趣、可赏可憩的近距离户外活动空间。

 任务分析

设计师在接受设计任务后，首先要与建设单位进行进一步的沟通，明确设计的目标；然后，通过现场踏勘或调查，了解当地自然环境、社会环境、绿地现状等设计条件；最后，根据任务书中明确的规划设计目标、内容、原则等具体要求，着手进行屋顶花园的设计并完成图纸绘制工作。

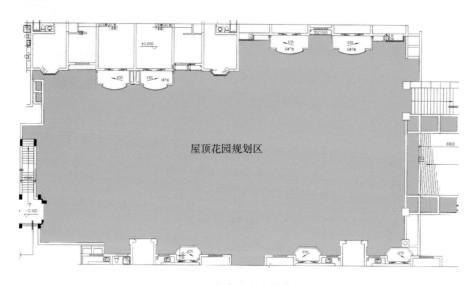

图6—1—1　某高档住宅局部平面图

相关知识

一、屋顶花园的性质与功能

屋顶花园是指在各类建筑的顶部（包括屋顶、楼顶、露台或阳台）栽植花草树木、建造各种园林小品所形成的绿地，如图6—1—2、图6—1—3所示。屋顶花园是将绿地建在建筑物之上，因此对种植床的排水设计有特殊要求，对园林材料尤其是植物材料要求更高，对施工与养护技术要求更精细。

图6—1—2　某商场屋顶花园绿化设计实景效果

图6—1—3　小区内高层建筑上的屋顶花园效果图

屋顶花园不但降温、隔热效果优良，而且能美化环境、净化空气、改善局部小气候，还能丰富城市的俯仰景观，因此是一种值得大力推广的屋顶形式。

与地面园林绿地相比，屋顶花园具有以下几方面的功能：

1. 增加城市绿化面积，改善生态环境

随着我国城市化进程的不断加快，城市的人口越来越多，建筑的密度越来越大，人均占有绿地的面积越来越少。在土地面积有限的条件下，通过屋顶绿化不但可以美化城市的空间景观，而且可以补偿建筑物占用的绿化地面，大大提高城市的绿地覆盖率，改善生态环境。

2. 调节心理，美化城市景观

众所周知，人眼观看最舒适的颜色是绿色。在鳞次栉比的城市建筑中，屋顶花园的绿色弱化了灰色混凝土、黑色沥青和各类墙面，为城市空间景观增添了一道道美景。如图6—1—4 所示为美国纽约高线公园，一个位于纽约曼哈顿中城西侧的线形空中花园。

图6—1—4　美国纽约高线公园

3. 调节室内温度

屋顶花园上种植的各类花草树木及种植土的厚度，完全可以取代屋顶的保温、隔热层，起到冬季保温、夏季隔热的效果。实验证明，这样的温差调节可以达到 $2 \sim 3$℃。

4. 提高楼面防水能力

平屋面的顶层夏季受阳光曝晒，冬季受冰雪侵蚀，这种温度的热胀冷缩变化易造成屋顶破裂漏水。屋顶采用绿化后，其表面的土壤和植物使其防水层处于保护层之内，从而延

长了防水材料的寿命。

二、屋顶花园的特点

1.绿化条件较地面差

由于屋顶位于高处，四周相对空旷，导致屋顶风速比地面大，水分蒸发也较快，因此绿化环境条件差。如果屋顶花园离地面越高，则其绿化条件就越差。

2.造园及植物选择有一定的局限性

因屋顶承重能力的限制，在屋顶花园中不可设置大规模的自然山水、石材，如图6—1—5所示。花园在地形处理上以平地处理为主；水池一般为浅水池，可用喷泉来丰富水景；因其无法具备与地面完全一致的土壤环境，因此在设计时应避免地貌高差过大。屋顶花园内种植土比较薄，在植物的选择上应避免采用深根性或生长迅速的高大乔木，一般以选择阳性、耐寒、水蒸发量较小的植物为主，或选择浅根系树种，或以灌木为主。

图6—1—5　充分考虑到承重能力的屋顶花园设计

3.绿地边界规整

屋顶形状一般为规则的几何形状且多重复出现，尤其在小区中更为明显。设计时应注意协调统一又富于变化，形成韵律。

三、屋顶花园的类型

按照使用功能分类，屋顶花园通常可分为游憩型屋顶花园、营利型屋顶花园、家庭式屋顶花园和科研型屋顶花园。

1.游憩型屋顶花园

游憩型屋顶花园一般属于专用绿地的范畴，其服务对象主要是该单位的职工或生活在该小区的居民，其主要功能是为生活和工作在高层空间的人们提供一个室外活动场所，如图6—1—6所示。花园入口的设置要充分考虑出入的方便性，满足使用者的需求。

2.营利型屋顶花园

这类花园多建在宾馆、酒店、大型商场等的内部，其建造的目的是吸引更多的客人，如图6—1—7、图6—1—8所示。这类花园面积一般超过1 000 m²，空间比较大。在园内可为顾客安排一些服务性的设施，如茶座等，也可以考虑布置一些园林小品、植物等，必要时还可以考虑增加景观照明。

图6—1—6 游憩型屋顶花园效果图

图6—1—7 位于建筑顶部的空中花园餐厅设计图

图6—1—8 酒店建筑顶部的营利型屋顶花园

3. 家庭式屋顶花园

多层式阶梯式住宅公寓的出现，使屋顶小花园走入了家庭。家庭式屋顶花园面积较小，以植物配置为主，一般不设置大型小品，但可以充分利用空间做垂直绿化，布设一些精美的小品，如小水景、小藤架、小凉亭等，还可以进行一些趣味性种植，领略城市早已失去的农家情怀。如图6—1—9所示。

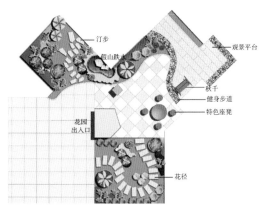

图6—1—9 家庭式屋顶花园

4. 科研型屋顶花园

这类花园主要是指一些科研性机构为进行植物研究所建造的屋顶试验地。虽然其目的并非从绿化的角度考虑，但也是屋顶绿化的一种形式。科研型屋顶花园同时具有绿化和科学研究的双重性质，一般以规则式种植为主。

四、屋顶花园的设计原则

1. 适用原则

建造屋顶花园的目的主要就是在有限的空间内进行绿化，增加城市绿地面积，改善城市的生态环境，同时为人们提供一个良好的生活、工作场所和优美的环境。但是，不同的单位其建造目的是不同的。对于一般的宾馆、饭店，其目的主要是为宾客提供一个优雅的休息场所；对于居住小区来说，设计则要从居民生活和休息角度来考虑。不同性质的屋顶花园应有不同的设计内容，包括园内植物、建筑和相应的服务设施。但不论哪种性质的花园，都应该把绿化放在首位。一般屋顶花园的绿地覆盖率要求在60%以上，只有这样才能发挥绿化的生态效应。

2. 精美原则

由于屋顶花园的面积有限，所以屋顶花园的设计应以"精美"为主，在景观的设计和植物的选择上要仔细推敲，尤其是在尺度上应该尤其注意与建筑主体相协调。在植物配置上，要考虑植物季相景观的问题，基本做到四季都有景可赏。如图6—1—10所示。

图6—1—10　布置精美的屋顶花园设计

3. 安全性、持续性原则

在屋顶建花园必须注意屋顶的安全指标，其中最主要的是考虑以下三方面的问题：

（1）屋顶自身的承重问题。屋顶楼板的承载能力是建造屋顶花园的前提条件（国家标准规定：设计荷载在200 kg/m² 以下的屋顶不宜进行屋顶绿化；设计荷载大于350 kg/m² 的屋顶，根据荷载大小，除种植地被、花灌木外，可以适当选择种植小乔木）。如果屋顶

花园的附加重量超过楼顶本身的承载能力，就会影响楼体的安全，因此在设计前必须对建筑本身的一些相关指标和技术资料做全面、细致的调查，认真核算。

（2）施工完成后新建园林小品的均布荷载和活荷载对屋顶承重造成的安全问题。

（3）防水处理的成败问题。防水处理的成败，直接影响屋顶花园的使用效果和建筑物的安全。目前屋顶防水一般采用柔性卷材防水和刚性防水的做法，但是不论采取何种形式的防水处理都不可能保证100%的不渗漏，而且建造施工过程中还极有可能破坏原防水层。因此，该设计方案将通过使用新型防水材料提高防水层施工质量。

五、屋顶花园的防水措施及荷载

1. 屋顶花园的防水措施

（1）选择良好的防水材料，采用新型保温、隔热技术，彻底解决顶楼居民"冬冷夏热"的生活尴尬，做到冬暖夏凉。

（2）在建花园之前，应检查渗漏水情况，可以在楼顶将排水口堵塞，使屋面积水，检查是否漏水，一旦有漏水现象应及时补救。

（3）在施工过程中注意保护好防水层，严格按照操作规程施工，以免防水层受到破坏。

（4）在浇灌过程中，尽可能不产生积水，及时清理枯枝落叶，防止排水口被堵。

2. 屋顶花园的荷载

屋顶花园中各项园林工程的荷载均要换算为每平方米的等效均布荷载，然后再与花园的荷载相比，精确计算，确保花园顺利建造。在选择种植基质和植物时，应首先考虑材料的重量。可以运用新型轻质施工材料，避免传统屋顶花园施工中所造成的屋顶荷载增大诱发建筑质量问题的危险。种植基质除了选择种植原土，还可以使用新型种植基质。新型种植基质重量比较轻，并具有良好的保湿性和透水性。屋顶花园适宜种植一些低矮的灌木、花卉和草坪，小乔木最好种植在木桶或木箱等容器中，并放在承重墙或承重柱上。可以运用新型架空技术，弥补传统屋顶花园与楼顶接触造成的顶层含水、根系破坏防水层等结构性缺陷。

🌸 任务实施

一、接受设计任务，明确设计目标

设计单位从建设单位或业主处领取任务书后，要将设计项目分配给设计班组，每个设计项目具体由组长或设计师组织开展工作。

在进行规划设计前首先应仔细地阅读任务书，重点应把握好设计的目标、场地的性质以及绿地的功能要求。

二、调查研究阶段

针对设计的要求,查找和收集相关的资料,带图纸到建设绿地现场进行勘察。在进行屋顶花园设计时必须调查了解的情况包括:

1. 楼面各区位的环境条件,划出常年无光照的阴区和强光照的阳区。

2. 在现状图中圈出楼面的承重部位和落水口。

3. 了解当地的气候、风俗习惯以及建设单位或业主的设计要求。

完成本部分工作的依据是:《城市园林绿化技术操作规程》(DB 51/510016—1998),《屋面工程技术规范》(GB 50345—2012),《屋面工程质量验收规范》(GD 50207—2012)。

三、设计阶段

结合调查结果和相关知识,进行草图设计。草图设计的主要内容包括确定立意,划分功能区和拟设景观点。

在这一阶段的设计成果通常包括设计总平面图、功能分区图、景观布局图和整体鸟瞰图等。往往因屋顶花园的设计规模较小,可以将功能分区图和景观布局图的表达内容合并到总平面图上。

图6—1—11和图6—1—12是该屋顶花园的两个设计方案,前者以自然式构图为主,后者以规则式构图为主。两者的共同点是通过自然式绿地与带图案的铺装地的有机组合,突出植物造景的重要性;以色块或色带形式种植,尽量保证阳台和窗户的采光;还可适当安置一些园林建筑小品,为住户提供方便。

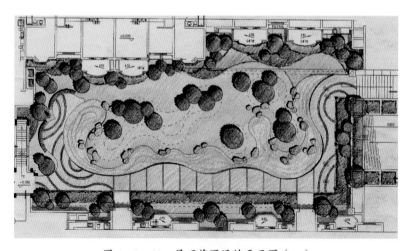

图6—1—11　屋顶花园设计平面图(一)

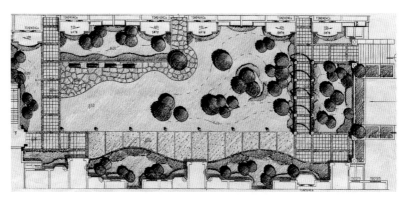

图 6—1—12 屋顶花园设计平面图（二）

 思考与练习

    1.屋顶花园的特点是什么？

    2.简述屋顶花园的功能。

    3.简述屋顶花园的分类。

    4.简述屋顶花园的设计原则。

    5.简述屋顶花园的防水措施。

课题二

屋顶花园种植设计

🎯 任务目标

◇熟练掌握屋顶花园种植区的构造与形式

◇掌握屋顶花园植物种植设计的要点

◇能够根据屋顶花园的环境特点，选择合理的种植形式，并准确完成树种选择

◇熟练掌握屋顶花园植物配置的方法

◇能够根据要求，规范、准确地完成平面图、施工图的绘制

❂ 任务提出

    图 6—2—1 是某别墅屋顶平面图，面积约 100 m^2。业主希望将规划场所营造成一处优美的山水园，要求植物种类丰富，高低层次分明，季相景观突出。

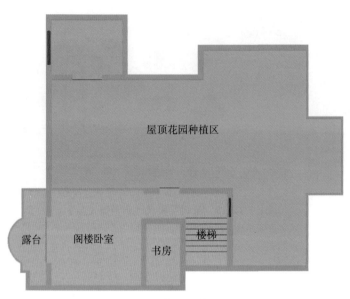

图 6—2—1 某别墅屋顶平面图

 任务分析

该设计任务的对象是别墅式屋顶花园，由于面积较小，一般宜以植物造景为主。由于屋顶花园具有特殊的环境条件，因此设计师除了要对园林植物的生态习性比较熟悉外，还应掌握屋顶花园种植区的平面布局形式、内部植物的配置方法、种植区的竖向结构，根据生长环境条件和屋顶的承重要求合理地选择植物，把握种植设计的要点。

相关知识

一、屋顶花园种植区布局形式及植物配置方法

1. 屋顶花园种植区布局形式

（1）规则式布局 规则式布局注重装饰性的景观效果，强调动态与秩序的变化；植物配置上形成规则的、有层次的、交替的组合，表现出庄重、典雅、宏大的气氛；多采用不同色彩的植物搭配，景观效果醒目；点缀精巧的小品，结合植物图案，常常使不大的屋顶空间变为景观丰富、视野开阔的区域。如图 6—2—2 所示。

（2）自然式布局 对于大面积的绿地，可以采用自然式种植池。自然式布局可以根据乔、灌、草的配置产生较好的立面效果，如果与道路系统能够很好地结合，还可以创造出曲折、变化和自由的园林特色。这种布局，园林空间的组织、地形地物的处理、植物配置等均采用自然的手法，如图 6—2—3 所示。

（3）混合式布局 混合式布局注重自然与规则的协调统一，具有自然和规则两种形式

的特色。主要特点是植物采用自然式种植，而种植池的形状是规则的。混合式布局是屋顶花园最为常见的形式，如图6—2—4所示。

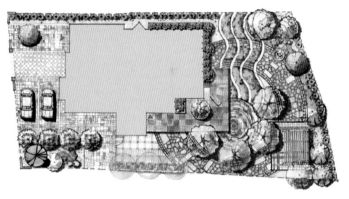

图6—2—2　规则式布局的屋顶花园设计图

图6—2—3　自然式布局的屋顶花园效果图

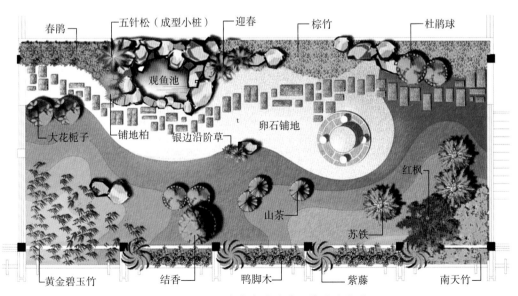

图6—2—4　混合式布局的屋顶花园设计图

2. 植物配置方法

（1）孤植　与地面相比，屋顶花园要求树木本身体型不能太大，主要以优美的树姿、艳丽的花朵或累累的硕果作为观赏目标，可选择圆柏、南洋杉、龙爪槐、叶子花、紫叶李等。

（2）绿篱　绿篱可以用来分隔空间、组织游览路线。同时，在规则式种植中，绿篱是必不可少的镶边植物。

（3）花境　花境在屋顶花园中可以起到很好的绿化效果。在设计时应注意其观赏位置、立面效果和景观的季相变化。

（4）丛植　丛植在配置时应注意树木的大小、姿态、色彩和相互距离等。

（5）花坛　在屋顶花园中可以采用独立、组合等形式布置花坛，其面积可以结合具体情况而定。花坛平面轮廓多为规则的几何图形，采用规则式种植。植物种类可以用季节性草花布置，但要及时更新失去观赏价值的植物，也可以在花坛中心布置较高大、整齐的植物，或者用五色草布置成模纹花坛。

如图6—2—5所示为某屋顶花园种植设计效果图。

图6—2—5　某屋顶花园种植设计效果图

二、屋顶花园种植区竖向结构

1. 植被层

植被层是指在花园上种植的各种植物，包括草本、小灌木、大灌木、乔木等。

2. 种植土层

种植土层为种植区中最重要的组成部分。

为减轻屋顶的附加荷载，种植土常选用经过人工配置的，既含有植物生长所需的各类元素，又含有比露地耕土密度小的种植土。国内外用于屋顶花园的种植土种类很多，如日本采用人工轻质土壤，其土壤与轻骨料（蛭石、珍珠岩、煤渣和泥炭等）的体积比为3∶1，它的密度约为1 400 kg/m³。英国和美国均采用轻质混合人工种植土，主要成分是沙土、腐殖土和人工轻质材料，其容重为 $1\,000\sim1\,600\,kg/m^3$。人工合成轻质土的成分和配制比例可根据各地现有材料的情况而定。

花园上土层的厚度必须满足植物正常生长的需要，不同植物对土层厚度的要求是有差异的。

3.过滤层

设置此层的目的是防止种植土随浇灌和雨水而流失。选用的材料应该既能透水又能过滤，而且颗粒本身比较小，同时还要经久耐用、造价低廉。常见的过滤层使用的材料有稻草、玻璃纤维布、粗沙、细炉渣等。

4.排水层

排水层位于过滤层之下，目的是改善种植土的通气状况，保证植物能够有发达的根系，确保植物在生长过程中根系呼吸有所需的空气。排水层的材料应该具备通气、排水、储水和质轻的特点，同时要求骨料间应有较大孔隙。

图6—2—6是屋顶花园种植区的竖向结构图。

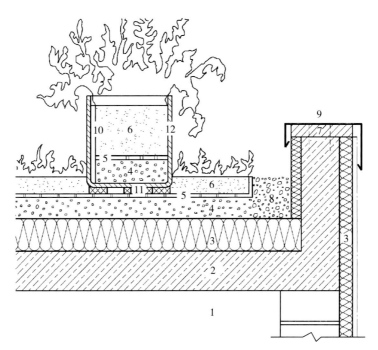

图6—2—6　种植区的竖向结构图

1—室内　2—浴盆式结构　3—保温层　4—排水层　5—过滤层　6—种植层　7—水压板
8—砾石带　9—金属盖板　10—由聚苯乙烯组成的调压板　11—泡沫塑料层
12—由带土壤排水的纤维混凝土组成的植物池

三、屋顶花园的植物选择

1. 屋顶花园植物选择要求

（1）耐旱、抗寒性强的矮灌木和草本植物　由于屋顶花园夏季气温高、风大、土层保湿性能差，冬季保温性差，因而应选择耐干旱、抗寒性强的植物为主。同时，考虑到屋顶的特殊环境和承重的要求，植物应注意多选择矮小的灌木和草本植物，以利于植物的运输、栽种。

（2）阳性、耐瘠薄的浅根性植物　屋顶花园大部分地方为全日照直射，光照强度大，植物应尽量选用阳性植物。但在某些特定的小环境中，如花架下面或靠墙边的地方，日照时间较短，可适当选用一些半阳性的植物种类，以丰富屋顶花园的植物品种。屋顶的种植层较薄，为了防止根系对屋顶建筑结构的破坏，应尽量选择浅根系的植物。因施用肥料会影响周围环境的卫生状况，故屋顶花园应尽量种植耐瘠薄的植物种类。

（3）抗风、不易倒伏、耐积水的植物　屋顶风力一般较地面大，特别是雨季或有台风来临时，风雨交加对植物的生存危害最大，加上屋顶种植层薄，土壤的蓄水性能差，一旦下暴雨，易造成短时积水，故应尽可能选择一些抗风、不易倒伏，同时又能耐短时积水的植物。

（4）以常绿植物为主　屋顶花园的植物应尽可能以常绿为主，宜用叶形和株形秀丽的品种。为了使屋顶花园更加绚丽多彩，体现花园的季相变化，还可适当栽植一些色叶树种。另外在条件许可的情况下，可布置一些盆栽的时令花卉，使花园四季有花。

（5）以本地植物为主，适当引入绿化新品种　本地植物对当地的气候有高度的适应性，在环境相对恶劣的屋顶花园，选用本地植物有事半功倍之效。同时考虑到屋顶花园的面积一般较小，为将其布置得较为精致，可选用一些观赏价值较高的新品种，以提高屋顶花园的档次。

2. 屋顶花园常用植物种类

屋顶花园一般宜以草坪为主，适当搭配灌木、盆景，避免使用高大乔木，还要重视芳香植物和彩色植物的应用，做到高矮疏密错落有致、色彩搭配和谐、合理。

草本花卉常用的有天竺葵、球根秋海棠、风信子、郁金香、金盏菊、石竹、一品红、旱金莲、凤仙花、鸡冠花、大丽花、金鱼草、雏菊、羽衣甘蓝、翠菊、千日红、含羞草、紫茉莉、虞美人、美人蕉、萱草、鸢尾、芍药、葱兰等。

草坪与地被植物常用的有天鹅绒草、酢浆草、虎耳草、美女樱、太阳花、遍地黄金、马缨丹、红绿草、吊竹梅、凤尾珍珠等。

灌木和小乔木常用的有红枫、小檗、南天竹、紫薇、木槿、贴梗海棠、蜡梅、月季、玫瑰、山茶、桂花、牡丹、结香、平枝栒、八角金盘、金钟花、栀子、金丝桃、八仙花、迎春花、棣棠、枸杞、石榴、六月雪、苏铁、福建茶、黄心梅、变叶木、鹅掌楸、龙舌兰等。

藤本植物常用的有洋常春藤、茑萝、牵牛花、紫藤、木香、凌霄、金银花、常绿油麻藤、葡萄、爬山虎、炮仗花等。

果树和蔬菜常用的有矮化苹果、金橘、葡萄、猕猴桃、草莓、黄瓜、丝瓜、扁豆、番茄、青椒、香葱等。

四、屋顶花园植物种植设计要点

1. 各类植物生长的土层厚度与荷载值见表 6—2—1。

表 6—2—1　　　　　种植区植物生长的土层厚度与荷载值

类别	单位	地被	花卉或小灌木	大灌木	浅根乔木	深根乔木
植物生存植土最小厚度	cm	15	30	45	60	90~120
植物生育植土最小厚度	cm	30	45	60	90	120~150
排水层厚度	cm		10	15	20	30
平均荷载（种植土容重按 1 000 kg/m³ 计）	kg/m²（生存）	150	300	450	600	600~1 200
	kg/m²（生育）	300	450	600	900	120~1 500

2. 乔木、大灌木尽量种植在承重墙或承重柱上。

3. 屋顶花园的日照要考虑周围建筑物对植物的遮挡，在阴影区应配置耐阴植物。还要注意防止由于建筑物对阳光的反射和聚光作用，致使植物局部被灼伤现象的发生。

五、屋顶花园后期养护管理

屋顶花园建成后的养护，主要是指花园主体景物的各种草坪、地被、花木的养护管理，以及屋顶上的水电设施维护和屋顶防水、排水等工作。屋顶花园建成后，要注意植物生长情况，对于生长不良的植物及时采取措施；注意水肥，浇水以勤浇少浇为主；经常修剪，及时清理枯枝落叶；注意排水，防止系统被堵；对于过季草花应及时更新，以免影响整体形象。

由于高层住宅房顶一般没有楼梯，只有小出入口，很难上去操作，因此公共屋顶花园一般应由有园林绿化种植管理经验的专职人员来承担。

 任务实施

一、接受设计任务，明确设计目标

一般对于别墅屋顶花园的绿化设计，设计师在接受设计任务后必须与业主进行交流、沟通，掌握业主对屋顶花园设计的要求以及初步设想。

二、调查研究阶段

1.了解当地的气候条件，以及适用于屋顶花园的常见植物种类。

2.了解别墅屋顶花园各区位的环境条件，划出常年无光照的阴区和强光照的阳区，以便为植物种植设计提供依据。

3.在现状图中圈出楼面的承重部位和落水口。

4.收集相关图纸资料，了解建筑的承重能力。

5.了解当地风俗习惯以及业主的设计要求。

三、设计阶段

结合本节的知识点进行草图设计。草图设计的主要内容包括：

1.确定立意，划分功能区和拟设景观点。

2.确定种植区域，并选择绿化树种。

（1）考虑所选择的植物种类是否与种植地点的环境和生态相适应。

（2）考虑屋顶上所营造的植物群落是否符合自然植物群落的发展规律。

（3）根据种植区及种植池的设计形式来选择树种，力求提升整个屋顶空间的文化品位和生态效益。

四、图样绘制阶段

这一阶段的设计成果通常包括设计总平面图、功能分区图、景观布局图和整体鸟瞰图等。该别墅屋顶花园植物种植设计平面图如图6—2—7所示。

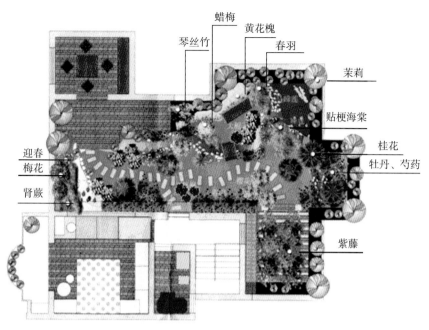

图6—2—7 别墅屋顶花园植物种植设计平面图

思考与练习

1. 简述屋顶花园种植层的竖向结构。

2. 简述屋顶花园植物造景设计的类型。

3. 根据植物的类别，简述屋顶花园对植物生存土厚度的具体要求。

4. 结合游憩型屋顶花园的实际情况，论述屋顶花园植物种植设计的要点。

模块七

公园规划设计

课题一
综合性公园规划设计

 任务目标

◇掌握公园的概念、类型及内容设置

◇熟练掌握综合性公园常见的功能区，并能够合理完成功能区的划分

◇掌握综合性公园景观布局的构思方法

◇能够准确分析综合性公园常用的园林布局和造景手法

◇能够准确进行公园容量分析

◇能够进行公园地形设计、植物造景设计、园路设计、建筑与小品设计

◇能够进行公园出入口的位置选择和大门设计

◇了解和掌握公园的照明系统与给排水设计

任务一　综合性公园总体规划设计

任务提出

图7—1—1是建设单位提供给设计单位的设计项目基地现状图，要求根据实际情况将该基地设计为一处现代化的湿地主题公园。基地位于江苏省泰州市新城区内，基地被一条废弃的公路分割为几个不规则地块，南侧为鱼塘和农宅，北侧为农田，东侧紧邻江苏省现代农业科技示范园。图中红线内域为规划用地，面积近130 000 m²，粗的蓝线为现有河道，四周为居住用地。设计要求遵循"利用为主，改造为辅"的原则，体现以人为本和生态和谐的设计思想。

图 7—1—1 设计项目基地现状图

任务分析

本任务首先进行该湿地主题公园的总体规划设计，拟从以下三个阶段开展工作。

第一阶段：调查研究阶段。收集相关设计资料及规范作为设计依据，并通过现场踏查或调查，了解当地自然环境（包括气象、地形地貌、地质、土壤、水系、生物等）、历史文化（包括城市性质、场地历史、文物、民俗民风、地方特产等）、社会环境（包括用地所在城市的总体规划、社会经济发展现状与规划、城市基础设施建设、环境质量、国家与地方相关法规等）、用地现状（包括用地现状图、规划边界线与周围环境、地形与土壤、地下水位、现有植被、道路、给排水、电力、电信等）等设计条件，通过与甲方座谈，进一步了解甲方的规划目的、设计要求等。第二阶段：编制设计任务书阶段。任务书中需要明确公园规划设计的性质，公园规划设计原则与指导思想，设计总目标与艺术风格特色要求，公园区位、范围、面积规模和游人容量，投资估算与分期建设计划，以及工作进度与设计成果内容。第三阶段：总体规划设计阶段。主要包括总平面图设计、功能分区规划与景点设置、景观结构分析等。

 相关知识

一、公园概述

1. 公园的概念

公园是随着近代城市的发展而兴起的，主要用来供人们游玩、观赏、休憩，开展科普、文体和社交等活动，面向全社会开放，有较完善的园林设施及良好的生态环境的城市公共绿地。与其他绿地明显不同的是，公园需设有开阔草地、大面积水域、大片树林，是人民群众防灾避险的有效场所，在城市基础设施建设中占有重要地位。随着我国城市化进程的快速发展，大量的人口向城镇集中，市民对公园绿地的需求越来越迫切，对公园的设计要求也越来越高。

2. 公园的分类

（1）我国公园的类型　根据公园绿地的性质和功能的不同，我国公园通常可分为综合性公园、纪念性公园、儿童公园、体育公园、植物园、动物园、古典园林、居住区公园、森林公园、主题公园等。

（2）外国公园的类型　根据各国不同的国情（以美国、日本、德国为例），公园的分类标准也有所区别，具体名称见表7—1—1。

表7—1—1　　　　　　　　　　外国公园类型

国别	公园类型
美国	游戏场、邻里运动场、地区运动公园、体育运动中心、城市公园、特殊公园、文化遗迹、国家公园等
日本	中心公园（含综合公园、运动公园、儿童公园、邻里公园、地区公园）、大规模公园（含大型公园、娱乐观光城市）、特殊公园（含动植物园、历史公园）、防止公害灾害的绿地（含缓冲绿地）等
德国	国民公园、郊外森林公园、运动场及游戏场、各种广场、分区园、花园路等

3. 公园的设计原则

（1）根据国家、地方的政策与法规，以城市总体规划为基础，进行科学设计，合理分布。

（2）因地制宜，充分利用自然地形和现有人文条件，有机组合，合理布局。

（3）充分体现以人为本的思想，为不同年龄的人创造优美、舒适，便于健身、娱乐、交往的公共绿地环境，设置人们喜爱的活动内容。

（4）充分挖掘地方风俗民情，借鉴国内外优秀造园经验，创造出有特色、有品位、具

有时代特征的新园林。

（5）正确处理好近期规划与远期规划的关系，考虑园林的健康、持续发展。

二、综合性公园设计

综合性公园是城市绿地系统的重要组成部分，是全市居民共享的户外绿色空间，通常位于城市中心地带。综合性公园要求选址交通方便，入口处设有大型停车场。

1. 综合性公园设置的内容

（1）观赏游览　可设置名胜古迹、文物、观赏植物、观赏动物、山石水体、建筑及小品等。

（2）文娱活动　露天舞场、文娱广场、俱乐部、游艺室、戏水池、健身设施等。

（3）安静活动　垂钓、棋艺、散步、晨练、读书、交友等。

（4）儿童活动　儿童游乐场、迷宫、少年自然科学园地、体育运动等。

（5）科普教育　小型植物园、小型动物园、科技展览馆、阅览室、宣传廊等。

（6）服务设施　小型餐厅、茶室、小卖部、摄影亭、休息亭、厕所、游览图、指示牌、园桌园凳、垃圾箱等。

（7）园务管理　门卫室、办公室、小型花圃、小型苗圃、盆景园、变电所、车库、堆场等。

2. 综合性公园的分区规划

（1）功能分区

1）文化娱乐区。一般布置在公园的中部，与公园出入口有方便的联系，两者之间通常设置道路广场。可在本区设置露天文娱广场、展览馆、阅览室、音乐厅、茶座等主要建筑物，为了避免相互干扰，建筑物之间常用景墙、山石、密林等隔离。

2）观赏游览区。公园中景色最优美的区域，以观赏、游览为主，通常设置小型动物园、植物专类园、盆景园、纪念区等。

3）安静休息区。多位于公园某次要出入口及其他两景区之间，在公园中占地面积往往超过60%，以密林、疏林草地、自然群落林为主要设计内容，供人们休息、散步、晨练、下棋和欣赏自然风景等，是老年人活动的主要场所。

4）体育活动区。根据各公园的定位，可设置小型体育运动场所，如网球场、游泳池、乒乓球馆及各类健身设施等。因对其他区域干扰较大，一般将体育活动区设置在交通方便的出入口周围。

5）儿童活动区。专为儿童设计的户外活动区域，为了考虑接送方便，一般设置在公园的某入口处。以布置滑梯、秋千、涉水池、电动游乐设施、吊绳等为主，周边考虑设置照看儿童的成人休息亭、廊架等。所选植物以高干乔木为主，忌用带毒、带刺、带飞毛或有强烈刺激性反应的品种。

6）园务管理区。为公园经营与管理需要设置的区域，一般分散在各出入口处。除办公室、值班室和工具材料堆场外，重点考虑花圃、苗圃、盆景园等小型生产地的设置。

如图7—1—2所示为某综合性公园设计功能分区图，由图可知该公园分为亲水广场区、儿童游乐区、安静休息区、疏林景观区、休闲娱乐区和园务管理区。

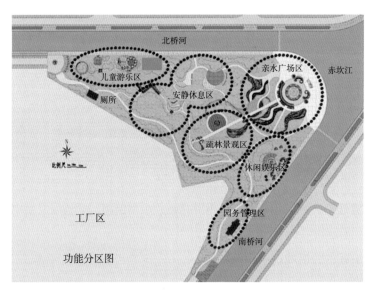

图7—1—2　某综合性公园设计功能分区图

（2）景观布局　景观布局通常被称为景观结构分析，是从艺术欣赏的角度来考虑公园的布局，除以功能划分空间外，往往还将园林中的植物季相景观、自然景色、艺术境界与人文景观作为划分标准，每一个景区有一个特色主题。如杭州花港观鱼公园，面积18万 m²，共分为牡丹园区（见图7—1—3）、红鱼池区、大草坪区、鱼池古迹区、密林区和鲜花港区。

图7—1—3　杭州花港观鱼公园的牡丹亭

3. 公园规划的容量分析

综合性公园的面积是根据城市规模、性质、用地条件、气候、绿化状况、周边居民总数及公园在城市中的位置与作用等因素综合考虑而确定的。市、区级公园游人人均占有公

园面积以 60 m² 为宜，居住区公园和街头小游园以 30 m² 为宜，风景名胜区游人人均占有公园面积宜大于 100 m²。最低游人人均占有公园的陆地面积不得低于 15 m²。在游览旺季的节假日里，游人的容纳量为服务范围居民人数的 15%～20%。人口在 50 万以上的城市中，全市性综合公园至少应能容纳 10% 的全市居民同时游园。

公园游人容量可按下列公式计算：$C=A/A_m$。其中 C 为公园游人容量（人），A 为公园总面积（m²），A_m 为公园游人人均占有面积（m²）。

4. 综合性公园的选址

根据城市绿地系统规划，确定综合性公园的选址和位置范围。具体选址要求可从以下几个方面来考虑：

（1）服务半径应是城市居民能够方便到达的地方，离周边主要居民区一般不超过 3 km，并与城市的主干道有密切的联系。

（2）自然地形地貌条件优越，自然植被和人文景观丰富的基地可作为综合性公园的首选地。

（3）规划中还应考虑将来周边有可持续发展的用地。

任务实施

在掌握了必要的理论知识之后，根据园林规划设计的程序以及公园绿地规划设计的特点，来完成本设计任务。

一、调查研究阶段

1. 收集相关的设计资料作为依据

《中华人民共和国城市规划法》《泰州市城市总体规划（2002—2020）》《公园设计规范》（GB 51192—2016）、《风景园林图例图示标准》（CJJ/T 67—2015）、《园林基本术语标准》（CJJ/T 91—2017）、《城市绿地分类标准》（CJJ/T 85—2002）、《城市用地分类与规划建设用地标准》（GB 50137—2011）及其他相关法规、条例、标准等。

2. 外业踏查，收集资料

结合建设单位提供的图纸资料，设计单位组织人员由项目负责人牵头去基地勘察实情，尽快完成现场勘察报告。

（1）**自然条件调查** 基地位于泰州市新城区东北郊，这里四季分明，夏季高温多雨，冬季温和少雨，具有无霜期长、热量充裕、降水丰沛、雨热同期等特点。气温最高在 7 月，最低在 1 月，冬夏季南北的温差不大，年平均气温在 14.4～15.1℃之间；年平均降水量 1 037.7 mm，降雨日为 113 天，但受季风的影响，降水变率较大，且南北地域之间也存在着差异。一般在 3 月底、4 月初进入春季，6 月上中旬进入夏季，9 月中旬开始进入秋季，11 月中旬转入冬季。河网密布，纵横交织。

（2）人文资料调查　基地所在市泰州南依长江，是江苏省历史文化名城，具有 2100 多年的历史，深厚的文化积淀，素有"汉唐古郡""淮海名区"之称。

（3）现状分析　通过上述调查与分析，基地所处地区具有很丰富的自然资源和人文资源，设计上可考虑将传统的垛田资源转化为特有的地域文化资源，将平原地区的阡陌河道和鱼塘打造成水文化品牌，做好湿地景观。

二、编制设计任务书阶段

根据以上调查研究，结合建设单位提出的设计要求和相关设计规范，编制设计任务。

1. 设计目标与立意

综合各种设计条件，遵循"因地制宜、生态设计、以人为本"的原则，充分利用地域现有自然条件，充分挖掘地方人文特色，营造一处时代气息浓厚、地域特色鲜明、人性设施合理、生态环境优美的综合性湿地主题公园。

2. 设计原则

（1）因地制宜，展现人文，突出场地的地域特色与时代特征，塑造历史与现代交辉的精品工程。

（2）遵循生态学原则，尽量保留和利用原有地形、植被和野生动物资源，使项目的主体能与大环境和谐共存，形成可持续的生态景观。

（3）体现以人为本的思想，设计的内容和形式都要充分体现人性化。

三、总体规划设计阶段

1. 总平面图设计

总平面设计如图 7—1—4 所示。

2. 功能分区规划

根据总体设计的目标与原则，结合交通组织、自然资源、文化特色等多种因素，进行合理的功能定位与区域划分。具体分为水上活动区、野外采摘区、文体活动区、野外烧烤区、田间散步区、办公休憩区、住宿餐饮区及主入口区八大区域，以供游人或市民休闲活动（见图 7—1—5）。由于该公园位于郊外，所以还特别地在入口设计了供人车分流的大型停车场，园内有小型的住宿餐饮区。

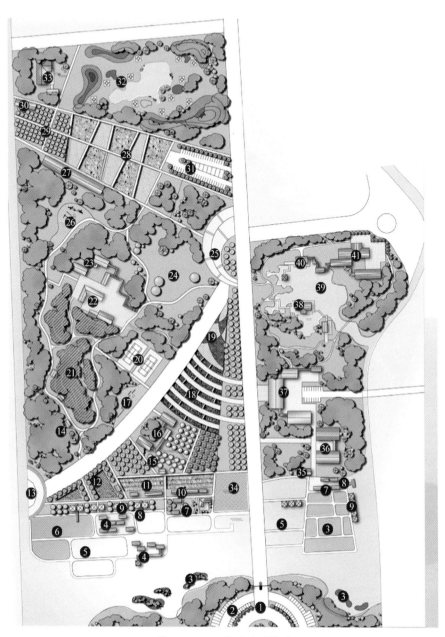

图7—1—4　总平面设计图

1—公园入口　2—入口停车场　3—生态鸟岛　4—水上农家乐　5—生态鱼塘　6—龙池
7—水上交易市场　8—钓鱼台　9—烹鲜亭　10—蔬菜小屋　11—有机蔬菜大棚　12—生态菜园
13—滨水戏曲舞台　14—生态木屋　15—五彩果园　16—生态食品超市　17—极限运动场
18—葡萄廊道　19—大型园艺展区　20—网球场　21—茶山　22—农业博物馆　23—茶屋
24—阳光坪　25—中心广场　26—儿童活动区　27—养蜂房　28—黄花垅景区　29—桑田
30—养蚕小屋　31—中心停车场　32—烧烤场　33—烧烤服务房　34—水上竞技场
35—烹鲜服务部　36—农家乐　37—农家旅社　38—霁月轩　39—梅园
40—香雪草堂　41—办公楼

3. 景观布局

在整体规划的前提下，进行景观空间序列的规划，确定不同的景观内容，以植物造景为主，合理设置景观分区。根据基地总体设计布局、功能分区等实际情况，结合本项目的地域文化，可将该公园划分为五大景区，即暗香疏影、港湾渔火、嘉树秋实、绮陌黄花和飘雪茶香。如图 7—1—6 所示。

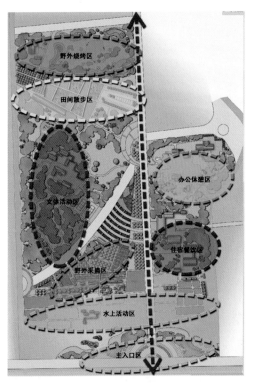

图 7—1—5　功能分区图

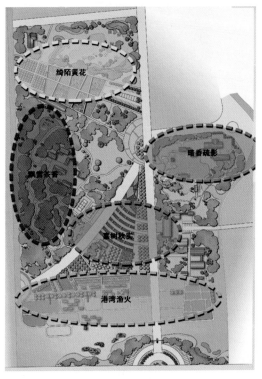

图 7—1—6　景观布局图

（1）暗香疏影　位于地块东部，以"梅"为主题，由水面及环水的廊、榭共同组成。为本园及畜牧示范园的管理区。

（2）港湾渔火　位于地块南部，以"渔"为主题，结合原有村庄、鱼塘加以改造，形成特色鲜明的水乡风情区。

（3）嘉树秋实　位于港湾渔火以北，以"果"为主题，种植银杏、柿、枣、梨、葡萄、桃、石榴、枇杷等适合本地栽植的优良果树品种，下层种植蔬菜。每到蔬果成熟的季节，硕果累累，可供游人采摘。

（4）绮陌黄花　位于地块北部，以"垛田"为主题，"河有万湾多碧水，田无一垛不黄花"，体现独具地方特色的农业景观。

（5）飘雪茶香　位于绮陌黄花以南，嘉树秋实以北。以"茶"为主题，将茶山、茶屋、农业博物馆组合设置，为游人提供采茶、炒茶、品茗等不同层次的休闲娱乐活动。

任务二　综合性公园要素设计

 **任务提出**

在任务一的基础上继续完成该湿地主题公园的要素设计。

 **任务分析**

综合性公园在完成总平面布局和分区规划后，还应沿着这一主题思想，充分挖掘原有地貌、自然条件和人文特征等基础资料，完成公园的地形设计、出入口设计、园路设计、建筑及小品设计、植物种植设计等，使设计任务更加具体化、操作性更强。

 **相关知识**

一、公园地形设计

地形设计应遵循因地制宜的原则，除了考虑利用地形、地貌造景外，还应充分利用地形为植物生长创造良好的环境。具体设计要点如下：

1. 地形处理应以公园绿地需要为主要依据，充分利用原有地形、景观，创造出自然和谐的景观骨架。平地应铺设草坪或铺装地，供游人开展娱乐活动；坡地应尽量利用原有山丘改造，与配景山、平地、水景组合，创造出优美的山体景观。如上海长风公园铁臂山，是以挖银锄湖的土方在北岸堆起的土山，主峰最高达 26 m，是全园的制高点，与开阔的水面形成了鲜明的对比。铁臂山周围布置了高低起伏的次峰，其间有幽谷、流泉、洞壑。游人可在不同的方位和距离上看到有变化的山体景观，同时高低起伏的地形也为园林植物营造了良好的生长环境。如图 7—1—7 所示。

2. 因地制宜，合理地安排活动的内容和设施。如广州的越秀公园，利用山谷低地建游泳池、体育场、金印青少年游乐场，利用坡地修筑看台，开挖人工湖，在岗顶建五羊雕像等。

3. 公园地形设计中，竖向控制应包括以下内容：山顶标高，湖池的最高水位、常水位、最低水位、池低、驳岸顶部等标高，园路的主要转折点、交叉点、变坡点，主要建筑物的底层、室外地坪，各出入口内、外地面，地下工程管线及地下构筑物的埋深。为了保证公园内游人的安全，水体深度一般控制在 1.5～1.8 m 之间，硬底人工水体的近岸 2 m 范围内水深不得超过 0.7 m，超过者应设护栏。

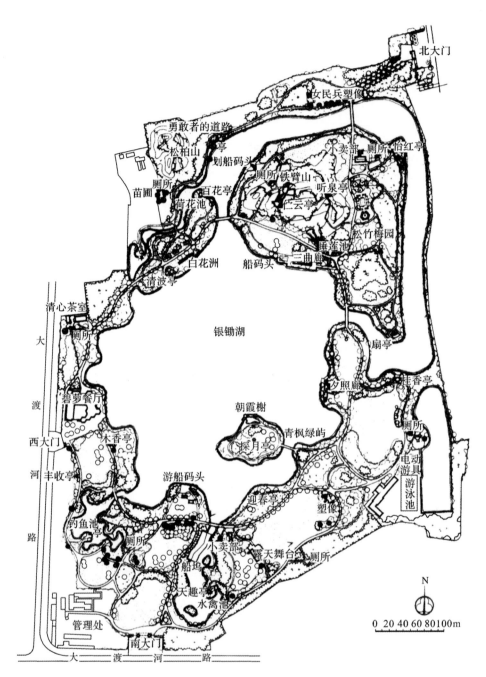

图 7—1—7　上海长风公园平面图

二、公园出入口设计

公园出入口一般包括主要出入口、次要出入口和专用出入口三种。主要出入口的确定，取决于公园和城市规划的关系、园内分区的要求以及地形的特点等。一般主要出入口应与城市主要干道、游人主要来源以及公园用地的自然条件等诸因素协调后确定。为了满足大量游人短时间内集散的功能要求，公园内的文娱设施如剧院、展览馆、体育运动等多分布在主入口附近，而且入口处常设有园内和园外的集散广场。

1. 公园出入口设计要点

公园出入口的设计，除了满足功能上游人集散的需求，还应考虑其在城市中所起到的景观效果。因此，公园入口设计风格既要反映主题，又要与周围环境相协调。

公园主要出入口的设计内容有集散广场、园门、停车棚、售票处、围墙等，还应设立一些装饰性的花坛、水池、喷泉、雕塑、宣传牌、公园导游图等，如图7—1—8所示。次要出入口主要是为方便附近居民，结合公园内布置的儿童乐园或小型动物园等专类园而设置的，一般应设计在城市交通流量不大的街道上，也应考虑有集散广场。专用出入口主要为园务管理人员而设，一般不对市民开放，出入口只需考虑回车的空间。

图7—1—8 某假日公园出入口设计效果图

2. 公园大门常见设计手法

公园出入口的布局形式可分为对称均衡和不对称均衡（见表7—1—2）。

表7—1—2　　　　　　　　　　公园出入口布局

布局形式	图示
对称均衡 （有明显的中轴线）	
不对称均衡 （无明显的中轴线）	

三、公园供电规划

公园内由于照明、游乐设施、休闲建筑等能源的需要，供电是必不可少的。公园内一般设独立的变电所，位置应安排在隐蔽处。公园内不宜设置架空线路，必须设置时，应符合下列规定：避开主要景点和游人密集活动区，不得影响原有树木的生长，对计划新栽的树木应提出解决树木和架空线路矛盾的措施。特殊情况过境应符合下列规定：管线从乔、灌木设计位置下通过，其埋深大于 1.5 m；从现有大树下部通过，地面不得开槽，且埋深应大于 3 m。

四、公园给排水设计

公园的给水设计应根据植物养护灌溉、湖池水体大小、游人饮水量、卫生和消防的实际供需确定。养护园林植物用的灌溉系统应与种植设计配合，喷灌或滴灌设施应分段控制，符合《喷灌工程技术规范》（GB/T 50085—2007）的规定。喷泉应采用循环水，并防止水池渗漏，取用地下水或其他废水，以不妨碍植物生长和污染环境为准，符合《建筑给水排水设计规范（2009 年版）》（GB 50015—2003）的规定。饮用水和天然游泳池的水质必须保证清洁，符合国家规定的卫生标准。

公园应设有明沟和暗沟排水系统，雨水排放应有明确的引导去向，地表排水应有防止径流冲刷的措施，污水应与城市活水系统相接，不得直接排放到湖或池中。

🌼 任务实施

在掌握了必要的基本理论知识后，结合实际情况有选择地完成该项任务的主入口设计、主体建筑设计和植物种植设计。

一、公园主入口设计

根据该公园的设计要求及总体规划思想，主入口采用弧形布局（见图 7—1—9），弧心处设计立体花坛，环绕弧心设置双重的行车道，确保人车有效分流，在外车道两侧布置生态型的停车位，在中间主干道上布置一座景观门与值班室的组合建筑，广场周边种植自然群落林与水生植物。从整体来看，该设计方案功能布局合理，人工景观与自然景观结合紧密，设计内容符合要求，形式服从功能，景观游线组织"序"的作用明显。

二、公园主体建筑设计

建筑在公园中所占的比例虽不大，但往往是公园的主体景观，也是解决公园主要功能的载体。本方案所设计的"梅园"建筑群（见图 7—1—10），是运用园中园的布局手法设计

的，用这种手法可以收到动中求静、粗中求细的效果。用厅堂、游廊、水榭、亭子等建筑形体有机地组合在一起，在景观布局上做到了协调统一；根据建筑的不同形态和特征，分别设置茶馆、画廊、棋牌屋、休憩处等，为公园提供了一处处室内活动场所，满足了功能要求。

图 7—1—9　公园主入口平面及概念设计

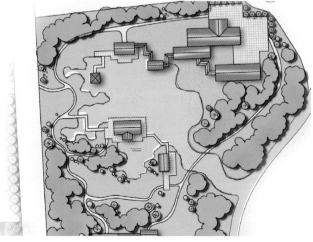

图 7—1—10　主题建筑群"梅园"平面及概念设计

三、公园植物种植设计

公园中植物既可表现自身独特的景观美，又可衬托其他硬质类景观，还可有效地改善基地的环境、调节基地的小气候，发挥重要的生态效益和社会效益。本方案设计出十处景观表现植物的种植效果及乔、灌、草的配置选择，具体内容如图 7—1—11 所示。

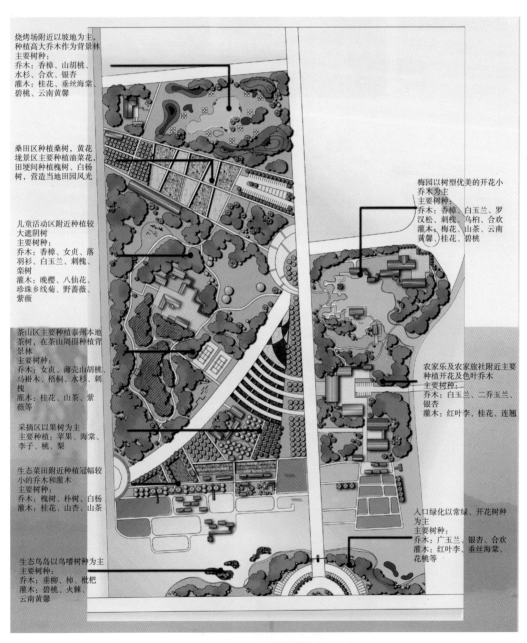

图 7—1—11　公园植物种植设计方案

 **思考与练习**

1.什么是公园？它有哪些类型？

2.试比较中国与美国在城市公园分类上的区别。

3.简述综合性公园规划设计的程序。

4.简述综合性公园功能分区和景观布局的内容，以及两者的区别。

5.以图示为例，阐述公园主入口设计的常用手法。

6.简述公园园路的类型、区别及设计要点。

7.简述公园建筑、小品及设施设计的要点。

8.简述公园植物种植设计的要求。

课题二

其他专类公园规划设计

 **任务目标**

◇掌握其他各类专类公园的特点及功能要求

◇掌握其他各类专类公园的分区规划内容

◇掌握其他各类专类公园的设计要点

◇能够进行植物园、动物园、森林公园中某类植物花园、盆景园等专项设计

任务一　植物园设计

相关知识

植物园是对植物进行科学研究、引种驯化、栽培推广，并供人们参观、游憩及开展科普活动的专类公园绿地。根据植物园研究对象和设计规模，一般可分为综合性植物园和专类植物园。

一、植物园功能分区

1.科普展览区

（1）以理论植物学为主题的展区　如树木园，植物分类区，植物地理区，植物形态

区，水生、湿生、沼泽、岩石等植物区。

（2）以应用植物学为主题的展区　如经济植物区、药用植物区、果树植物区、野生植物区等。

（3）以城市园林植物为主题的展区　如绿篱植物区、专类花园、庭园示范区、草坪区、花灌木收集区等。

（4）以新的分支学科为主题的展区　如植物遗传进化区、栽培植物历史区、民族植物展览区等。

（5）以植物保护性研究为主题的展区　如珍稀及濒危植物区等。

2. 科研区（苗圃、实验区）

科研区是植物园引种驯化的主要场所，一般设有试验地、苗圃、繁殖温室、人工气候室、荫棚、冷藏室、病虫防治室、消毒室、工具室等。

3. 园务管理区（生活区）

植物园一般离市区较远，大部分员工需住在园内或园外附近。如果将生活区设在园内，需配套宿舍、食堂、幼儿园等基础生活设施。这一区应与其他区保持一定的距离。

二、植物园规划设计要点

1. 选址上要求以自然缓坡地为主，土层深厚、土壤疏松肥沃、腐殖质含量高，水源充足，原有植被丰富，一般位于城市郊区，交通方便。

2. 道路系统一般可设置为主干道（4～7 m，可通机动车）、次干道（3～4 m，可通游览自行车）和游步道（1～2 m，以步行为主）三个等级，多采用自然式道路布局。

3. 功能分区上以展览区为主，根据植物的类型和观赏特性进行合理布局，科学规划，尽量为各类植物创造最佳的生长环境，营造自然和谐的生态景观，争做植物景观营造示范区。科研区一般不向群众开放，与展览区之间应有一定的隔离。

4. 展览性建筑（如温室）可布置在出入口附近，主干道轴线上。科研用房应靠近苗圃、实验地。服务和管理用房体量不宜过大，色彩不宜太多，应与植物环境相协调。

知识链接

上海辰山植物园

上海辰山植物园占地面积 207.63 万 m^2，是一座集科研、科普和观赏、游览于一体的综合性植物园，是华东地区规模最大的植物园，其平面图如图 7—2—1 所示。全园由中心展示区、植物保育区、五大洲植物区和外围缓冲区四大功能区构成。中心展示区布置了 26 个植物专类园，分别是华东区系园、矿坑花园（见图 7—2—2）、岩石和药用植物园（见图

7—2—3）、儿童植物园、藤蔓园、植物造型园、珍稀植物园、球宿根园、观赏草园、旱生植物园、新品种展示园、芍药园、金缕梅园、木槿园、植物迷宫、油料植物园、纤维植物园、染料植物园、蔬菜园、槭树园、水生植物园（见图7—2—4）、月季园、春景园、盲人植物园（见图7—2—5）、植物系统园和国树国花园。

其中，矿坑花园的原址为一处采石场遗址，设计者通过生态修复和对深潭、坑体、迹地及山崖进行了适当的改造，使其成为一座风景秀美的花园。

图7—2—1　上海辰山植物园平面图

图7—2—2　上海辰山植物园矿坑花园

图7—2—3　上海辰山植物园岩石和药用植物园

图7—2—4　上海辰山植物园水生植物园

图7—2—5　上海辰山植物园盲人植物园

盲人植物园（位于中心展示区）主要服务视力障碍者，针对盲人的触觉、听觉、嗅觉等需求，园区内种植了无毒、无刺，具有明显的嗅觉特征、独特的植株形态、鲜艳亮丽的色彩的各类植物，设置了中文、英文、盲文和语音系统，修建了盲道，设有适合盲人使用的扶杆、憩亭、厕所等无障碍设施。

中心展示区与植物保育区的外围以全长4 500 m、平均高度6 m的绿环围合而成，绿环既展示欧洲、非洲、美洲和大洋洲的代表性适生植物，又将综合楼、科研中心和展览温室三座建筑联系在一起。

任务二　动物园设计

 相关知识

动物园是驯化饲养、科学研究野生动物及少量优秀品种家禽家畜，并供人们游览、休憩、科普学习的专类公园绿地。目前，国内动物园根据其规模和动物品种数可分为全国性动物园（如北京动物园、上海动物园、广州动物园等）、地区性动物园（如天津动物园、西安野生动物园、武汉动物园等）、特色性动物园（如长沙动物园、杭州动物园等）、大型野生动物园（如深圳野生动物园、杭州野生动物园、北京野生动物园、上海野生动物园等）和小型动物展区（如上海杨浦动物展区等）。

一、动物园功能分区

1. 科普馆

科普馆是全园科普教育、活动的中心，可设标本室、解剖室、化验室、研究室、宣传室、阅览室、录像放映厅等，一般布置在出入口较宽阔的地段，要求交通方便。

2. 动物展区

动物展区是动物园用地面积最大的区域，大多数动物园都以突出动物的进化顺序为主，展区由低等动物到高等动物布置，即按照"无脊椎动物→鱼类→两栖类→爬行类→鸟类→哺乳类"的顺序安排展览。

3. 服务休息区

服务休息区包括科普宣传廊、小卖部、茶室、餐厅、摄影部等。

4. 办公管理区

办公管理区包括检疫站、饲料站、兽医站、行政办公室等。其位置一般设在园内偏僻处，既要与动物展区、动物科普馆绿化隔离，又要方便联系，还应设专用出入口，也可将检疫站、兽医站设在园外。

二、动物园规划设计要点

1. 动物园选址宜高低起伏，有山冈、平地、水体等，以便安排不同种类的动物笼舍等。

2. 动物园应有明确的功能分区，做到不同性质和类型的动物有不同的区域，以便于动物的饲养、管理和繁殖，同时也便于动物的展出。

3. 动物园的导游线路是建议性的，应以景物做引导，符合人的行走习惯（靠右走）。同时，要使主要动物笼舍和出入口广场、导游线有良好的联系，以保证全面参观和重点参观的游人能方便到达。

　　4.动物园应有坚固的围墙、隔离沟和防护林，并要有方便的出入口及专用出入口，以防动物逃出园外，伤害人畜。

知识链接

长隆野生动物世界

　　长隆野生动物世界隶属国家级 AAAAA 旅游景区。公园以大规模野生动物种群放养和自驾车观赏为特色，集动、植物的保护、研究、旅游观赏、科普教育为一体，其平面图如图 7—2—6 所示。

图 7—2—6　长隆野生动物世界平面图

园区占地 133.5 万 m²，分为步行游览区和自驾车游览区两大部分。步行游览区位于园区东半部，以世界各地的珍稀野生动物为主要特色，各大剧场均位于步行游览区中。步行游览区由长颈鹿广场金蛇秘境（见图 7—2—7）、侏罗纪森林、百虎山、儿童动物园、考拉园、熊猫乐园、大象园、非洲森林、雨林仙踪、丛林发现、金猴王国等展区组成。自驾车游览区

图 7—2—7　长隆野生动物世界金蛇秘境入口

位于园区西半部，以野生动物的大规模放养为主要特色。自驾车游览区由澳洲森林、美洲丛林、中亚荒漠、南亚雨林、欧洲山地、狂野地带、南非草原和东非草原八大区组成。自驾车游览区的景观设计完全按照动物的生活地域和习性打造，改变"园"的圈养方式，突出"区"的地域概念。

任务三　纪念性公园设计

 相关知识

纪念性公园是指在历史名人活动过的地区或烈士就义地、墓地附近建设的具有一定纪念意义的公园。

一、纪念性公园功能分区

1. 纪念区

纪念区一般安排烈士史料陈列馆、烈士纪念碑、墓包、烈士雕塑或者其他具有纪念意义的相关内容。

2. 风景游憩区

风景游憩区一般安排一些游憩性的活动内容。如长沙烈士陵园，公园的东半部是风景游憩区，在水面宽阔的浏阳河老河湾上设置游憩区的主题，沿岸布置有朝晖楼、游船码头、红军渡、羡鲜餐厅、水上活动乐园等，西岸山脚还有溪塘、藤桥、亭等景点以及儿童游艺场、露天电影场、浮香艺苑等活动场所。

二、纪念性公园规划设计要点

1. 平面构图多采用规则式，有明显的对称轴线，主要景物（如纪念碑、纪念馆、纪念

雕像等）布置在轴线的端点或两侧，以突出主题。

2. 多以纪念性的雕塑或建筑作为主景，以此渲染突出主题。如南京雨花台烈士陵园以殉难烈士纪念群像为主景，长沙烈士公园以烈士纪念塔为主景等。

3. 地形多选用山冈丘陵地带，并要有一定的平坦地面和水面。地形处理逐步上升，以台阶的形式接近纪念性主景，使游人产生仰视的观赏效果，以突出主体的高大，表现人们的敬仰之情。如南京中山陵园将孙中山纪念堂安排在台阶的高端平台上。

4. 植物配置常以规则式种植为主，纪念碑周围多植花灌木以形成花环的效果，碑后及台阶两侧常植松柏类（如雪松、龙柏、笔柏等），以示万古长青。

 知识链接

广州起义烈士陵园

广州起义烈士陵园占地面积 18 万 m²，分陵区和园区两部分，是一个自然式和规则式结合的园林，其中西面陵墓部分是几何规则式，东面园林部分则是自然式风格。

陵区规模宏大，气魄雄伟。正门门楼两边是红琉璃瓦顶的白花岗石座，汉白玉石上有周恩来同志亲笔题词"广州起义烈士陵园"。陵墓大道宽 30 m，两旁苍松翠柏如肃立的卫士，20 个花坛中红花竞相吐艳，象征革命烈士的鲜血洒在大地上。墓道北端是高达 45 m 的广州起义烈士纪念碑（见图 7—2—8），造型是手握枪杆，冲破三座大山，象征"枪杆子里出政权"，四周塑有广州起义过程中激战场面的浮雕，碑身有邓小平同志题词"广州起义烈士永垂不朽"。

陵园地势最高点是广州公社烈士墓（见图 7—2—9），墓高 10 m，直径 40 多米，花岗石的墓墙和栏杆，墓墙环绕着陵墓，其间柱顶有 40 只石狮守灵，朱德同志在墓墙正面题词"广州公社烈士之墓"，墓墙东面刻有广州起义经过的碑铭。清晨，红日从陵墓东方冉冉升起时，霞光万道，绿树芳草闪耀着金色的朝晖，流光溢彩，瑰丽非常，这就是著名的羊城八景之"红陵旭日"。清明时节，漫山的杜鹃在万绿丛中盛开，会聚成鲜红的花的海洋，使春天变得绚丽多彩，是公园内一道靓丽的风景线。陵区还有景色清幽的叶剑英元帅墓和古朴端庄的四烈士墓等景点。

园区是典型的岭南特色园林景观，湖光潋滟、绿树垂荫、曲径延绵、鸟语花香，绿荫芳草和碧水间坐落着各具特色的纪念亭：有为纪念举行"刑场上的婚礼"的周文雍和陈铁军烈士而建造的"血祭轩辕亭"，上有董必武同志题字；有为纪念广州起义中牺牲的苏联和朝鲜烈士而建造的"中苏人民血谊亭"和"中朝人民血谊亭"。

图7—2—8 广州起义烈士纪念碑　　　　图7—2—9 广州公社烈士墓

陵园集纪念、游览、科普、活动于一园，经常举办迎春花会、花卉展以及广州起义革命历史、书画摄影、艺术和生物、生态等活动和展览。

任务四　儿童公园设计

 相关知识

儿童公园是以满足幼儿、少年儿童进行户外活动（如游玩、健身、科普学习等）为目的，近邻大型居住区而专门设计和建造的城市公共园林绿地。目前，除了一些大中型城市独立建有特色儿童公园或小型儿童乐园外，儿童公园一般附设在综合性公园中。杭州儿童公园、大连儿童公园、上海海伦儿童公园属于独立的儿童乐园。

一、儿童公园功能分区

1. 幼儿区

主要包括滑梯、阶梯、摇椅、跷跷板、爬凳、沙坑、涉水池、动物形电瓶车等设施。

2. 少年儿童区

主要包括滑梯、攀岩、迷宫、秋千、戏水池、自由游戏场等。

3. 运动健身区

主要包括单杠、双杠、碰碰车、吊环、溜冰场、跳跃板等。

4. 科技活动区

主要包括攀爬架、平衡设施、水车、杠杆游戏设施、幻想世界等儿童活动设施。

5. 办公管理区

主要包括办公室、库房、卫生间等。

二、儿童公园规划设计要点

1. 面积不宜过大，用地比例一般可按幼儿区 20%、少年儿童区 60%、其他 20% 进行划分。

2. 全园植物种植面积不宜小于 50%。绿地形式以疏林草地为主，乔木以冠大荫浓的落叶树为主，灌木宜选用花、叶、果兼美或互补的植物。忌种植有毒、带刺、带飞絮、散发难闻气味和易感染病虫害等的植物。

3. 道路结构要求简单化，一般都为步行道，每条道路特征明显，便于识别。

4. 游戏设施、园林建筑及小品等设计与选材应形象生动，色彩艳丽夺目。

5. 各活动场地中应设置座椅、休息亭廊等，供看护儿童的成年人使用。

知识链接

福州新儿童公园

福州新儿童公园占地约 8.27 万 m²，是集科普教育、文化娱乐、休闲健身为一体的开放性公园。公园平面图如图 7—2—10 所示，公园功能分区图如图 7—2—11 所示。如图 7—2—12 所示，新公园设计以"榕树下的童年"为主题，将儿童趣味活动融入自然，形成中心戏水区、亲子交友活动区、创意娱乐区、感知体验区、康体健身区、设施娱乐区（见图 7—2—13）等活动区块和高压缓冲区、停车区、入口片区、绿化景观带等配套功能区。

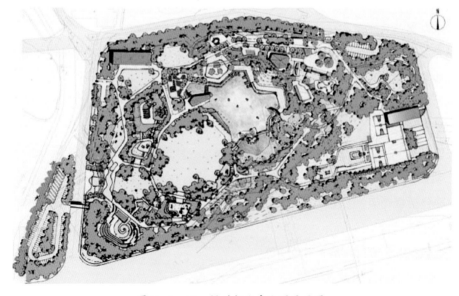

图 7—2—10　福州新儿童公园平面图

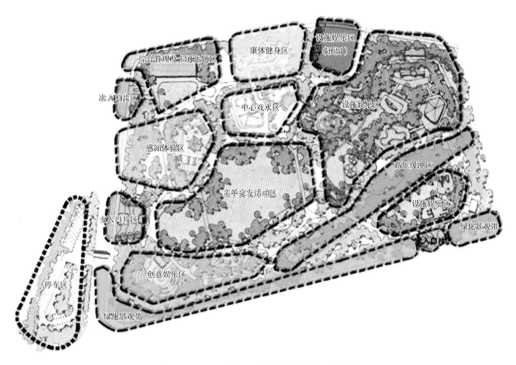

图 7—2—11 福州新儿童公园功能分区图

图 7—2—12 福州新儿童公园以"榕树"
为造型的公园入口

图 7—2—13 福州新儿童公园设施娱乐区

任务五 主题公园设计

相关知识

主题公园也称主题乐园，是以一个特定的内容为主题，配套与其氛围相应的民俗、历史、文化和游乐空间，使游人能切身感受、亲自参与的主题游乐地。

一、主题公园分类

1. 文化主题类

如深圳锦绣中华、中国民俗文化村、世界之窗等。

2. 自然生态类

如香港海洋公园、大连老虎滩海洋公园、上海海洋公园、海南蝴蝶谷等。

3. 影视动画类

如无锡三国城、杭州宋城等。

4. 农业观光类

如深圳青青世界、苏州未来农林大世界、杭州湾生态乐园等。

5. 科技博览类

如杭州未来世界公园、常州中华恐龙园、广州天河航天奇观、深圳未来时代等。

6. 综合类

如香港迪士尼乐园、苏州乐园、北京石景山游乐园、深圳欢乐谷、北京欢乐谷等。

二、主题公园规划设计要点

1. 选择恰当的基址

选择自然环境优美（最好有山有水、自然植被丰富），1 小时车程内常住和流动人口达 200 万以上，交通便捷、流通量大的场所作为首选地。

2. 科学论证，找准主题

主题的独特性是主题公园成功的基石，必须高度重视对主题的选择和定位。如常州中华恐龙园的科学选题，使其与周边 200 km 内的无锡三国城、苏州乐园、杭州宋城等形成了差别化发展。

3. 丰富的景观创意

主题公园的景观设计要做到动静结合，静态景观以视觉欣赏为主，动态景观以开展一些与主题相符且参与性、互动性强的活动项目为主。

4. 合理的空间组织

任何一种空间序列都应包括序景、高潮及结景阶段，有节奏地组织环境韵律，可以使游人长时间地保持体力和激情。

 知识链接

苏州乐园

苏州乐园占地 54 万 m²，是国家 AAAA 级旅游景区。园区平面布局如图 7—2—14 所示。苏州乐园全园以东方迪士尼为主题，全园集西方游乐场的活泼、欢快、壮观和东方园林的安闲、宁静、自然的特点于一体，以"北娱乐，南观赏"为布局，共分为欧美城镇、夏威夷港湾、苏迪王国、加勒比风景区、狮山奇观、未来世界、苏格兰庄园、威尼斯水乡、百

狮园等景区，并引进诸如悬挂式过山车、高空弹射、夏威夷巨浪、龙卷风等一大批游乐设备，现有游乐项目及景点八十余处（项）。苏州乐园水上世界拥有 13 000 m² 魔幻水域，是华东地区知名度很高的水上游乐天堂。

图 7—2—14　苏州乐园平面布局图

思考与练习

1.什么叫植物园？植物园通常可设哪些功能区？植物园设计的要点是什么？

2.什么叫动物园？动物园通常可设哪些功能区？动物园设计的要点是什么？

3.什么叫纪念性公园？纪念性公园通常可设哪些功能区？纪念性公园设计的要点是什么？

4.什么叫儿童公园？儿童公园通常可设哪些功能区？儿童公园设计的要点是什么？

5.简述主题公园的类型和规划设计要点。